普通高等教育电子科学与技术特色专业系列教材

半导体器件原理简明教程
（第二版）

主　编　傅兴华　丁　召　马　奎　杨发顺

副主编　唐昭焕　陈军宁　杨　健

科学出版社

北　京

内 容 简 介

本书在简要介绍半导体物理知识的基础上，讨论了 pn 结、双极型晶体管、结型场效应晶体管、绝缘栅场效应晶体管、金属-半导体接触和异质结、半导体光电子器件、其他半导体器件的基本结构、基本工作原理和基本分析方法。

本书语言简明、物理概念清楚，可作为高等院校电子信息类相关专业半导体器件原理课程的教材，也可供有关科研人员和工程技术人员参考。

图书在版编目（CIP）数据

半导体器件原理简明教程 / 傅兴华等主编. —2 版. —北京：科学出版社，2023.3

普通高等教育电子科学与技术特色专业系列教材

ISBN 978-7-03-074948-2

Ⅰ. ①半⋯　Ⅱ. ①傅⋯　Ⅲ. ①半导体器件－高等学校－教材　Ⅳ. ①TN303

中国国家版本馆 CIP 数据核字（2023）第 034211 号

责任编辑：陈　琪 / 责任校对：王　瑞
责任印制：赵　博 / 封面设计：迷底书装

科学出版社 出版

北京东黄城根北街 16 号
邮政编码：100717
http://www.sciencep.com

三河市骏杰印刷有限公司印刷
科学出版社发行　各地新华书店经销
＊

2010 年 8 月第　一　版　　开本：787×1092　1/16
2023 年 3 月第　二　版　　印张：17 3/4
2025 年 1 月第十五次印刷　　字数：443 000

定价：**69.00 元**

（如有印装质量问题，我社负责调换）

序

　　微电子技术按照摩尔定律发展，其伟大成就奠定了现代信息社会的基础。目前微电子技术正处于摩尔时代向后摩尔时代转换的关键时期，硅基微电子技术正在走向三维集成，光电子器件、传感器件和微机械器件等已经集成在硅基集成系统中，新型电子材料和新型信息处理器件不断涌现。在这种大背景下，电子科学与技术学科的人才培养面临新的挑战。虽然专业课程的基本架构，即理论物理—固体物理—器件原理—集成电路和微电子系统的架构不会改变，但是教学内容必须根据微电子科学与技术的发展有所取舍。另一方面，为了增加学生工程实践能力的培养和训练的课外学时，应适当压缩课堂学时。

　　由全国优秀教师傅兴华教授牵头组织，联合贵州大学与安徽大学多位教师共同编写的《半导体器件原理简明教程》（第二版）是在这方面的有益尝试。本书选择pn结、双极型晶体管、金属-氧化物-半导体场效应晶体管、金属-半导体接触和异质结和半导体光电子器件作为教学重点，着重强调了这几种半导体器件的基本理论和基本分析方法，并注重对学生工程实践能力的培养，教学内容和教学目标取舍得当，可满足专业人才培养的要求。本书语言流畅，物理概念清晰。虽为简明教程，但对微电子科学与技术的新成就进行了阐述，如本书关于栅介质击穿、应变异质结、能带工程等方面的论述，是其他一些教材很少涉及的内容。

　　贵州省早在20世纪70年代初就是我国重要的微电子产业基地之一，贵州大学在1961年就在物理学专业中开设了"半导体专门化"课程，是我国最早开展半导体物理和器件本科教学的少数高校之一。贵州大学的微电子学科，为贵州省微电子产业的发展提供了强有力的人才和技术支撑。《半导体器件原理简明教程》（第二版）的出版，使我们有机会分享他们在微电子领域的教学经验和成果。

专用集成电路与系统国家重点实验室

复旦大学　童家榕

2022年12月

前　言

党的二十大报告指出："推动战略性新兴产业融合集群发展，构建新一代信息技术、人工智能、生物技术、新能源、新材料、高端装备、绿色环保等一批新的增长引擎。"半导体器件是电子信息、人工智能、高端装备等的基础和核心。从第一个半导体晶体三极管的发明到现在，只不过经历了短短的 70 多年，发端于半导体器件和集成电路的信息技术，已经对人类社会产生了深刻的、革命性的影响，而且将继续成为推动人类文明与进步的强大动力。半导体器件和集成电路基于半导体材料中电子的输运规律，以及电子与光、电、磁等物质相互作用的基本物理规律，实现了信息的采集、加工、输运和处理，是信息技术的最基本的物质载体。学习、了解和掌握这些基本物理规律，是大学本科电子信息类专业"固体电子器件原理"课程的基本目标之一。

本书定名为"简明教程"，是想用最简明准确的语言、最精简的篇幅，讲清楚基本的半导体物理基础和半导体器件，即同质结和异质结二极管、双极型晶体管、场效应晶体管、光电子器件、其他半导体器件的基本结构和基本工作原理。虽为简明教程，本书也包含了一些微电子新技术的内容，如应变异质结、能带工程、量子阱激光器等。

Herbert Kroemer 在 2000 年的诺贝尔演讲中特别强调："If, in discussing a semiconductor problem, you cannot draw an **Energy Band Diagram**, then you don't know what you are talking about. If you can, but don't, then your audience won't know what you are talking about."作者在本书的编写和教学实践中，始终强调能带图是讨论和理解半导体器件原理的基础，始终强调画好定性的或半定量的能带图是学好半导体器件原理的基本功。教学实践表明，这种教学方法是成功的。

本书强调了三个"基本"，即基本理论、基本方法和基本目标。基本理论是指，半导体器件的基本理论基础是量子力学及在量子力学基础之上建立起来的固体能带理论。对工科专业的学生，并不要求去做复杂的理论计算，而只要求他们有清晰准确的概念，能进行必要的理论分析和工程计算。基本方法是指学习和掌握半导体器件原理的基本的定量分析方法，即通过求解玻尔兹曼方程(其简单情形为连续性方程)、泊松方程、电流密度方程，得到半导体材料中的电场分布、电势分布和载流子浓度分布。学习半导体器件原理的基本目标是把半导体器件的外特性参数，如电流放大系数、阈值电压、击穿电压等，与构成器件的半导体材料参数和器件的结构参数联系起来，从而具备根据外特性参数的要求设计和制造半导体器件，甚至开发新型固体电子器件的能力。

为了学好本课程，要求学生对微电子工艺有感性的认识，为达此目的，可组织学生到工艺线进行实习。要求学生重点掌握光刻、选择性掺杂、外延与薄膜沉积等技术概要。

本书按课内 54 学时编写。对学过固体与半导体物理的电子科学与技术专业的学生，可跳过第 1 章，直接进入第 2 章的学习。对其他电子信息类专业的学生，可省略掉部分数学推导的内容，缩短到 40 学时左右。本书也适合作为微电子企业技术人员的培训教材，需 40 学时左右。在教学过程中，第 3 章和第 4 章的顺序可交换。

　　自 1994 年以来，本书的主要内容作为校内讲义，在贵州大学微电子技术专业使用过。在讲义的编写过程中，罗援副教授做出了贡献，谨在此表示感谢。

　　本书的编写和出版得到贵州大学"电子科学与技术"国家级特色专业，以及"电子科学与技术"、"电子信息科学与技术"国家级一流本科专业建设项目的资助，还得到贵州省重点学科建设项目、贵州大学品牌特色专业建设项目的资助。

　　限于作者的知识水平，加上微电子技术的快速发展，书中疏漏之处在所难免，恳请读者批评指正。

作　者

2022 年 12 月

a	晶格常数，沟道厚度	F	力
A	面积	g_m	跨导
A^*	理查森常数	g_{ms}	饱和区跨导
C	电容	g_v	激光增益系数
C_D	扩散电容	G	产生率，电导
C_G	栅电容	$g(E)$	量子态密度
C_{gs}	栅源电容	h	普朗克常量
C_{gd}	栅漏电容	I	电流强度
C_{je}, C_{Te}	发射结耗尽层电容	I_C	集电极电流
C_{jc}, C_{Tc}	集电结耗尽层电容	I_D	漏极电流
C_{ox}	栅氧化层电容	I_B	基极电流
D_n	电子扩散系数	I_E	发射极电流
D_p	空穴扩散系数	I_L	光电流
D_{nB}	基区电子扩散系数	I_0	pn 结反向饱和电流
D_{pE}	发射区空穴扩散系数	I_v	光通量强度
E	能量，电场	J	电流密度
E_a	受主能级	J_{th}	阈值电流密度
E_c	临界电场	J_{nom}	标称电流密度
E_C	导带底能量	k	玻尔兹曼常数，波矢
E_d	施主能级	L	长度
E_F	费米能级	L_D	德拜长度
E_{Fn}	电子准费米能级	L_n	电子扩散长度
E_{Fp}	空穴准费米能级	L_p	空穴扩散长度
E_g	禁带宽度	L_{nB}	基区电子扩散长度
E_i, E_{Fi}	本征费米能级	L_{pE}	发射区空穴扩散长度
E_t	复合中心能级	m	质量
E_V	价带顶能量	m_0	自由电子质量
f	频率	m_n^*, m_{dn}	导带底电子有效质量
f_T	特征频率	m_p^*, m_{dp}	价带顶空穴有效质量
f_α	共基极电流放大系数截止频率	m_l	纵向有效质量
f_β	共射极电流放大系数截止频率	m_t	横向有效质量
f_m	最高振荡频率	M	雪崩倍增因子
$f(E)$	费米-狄拉克分布函数	n	电子浓度，折射率

n_i	本征载流子浓度	t_f	下降时间
n_0	平衡态电子浓度	t_{ox}	栅氧化层厚度
n_{n0}	n 型区平衡态电子浓度	v	速度
n_{p0}	p 型区平衡态电子浓度	v_{max}	饱和速度
N	杂质浓度	$\bar{v}$	热运动平均速度
N_A	受主杂质浓度	V	电压
N_D	施主杂质浓度	V_B	击穿电压，衬底偏置电压
N_C	导带底有效态密度	V_{BE}	发射结电压
N_V	价带顶有效态密度	V_{BC}	集电结电压
p	空穴浓度	V_{CE}	集电极-发射极电压
p_0	平衡态空穴浓度	V_{DS}	漏极-源极电压
p_{p0}	p 型区平衡态空穴浓度	V_{GS}	栅极-源极电压
p_{n0}	n 型区平衡态空穴浓度	BV_{CB0}	集电结击穿电压
q	单位电荷	BV_{CE0}	集电极-发射极击穿电压
Q	电荷	BV_{DS}	漏极-源极击穿电压
Q_D	扩散区电荷密度	BV_{GD}	栅极-漏极击穿电压
Q_d	耗尽区电荷密度	V_{FB}	平带电压
Q_n	反型沟道电荷密度	V_{oc}	开路电压
Q_m	金属电极电荷密度	V_{ox}	栅氧化层电压降
Q_S	MOS 结构半导体表面电荷密度	V_T	阈值电压
Q_{ox}	栅氧化层等效电荷密度	V_{Dsat}	饱和漏源电压
Q_{ex}	超量存储电荷密度	W	空间电荷区宽度
Q_{exb}	基区超量存储电荷密度	W_B	中性基区宽度
Q_{exc}	集电区超量存储电荷密度	W_E	中性发射区宽度
R	电阻，发射率，复合率	x_c	集电结耗尽区宽度
R_{max}	最大复合率	x_{dB}	集电结基区侧耗尽区宽度
$R_\square$，R_s	方块电阻，薄层电阻	x_{dC}	集电结集电区侧耗尽区宽度
r_b	基极电阻	x_{dmax}	最大耗尽层厚度
r_e，r_π	发射结等效电阻	x_m	线性缓变结耗尽层宽度
r_0	集电极-发射极等效电阻	α	共基极电流增益
r_μ	集电结等效电阻	α_i	电离率
S	面积	α_i	受激吸收外的损耗用损耗系数
S_b	基区接触条宽	α_a	有源层损耗系数
S_e	发射区条宽	α_c	覆盖层损耗系数
T	绝对温度	α_{fc}	有源层自由载流子吸收损耗系数
t	时间	$\alpha_{fc,x}$	覆盖层自由载流子吸收损耗系数
t_d	延迟时间	α_{sc}	载流子散射损耗系数
t_r	上升时间	α_{cp}	有源层-覆盖层界面耦合损耗系数
t_s	存储时间	α_r	复合率常数

α_T	基区输运系数	η_{qu}	光电子器件内量子效率
β	共发射极电流放大增益	η_{opt}	光电子器件光效率
χ	电子亲和势	θ	临界角
χ_i	绝缘介质电子亲和势	ρ	电阻率，电荷密度
δ	复合系数	σ	电导率
δn	平衡电子浓度	τ	寿命
δp	平衡空穴浓度	τ_n	电子寿命
ε	介电常数	τ_p	空穴寿命
ε_r	相对介电常数	τ_{nB}	基区电子寿命
ε_s	半导体介电常数	τ_b	基区渡越时间
ε_0	真空介电常数	τ_e	发射结势垒内容充放电延迟
ε_{ox}	氧化层介电常数	τ_d	集电结耗尽区渡越延迟
ϕ, ψ	电势	τ_c	集电结势垒内容充放电延迟
ϕ_s	半导体表面势	τ_{ec}	载流子输运总延迟
$\phi_{s,i}$	临界强反型半导体表面势	λ	波长
ϕ_m	金属功函数	ν	频率
ϕ_s	半导体功函数	μ_n	电子迁移率
ϕ_B	肖特基势垒高度	μ_p	空穴迁移率
ϕ_{B0}	理想肖特基势垒高度	ω	角频率
γ	发射结注入效率	ω_α	共基极电流放大系数截止频率
η	指数杂质分布梯度因子,外量子效率	ω_β	共发射极电流放大系数截止频率
η_{cu}	光电子器件注入效率	Γ	光场填充因子

目 录

第 1 章

半导体物理基础

基于量子力学基础之上的固体物理学和半导体物理学是学习半导体电子器件的基础。本章简要介绍半导体的晶体结构、能带理论、半导体中的载流子及其输运的相关基础知识。用能带图中费米能级的相对位置表示半导体的导电类型和载流子浓度的高低，定量计算半导体中的平衡和非平衡载流子浓度，求解连续性方程和泊松方程，从而得到半导体中的电场分布、电势分布和载流子浓度分布，为后续器件原理的学习打下基础。

1.1 晶 体 结 构

固体材料按其组成原子或分子的排列状况分为晶体和非晶体。如图 1-1 所示，整块固体材料中原子或分子的排列呈现严格一致周期性的，称为单晶材料，原子或分子排列只在小范围呈现周期性而在大范围不具备周期性的是多晶材料，原子或分子排列没有任何周期性的是非晶材料。

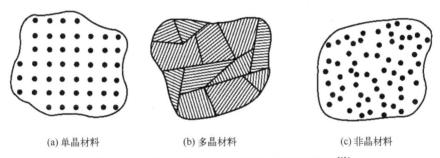

(a) 单晶材料　　　　　　(b) 多晶材料　　　　　　(c) 非晶材料

图 1-1　单晶、多晶与非晶材料原子排列示意图[1]4

半导体单晶材料(以下简称半导体材料、晶体)是导电能力介于金属和绝缘体之间的一类固体材料。但是导电能力并不是半导体材料的本质特征。半导体材料的显著特点是，通过掺入杂质等办法，可以改变其导电能力(可以呈数量级变化)和导电类型。半导体的这一重要特性是由半导体的晶体结构、能带结构和电荷的输运性质决定的。对半导体材料进行选择性掺杂是制造各种半导体器件的重要工艺手段。

1. 基元、点阵和晶格

晶体结构的第一个特点是晶体中原子排列的周期性。晶体中原子在三个方向上按一定周期重复排列，整个晶体可以看成是一个基本的结构单元——基元在空间三个不同的方向各按一定距离，周期性重复排列的结果。不同的晶体，基元是不同的。一个基元可以是一个原子、一个分子，也可以是由若干原子组成的原子团。

为了简单明确地描述晶体内部结构的周期性，可以把每个基元用一个抽象的点来表示。为了形象地表示晶体中原子排列的规律，用假想的线将这些点连接起来，构成有规律性的空间格架。这种表示原子在晶体中排列规律的空间架构称为点阵。可以推断，这些点在空间分布的周期性与晶体中原子排列的周期性完全相同。每个代表点称为格点，这种空间点阵称为布拉维格子(Bravais Lattice)。因此，Kittel 认为[2]:

$$点阵 + 基元 = 晶体结构$$

基元是晶体中的一个最小单元，每个基元中的原子种类数就是构成晶体的原子种类数。如果晶体是由两种以上原子组成，那么各种原子在空间的分布也相同，并且与该晶体的空间点阵的分布情况一致，因为只有这样，晶体中总的原子排列才具有统一的周期性。由两种以上原子组成的晶体中的原子排列，可以分别把每种原子各自的分布看成是一套空间点阵，而晶体中总的原子排列则可以看成是由两套或两套以上分布情况完全相同的空间点阵套在一起构成的，这种晶格又称为复式格子。

2. 晶体结构内部周期性的描述

人们在描述晶体内部结构周期性时采用的另一种方法是把晶体划分成一些周期性重复区域——原胞或单胞。

原胞是晶体的最小周期性单元，每个原胞只有一个布拉维格点，空间点阵的格点只能在原胞的顶角点上。由于原胞是体积最小的周期性重复单元，因此用原胞来描述晶体内部结构的周期性可能描述得最充分、最仔细。但在很多情况下，原胞的形状不便于反映晶体中原子排列的对称性。因此为了既能描述原子排列的周期性，又便于反映它们的对称性，在习惯上有时不得不采用体积较大的晶体学原胞(晶胞)。通常的做法是选择晶体学原胞的对称性与晶体的空间点阵的点群对称性一致。

为了便于在数学上进行分析，晶体结构的周期性用一组基本平移矢量来表示，简称为基矢。原胞基矢量为三个不共面的独立矢量，其方向与原胞结构的空间方向一致，长度等于原胞边长(称为晶格常数)，通常用符号 a、b、c 来表示。利用原胞基矢，晶格中的任一点可表示为

$$r = pa + qb + sc \tag{1.1}$$

式中，p、q、s 为整数。若在晶体中有两点 r 和 r'，满足

$$r' = r + (m_1 a + m_2 b + m_3 c) \tag{1.2}$$

式中，m_1、m_2、m_3 为整数，则从这两点上看，r 和 r' 位置上原子的分布情况完全相同。因此，这两点的微观物理性质完全一致，这一特征称为晶体的平移不变性，是晶体结构周期性的必然结果。以图 1-2 的二维晶格为例，单胞 $ODEF$ 与 $O'D'E'F'$ 具有完全相同的结构和物理性质。

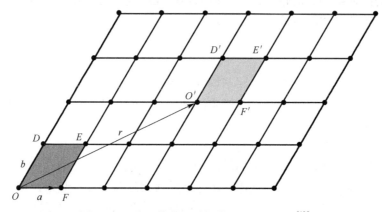

图 1-2   二维晶格的平移操作，$r = 3a + 2b$ [1]5

原胞中原子排列的具体形式称为晶格结构，不同的排列规则形成不同的晶格结构。图 1-3 所示为三种立方晶格结构——简单立方、体心立方和面心立方晶格结构。根据不同的原子排列和不同的晶格对称性，晶格结构可以划分为 7 大晶系、14 种布拉维格子。任何一种晶体结构都是 14 种晶格结构中的一种，知道晶体所属的晶格结构，也就知道了晶体的对称性。晶体结构的周期性(平移不变性)和对称性，是研究晶体材料物理性质的基本出发点。

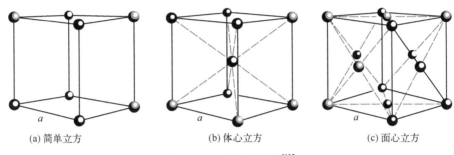

(a) 简单立方　　　　　　(b) 体心立方　　　　　　(c) 面心立方

图 1-3　三种立方晶格[1]5

许多半导体材料具有四面体键的金刚石结构或闪锌矿结构，金刚石结构是一种由同种原子组成的复式格子，图 1-4 所示为其立方对称的晶体学原胞。金刚石晶格结构可视为两个面心立方晶格沿立方对称原胞体空间对角线移动 1/4 长度套构而成。半导体 Si、Ge、α-Sn 都具有金刚石结构。

多数 III-V 族化合物半导体具有闪锌矿结构，闪锌矿晶格也是由两个面心立方格子沿体空间对角线平移 1/4 长度套构而成，每一子晶格由同种元素组成。例如，在立方 GaAs 晶体中，Ga 原子位于一个面心立方点阵，而 As 原子位于另一个面心立方点阵上，如图 1-5 所示。

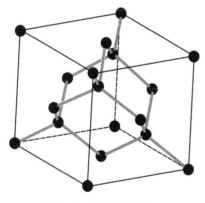

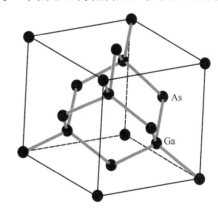

图 1-4　金刚石结构　　　　　　　　　　图 1-5　闪锌矿结构

在闪锌矿结构中，每个原子各以四个异类原子为最近邻。纤锌矿结构和闪锌矿结构相近，是四个等距紧邻原子的排列，但它的晶格具有六方对称性。有些 III-V 族化合物以这种方式结晶，而有些化合物如 CdS、ZnS 则可用上述两种方式结晶。附录 B 概括了重要半导体的晶格常数及这些半导体的晶体结构。

由于晶体结构的周期性，晶格中的格点总可以视为处在一系列方向相同的直线上，这种直线称为晶列。在同一晶格中存在许多不同的晶列。相互平行的晶列组成各种晶面系，不同的晶面系有不同的取向，如图 1-6 和图 1-7 所示。晶体中任一晶列的方向可由连接晶列中相邻格点的矢量

$$r_1 = l_1\boldsymbol{a} + l_2\boldsymbol{b} + l_3\boldsymbol{c} \tag{1.3}$$

的方向来表示。式中，l_1、l_2、l_3 为互质的整数。对于任一确定的晶格，$\boldsymbol{a}$、$\boldsymbol{b}$、$\boldsymbol{c}$ 是确定的，晶列方向只需用这三个互质整数 l_1、l_2、l_3 来标识，写作$[l_1l_2l_3]$，称为晶向指数。对于图 1-7 所示的立方晶格，OA 的晶向是[100]，OB 的晶向是[110]，OC 的晶向是[111]。

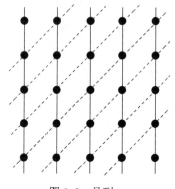

图 1-6　晶列

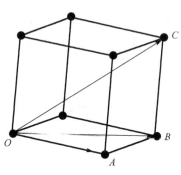

图 1-7　晶向

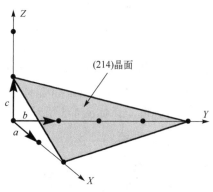

图 1-8　(214)晶面 [1]7

晶面的位置和取向用该晶面沿基矢 $\boldsymbol{a}$、$\boldsymbol{b}$、$\boldsymbol{c}$ 出发的矢量上的截距来表示。截距的大小用各单位矢量（晶格常数）来量度，然后取截距的倒数，并把它们化为最小整数。设这三个整数为 h_1、h_2、h_3，记作(h_1, h_2, h_3)，称为晶面指数（米勒指数）。如图 1-8 所示，晶面在三个轴上的截距为$(2, 0, 0)$、$(0, 4, 0)$和$(0, 0, 1)$，则晶面指数为(214)。显然，位于原点同一侧的所有平行晶面具有相同的晶面指数。

图 1-9 所示为立方晶格的三种典型晶面，其晶面指数分别为(100)、(110)和(111)，垂直于三个晶面的方向分别为[100]、[110]和[111]晶向。

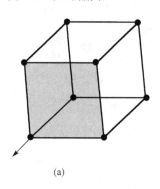

(a)

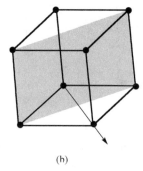

(b)

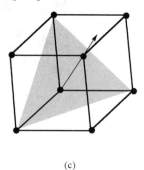

(c)

图 1-9　立方晶格的三种典型晶面和晶向

3. 倒格子及倒格子空间

晶体的空间点阵在三维实空间构成的网格称为正格子，用一组正格子基矢 $\boldsymbol{a}$、$\boldsymbol{b}$、$\boldsymbol{c}$ 来描述正格子的对称性与周期性。除此之外，还可以定义一组倒格子基矢 $\boldsymbol{a}^*$、$\boldsymbol{b}^*$、$\boldsymbol{c}^*$，其定义为

$$
\begin{cases}
\boldsymbol{a}^* = \dfrac{2\pi(\boldsymbol{b}\times\boldsymbol{c})}{\boldsymbol{a}\cdot(\boldsymbol{b}\times\boldsymbol{c})} \\[3mm]
\boldsymbol{b}^* = \dfrac{2\pi(\boldsymbol{c}\times\boldsymbol{a})}{\boldsymbol{a}\cdot(\boldsymbol{b}\times\boldsymbol{c})} \\[3mm]
\boldsymbol{c}^* = \dfrac{2\pi(\boldsymbol{a}\times\boldsymbol{b})}{\boldsymbol{a}\cdot(\boldsymbol{b}\times\boldsymbol{c})}
\end{cases}
\tag{1.4}
$$

式中，$\boldsymbol{a}\cdot(\boldsymbol{b}\times\boldsymbol{c})=\Omega$ 为正格子原胞体积，故

$$
\boldsymbol{a}\cdot\boldsymbol{a}^* = 2\pi, \quad \boldsymbol{a}\cdot\boldsymbol{b}^* = 0
\tag{1.5}
$$

倒格子基矢的大小具有 L^{-1} 的量纲，由倒格子基矢可以构成一个倒格子空间点阵。在物理上，正格子点阵表示晶体坐标空间的周期性和对称性，而倒格子点阵是晶体结构周期性和对称性在波矢空间的映射。在倒格子点阵中，任意一点到原点的倒格子矢量可以表示为

$$
\boldsymbol{G}_{hkl} = h\boldsymbol{a}^* + k\boldsymbol{b}^* + l\boldsymbol{c}^*
\tag{1.6}
$$

式中，h、k、l 为整数。若倒格子矢量以 $\boldsymbol{G}$ 表示，正格子矢量以 $\boldsymbol{R}$ 表示，则倒格子矢量与正格子矢量之积为

$$
\boldsymbol{G}\cdot\boldsymbol{R} = 2\pi n \quad (n \text{ 为整数})
\tag{1.7}
$$

因此，每个倒格子矢量 $\boldsymbol{G}_{hkl}$ 垂直于正格子的一组以"hkl"标记的晶面，并且倒格子原胞的体积 Ω^* 与正格子原胞的体积 Ω 成反比，故有

$$
\Omega^* \cdot \Omega = (2\pi)^3
\tag{1.8}
$$

晶体衍射的布拉格定律为

$$
2d\sin\theta = n\lambda
$$

式中，d 为晶面间距；λ 为入射 X 射线的波长；n 为整数。利用倒格子矢量，可将布拉格定律表述为

$$
2\boldsymbol{k}\cdot\boldsymbol{G} = G^2
\tag{1.9}
$$

式中，$\boldsymbol{k}$ 为入射线的波矢。式(1.9)表明，若倒格子点阵中任选一个格点为原点，作原点到近邻的倒格点连线的垂直平分面，则任何从原点出发到平面的矢量都满足衍射条件。

在倒格子点阵中任选一个格点为原点，作原点到近邻的倒格点连线的垂直平分面，这组垂直平分面所包围的体积称为倒格子原胞。倒格子原胞又称为第一布里渊区。布里渊区是研究晶体电子能带结构理论的重要基础。图 1-10 所示为面心立方结构的倒格子原胞。金刚石结构、闪锌矿结构的布拉维格子都是面心立方格子，它们的第一布里渊区是由 8 个正六边形和 6 个正方形围成的十四面体(截角八面体)。图中典型对称点 Γ: $2\pi/a(0, 0, 0)$，沿(111)轴的边界点 L: $2\pi/a(1/2, 1/2, 1/2)$，沿(100)轴的边界点 X: $2\pi/a(1, 0, 0)$，沿(110)轴的边界点 K: $2\pi/a$ $(3/4, 3/4, 0)$。a 为正格子晶格常数。

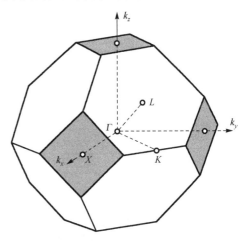

图 1-10　面心立方结构的倒格子原胞

1.2　能 带 结 构

1. 能带的形成

根据量子力学的结果,原子核外的电子能量是量子化的,即电子只能处于某些孤立的能态(能级)上,例如,硅原子的核外电子只能按 2 个 1s 态、2 个 2s 态,6 个 2p 态,2 个 3s 态、6 个 3p 态、10 个 3d 态依次填充。0K 下,硅的核外电子除填满内层的 10 个能态外,剩余的 4 个电子填到第三层的 3s 态和 3p 态,显然第三层电子数少于能态数,处于未填满状态。这 4 个电子称为硅的价电子。

原子间的距离很远时,原子的核外电子互不影响,各自处于相应的能态上。当 n 个原子周期性重复排列形成晶体时,原子的库仑势场相互影响,发生了波函数的交叠。价电子不再属于单个原子而是发生了共有化运动。n 个原子的能级分裂为靠得很近的密集的能级,能级间能量差为 10^{-22}eV 数量级,实际上可把这一能态区域视为连续的能带。当原子间距为晶体结构的平衡距离时,发生能级分裂的是外层价电子能级,而内层电子被原子核束缚在原来的孤立原子能级上,不发生共有化运动。图 1-11 所示为 2 个氢原子靠近时,由于波函数交叠,电子的相互作用,$n=1$ 的单一能级分裂为两个能级。图 1-12 所示为 n 个同种原子(假设含 1 个价电子)形成晶体时,能级分裂为能带的示意图。形成晶体前,n 个价电子处于相同能级。形成晶体后,n 个电子不再具有相同能量,而处于 n 个很接近的新能级上。

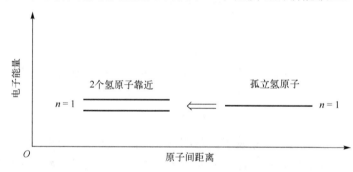

图 1-11　2 个氢原子靠近时 $n=1$ 能态的分裂[3]

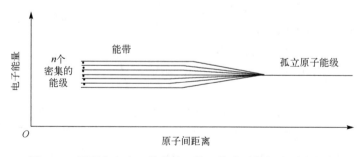

图 1-12　原子密度为 n 的晶体,单一价电子能级分裂为能带

晶体能带结构的定量关系,即能量-动量的定量关系,可在一定的近似条件下求解晶体中电子的薛定谔方程得到。例如,求解描述晶体中大量电子的薛定谔方程时,作绝热近似把

晶格运动与电子运动分开,作单电子近似把大量电子的薛定谔方程化为单电子的薛定谔方程。人们已经采用各种数值方法对固体的能带进行了理论研究,对半导体常用的计算方法有正交化平面波法、增广平面波法、赝势法等。

图 1-13 所示为硅原子间距与能带结构关系图。当硅原子形成晶体时(虚线所指距离时),可以近似地认为硅原子的内层 1s 电子、2s、2p 电子互不影响,能级不发生分裂,仍具有孤立的相同的能级。但价电子 3s、3p 电子相互影响,能级发生了分裂,形成一个具有较低能量的、含有 $4N$ 个能态的能带,以及一个具有较高能量的、含有 $4N$ 个能态的能带,在两个能带之间是一个禁止电子具有的能量区间。能量较高的能带称为导带,能量较低的能带称为价带,电子能量的禁止区间称为禁带。能量禁止区间的大小称为禁带宽度或带隙,习惯上用 E_g 表示。0K 下,价带被电子填满,导带没有电子。

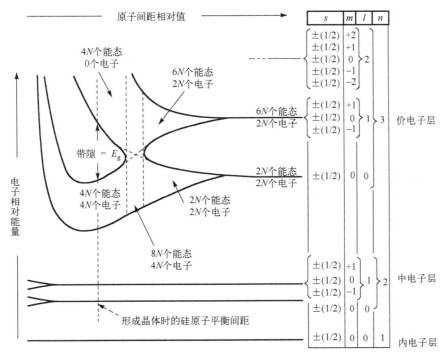

图 1-13　硅原子间距与能带结构关系图,当硅原子处于形成硅晶体的平衡位置
(虚线所指距离)时,3s、3p 价电子能级分裂为两个能带[1]160

2. 锗、硅和砷化镓的能带结构

由于半导体晶体结构的各向异性,半导体的能带结构通常按晶向在 k 空间绘出。图 1-14 给出锗、硅和砷化镓在 k 空间中,沿[111]和[100]方向的能带结构图。对于锗和硅,导带最低能量与价带最高能量具有不同的 k 值,为间接带隙半导体,而砷化镓则为直接带隙半导体。

从能带图上可以看出,半导体 GaSi 的价带极大值在布里渊区中心 Γ 点($k=0$),导带极小值分别沿[111]和[100]轴,这种导带极小值与价带极大值不是同处于 Γ 点($k=0$)的半导体称为间接带隙半导体。半导体 GaAs 的导带极小值与价带极大值同处于 Γ 点($k=0$),这种半导体称为直接带隙半导体。间接带隙半导体中电子在价带、导带间跃迁时,要与晶格交换能量,发射或吸收声子,而直接带隙半导体的电子跃迁则不与晶格交换能量。这一区别导致直接带隙半导体和间接带隙半导体在光吸收、光发射、迁移现象和过剩载流子的复合等方面有明显差异。

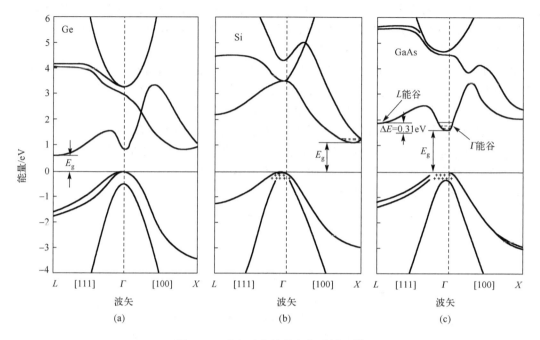

图 1-14　硅和砷化镓的能带结构图[4]

在室温和常压下，Ge 的带隙为 0.66eV，Si 的带隙为 1.12eV，GaAs 的带隙为 1.42eV。实验表明，大多数半导体的带隙随温度升高而减小，Ge、Si、GaAs 在 0K 下，带隙分别为 0.7437eV、1.170eV、1.519eV。带隙随温度的变化可表示为[5,6]

$$E_g(T) = E_g(0) - \frac{\alpha T^2}{T + \beta} \tag{1.10}$$

式中，α、β、$E_g(0)$ 的值见表 1-1。

表 1-1　典型半导体材料的能带参数

材料	$E_g(0)$/eV	α /(×10^{-4}eV·K^{-1})	β/K
GaAs	1.519	5.405	204
Si	1.170	4.73	636
Ge	0.7437	4.774	235

3. 不同材料的能带结构

在定性分析材料或器件的特性时，往往将能带图简化为图 1-15 的形式。图 1-15(a) 所示为绝缘体的能带图，价带的能态全部被电子填满，而导带全空，带隙较大（通常大于 3eV）。一般情况下，价带电子没有足够的能量跃迁到导带，材料中没有可自由移动的电荷，因此呈现绝缘特性。图 1-15(b) 与图 1-15(a) 的区别是带隙较小，为 0.1~2eV，0K 下是绝缘体，但在一定的外激发下，价带电子跃迁到导带成为自由电子，因此具有一定的导电性。图 1-15(c) 与图 1-15(d) 所示为导体能带图。图 1-15(c) 的价带和导带交叠，图 1-15(d) 的导带有大量电子，但没有填满，在两种情形下，都有大量的自由电子，施加电场后，电子的运动形成电流。

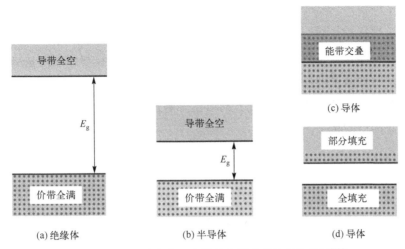

图 1-15 0K 下绝缘体、半导体和导体的简化能带图[1]62

4. 本征半导体及半导体中的载流子

纯净的无缺陷的半导体称为本征半导体。由于半导体的带隙较小，室温下，价带中总有一部分电子获得足够的能量，跃迁到导带，成为自由电子，同时，在价带产生一个带正电荷的电子空位。在电场的作用下，不仅导带中的电子逆电场运动形成电流，而且价带中带正电荷的电子空位也沿着电场方向运动形成电流。于是，在半导体中有两种运载电荷的粒子——电子和带正电荷的电子空位。带正电荷的电子空位简称"空穴"。图 1-16、图 1-17 给出本征半导体中电子-空穴对产生的能带图和共价键表示。

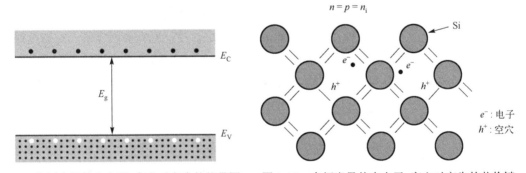

图 1-16 本征半导体中电子-空穴对产生的能带图   图 1-17 本征半导体中电子-空穴对产生的共价键

1.3 半导体中载流子的统计分布

1. 状态密度

在半导体的价带和导带中，存在许多能级，相邻能级之间间隔约为 10^{-22}eV 数量级，可以近似认为是连续分布的。假设在能带中从能量 E 到 $E+dE$ 之间存在 dZ 个量子态，则状态密度 $g(E)$ 为

$$g(E) = \frac{\mathrm{d}Z}{\mathrm{d}E} \tag{1.11}$$

即 $g(E)$ 为在能带中能量 E 附近单位能量间隔内的量子态数目，只要能求出 $g(E)$，那么允许的量子态按能量的分布情况也就知道了。

根据半导体中电子能量状态的波矢 $\boldsymbol{k}$ 的取值限制及半导体的能带结构，可以求得半导体硅、锗的导带底附近的状态密度分布为

$$g_C(E) = \frac{4\pi(2m_n^*)^{3/2}}{h^3}(E - E_C)^{1/2} \tag{1.12}$$

式中，E_C 为导带底能量；E 为电子能量。而

$$m_n^* = m_{dn} = S^{3/2}(m_l m_t^2)^{1/3} \tag{1.13}$$

式中，m_{dn} 为导带底电子有效质量；S 为硅、锗的导带底对称状态个数，硅对应的 S 为 6，锗对应的 S 为 4；m_l、m_t 分别为纵向有效质量和横向有效质量。对于硅 $m_{dn}=1.08m_0$，对于锗 $m_{dn}=0.56m_0$，m_0 为真空电子质量，即惯性质量。

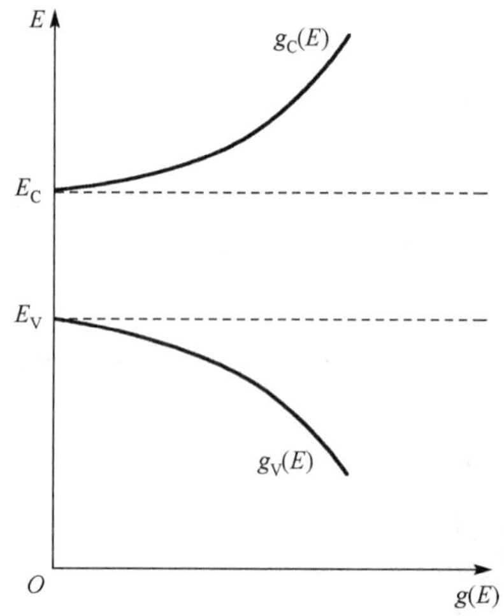

在价带顶附近，有

$$g_V(E) = \frac{4\pi(2m_p^*)^{3/2}}{h^3}(E_V - E)^{1/2} \tag{1.14}$$

式中，

$$m_p^* = m_{dp} = [(m_p)_l^{3/2} + (m_p)_h^{3/2}] \tag{1.15}$$

式中，m_{dp} 为价带顶空穴有效质量；对于硅 $m_{dp}=0.59m_0$，对于锗 $m_{dp}=0.37m_0$；E_V 为价带顶能量。态密度函数曲线如图 1-18 所示，态密度随离开导带底或价带顶距离的增大而增大，离开导带底或价带顶越远，态密度越大。

图 1-18   半导体的态密度函数曲线

2. 费米统计及费米分布

半导体中，从大量电子的整体来看，在热平衡状态下，电子在不同能量的量子态上的统计分布规律是一定的。根据量子统计理论，服从泡利不相容原理的电子遵循费米统计。能量为 E 的一个量子态被电子占据的概率 $f(E)$ 为

$$f(E) = \frac{1}{1 + \exp\left(\dfrac{E - E_F}{kT}\right)} \tag{1.16}$$

式中，E_F 为费米能级；T 为绝对温度；k 为玻尔兹曼常数。

E_F 也称为系统的化学势，也可以视为量子态是否被电子占据的一个能量界限。$f(E)$ 的函数如图 1-19 所示。0K 时，位于费米能级 E_F 以下的能态全被电子占据，E_F 以上的能态全空；高于 0K 时，费米能级 E_F 以下的能态将空出一部分，而费米能级 E_F 以上的能态有一部分被电子占据，E_F 以下的空态数和 E_F 以上的占据态数相对于 E_F 对称。

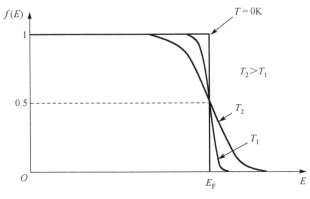

图 1-19　费米分布函数

3. 载流子浓度及玻尔兹曼分布

将导带分为无限多的无限小能量间隔，在能量 E 到 $E+\mathrm{d}E$ 之间有 $\mathrm{d}Z=g_C(E)\mathrm{d}E$ 个量子态。电子占据能量为 E 的量子态的概率为 $f(E)$，在 E 到 $E+\mathrm{d}E$ 间有 $f(E)g_C(E)\mathrm{d}E$ 个量子态被电子占据，而每个量子态上有一个电子，则在整个能带内的电子浓度为

$$n = \int_{E_C}^{\infty} f(E)g_C(E)\mathrm{d}E \tag{1.17}$$

代入 $f(E)$、$g_C(E)$ 的具体形式，则可求得 n 的表示式。

同样，可以求出价带中空穴浓度为

$$p = \int_{-\infty}^{E_V} [1 - f(E)]g_V(E)\mathrm{d}E \tag{1.18}$$

对于非简并半导体(轻掺杂半导体)，费米能级 E_F 低于 E_C 几个 kT，此时费米分布可近似为玻尔兹曼分布。

$$n = N_C \exp\left(-\frac{E_C - E_F}{kT}\right) \tag{1.19}$$

$$p = N_V \exp\left(-\frac{E_F - E_V}{kT}\right) \tag{1.20}$$

式中，N_C 和 N_V 分别为导带底和价带顶有效态密度，即

$$N_C = 2\left(\frac{2\pi m_{\mathrm{dn}}kT}{h^2}\right)^{3/2} \tag{1.21}$$

$$N_V = 2\left(\frac{2\pi m_{\mathrm{dp}}kT}{h^2}\right)^{3/2} \tag{1.22}$$

引入导带底和价带顶有效态密度的依据是，在轻掺杂条件下，绝大部分电子占据导带底附近的能态，绝大部分空穴填充价带顶附近的能态。对于本征半导体，在有限温度下，部分电子从价带激发到导带，并在价带内留下等量空穴，则有

$$n = p = n_i \tag{1.23}$$

式中，n_i 为本征载流子浓度。对于本征半导体，其费米能级为

$$E_F = E_i = \frac{E_C + E_V}{2} + \frac{kT}{2}\ln\left(\frac{N_V}{N_C}\right) = \frac{E_C + E_V}{2} + \frac{3kT}{4}\ln\left(\frac{m_{dp}}{m_{dn}}\right) \tag{1.24}$$

式中，E_i 非常接近于带隙中央，为本征费米能级。本征载流子浓度为

$$n_i = (N_C N_V)^{1/2}\exp\left(-\frac{E_C - E_V}{2kT}\right) = 4.82\times10^{15}\left(\frac{m_{dn}m_{dp}}{m_0^2}\right)^{3/4}T^{3/2}\exp\left(-\frac{E_g}{kT}\right) \tag{1.25}$$

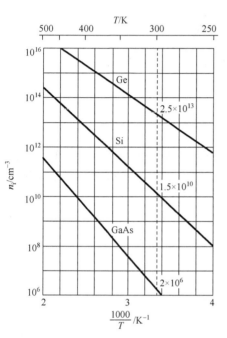

图 1-20　Ge、Si、GaAs 本征载流子
浓度随温度变化曲线[1]89

对于本征半导体，显然有

$$np = n_i^2 \tag{1.26}$$

即在一定温度下，电子空穴浓度乘积为常数，并等于本征载流子浓度的平方。式(1.26)称为质量作用定律。

Ge、Si、GaAs 本征载流子浓度随温度变化的关系曲线如图 1-20 所示。图中标出了室温(300K)时的本征载流子浓度，这是定量计算时经常用到的数据。本征载流子浓度对温度的变化十分敏感，对 Si 而言，温度每增加 11℃，n_i 增加一倍。因此，在高温下，热产生可以是主要的载流子产生过程，本征载流子浓度会变得很高。

4. 杂质半导体中的载流子浓度及费米能级

本征半导体掺入杂质，就变为非本征半导体，也称为杂质半导体。以硅为例，若掺入的杂质是磷、砷、锑等五价元素，则在半导体的导带底附近形成一杂质能级。杂质能级上的电子在不太高的温度下(100K 以上)，都有足够的能量跃迁到导带，形成自由电子(图 1-21)，因此这一杂质能级称为施主能级，掺入的杂质称为施主杂质。若掺入千万分之一的杂质，即杂质浓度为 10^{16} 数量级，则在导带可得到同数量的自由电子。这时，电子浓度远比本征载流子浓度高得多，电子是多数载流子。这样的杂质半导体称为电子型半导体，简称 n 型半导体。多数载流子-电子的形成也可以从晶体共价键结构的角度来解释。掺入五价元素后，杂质原子取代了硅原子的位置。杂质原子有五个价电子，与周围的硅原子形成共价键(图 1-22)只需四个电子，于是多出的价电子受原子核的束缚很弱，在一定温度下，电离为自由电子，同时施主杂质原子带正电。

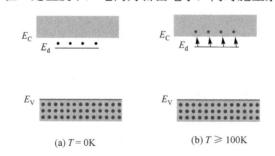

(a) $T = 0K$　　　　　(b) $T \geqslant 100K$

图 1-21　本征半导体掺入五价原子形成导带自由电子的能带图

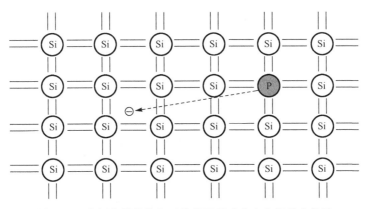

图 1-22　本征半导体掺入五价原子形成自由电子的共价键

掺入杂质的半导体，应用导带底和价带顶有效态密度的概念，其电子和空穴浓度可表示为

$$n_0 = N_C f(E_C) \tag{1.27}$$

$$p_0 = N_V [1 - f(E_V)] \tag{1.28}$$

式中，

$$f(E_C) = \frac{1}{1 + \exp\left(\dfrac{E_C - E_F}{kT}\right)} \approx \exp\left(-\frac{E_C - E_F}{kT}\right) \tag{1.29}$$

$$1 - f(E_V) = 1 - \frac{1}{1 + \exp\left(\dfrac{E_V - E_F}{kT}\right)} \approx \exp\left(-\frac{E_F - E_V}{kT}\right) \tag{1.30}$$

因此，杂质半导体中的电子和空穴浓度分别为

$$n_0 = N_C \exp\left(-\frac{E_C - E_F}{kT}\right) \tag{1.31}$$

$$p_0 = N_V \exp\left(-\frac{E_F - E_V}{kT}\right) \tag{1.32}$$

利用关系式 $E_C - E_i \approx E_i - E_V = E_g / 2$ ，式(1.31)及式(1.32)可改写为

$$n_0 = n_i \exp\left(\frac{E_F - E_i}{kT}\right) \tag{1.33}$$

$$p_0 = n_i \exp\left(\frac{E_i - E_F}{kT}\right) \tag{1.34}$$

式(1.31)～式(1.34)中，下标 0 表示平衡态。式(1.31)与式(1.32)相乘，或式(1.33)与式(1.34)相乘，可以得到

$$n_0 p_0 = n_i^2 \tag{1.35}$$

综上所述，对于平衡态的杂质半导体，质量作用定律仍然成立。

　　若在硅单晶中掺入硼、铝等三价杂质，则在半导体的价带顶附近形成一杂质能级，价带上的电子在不太高的温度下(100K 以上)，有足够的能量跃迁到杂质能级上，同时在价带中形成自由空穴，因此这一杂质能级称为受主能级，掺入的杂质称为受主杂质。若掺入千万分之一的杂质，即杂质浓度为 10^{16} 数量级，则在价带可得到同数量的自由空穴。这时，空穴浓度远比本征载流子浓度大得多，空穴是多数载流子。这样的杂质半导体称为空穴型半导体，简称 p 型半导体。多数载流子−空穴的形成也可以从晶体共价键结构的角度来解释。掺入三价元素后，杂质原子取代了硅原子的位置。杂质原子只有三个价电子，与周围的硅原子形成共价键时缺少一个电子，于是形成一个带正电荷的电子空位，即空穴。在一定温度下，电子很容易来填充这个空穴，电子对空穴的填充效果上相当于空穴的运动，这时受主杂质电离出一个自由空穴，同时杂质原子带负电。

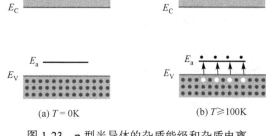

(a) $T = 0K$ (b) $T \geqslant 100K$

图 1-23   p 型半导体的杂质能级和杂质电离

图 1-23、图 1-24 分别为 p 型半导体的能带图和共价键。式(1.31)～式(1.35)同样适用于平衡态 p 型半导体的空穴、电子浓度的计算。

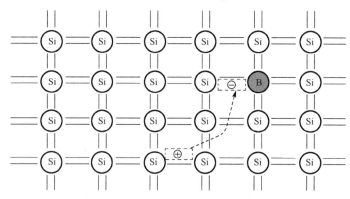

图 1-24   p 型半导体杂质电离形成自由空穴的共价键

半导体完整的能带图往往包括本征费米能级、费米能级、导带和价带。在轻掺杂条件下，电子和空穴只占据导带底和价带顶的能态，因此，能级图中可以只画出导带底和价带顶能量。杂质能级通常不标在能带图中。图 1-25 和图 1-26 分别是 n 型和 p 型半导体的能带图。显然，费米能级的相对位置，表示了载流子浓度的高低。对于 n 型半导体，费米能级越靠近导带，电子浓度越高；反之，越靠近本征费米能级，电子浓度越低。类似地，对于 p 型半导体，费米能级越靠近价带，空穴浓度越高；反之，费米能级越靠近本征费米能级，空穴浓度越低。

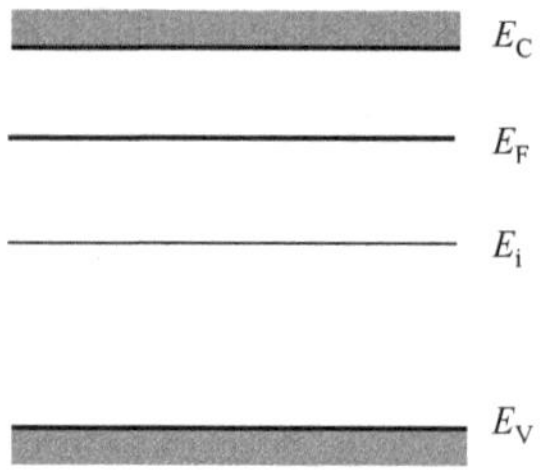

图 1-25   标出费米能级和本征费米能级的
n 型半导体简化能带图

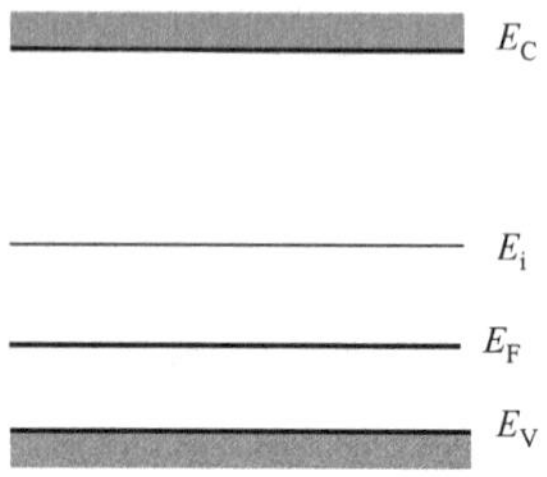

图 1-26   标出费米能级和本征费米能级的
p 型半导体简化能带图

既掺有施主杂质又有受主杂质的半导体称为补偿型半导体。补偿型半导体究竟是 n 型还是 p 型，取决于两种杂质的相对浓度。若施主浓度 $N_D >$ 受主浓度 N_A，则为 n 型；反之，则为 p 型。

根据电中性要求，总的负电荷必须等于总的正电荷，即电子和电离受主的浓度之和等于空穴与电离施主的浓度之和。

$$n_0 + N_A^- = p_0 + N_D^+ \tag{1.36}$$

在全电离近似(全部杂质电离)下，可以导出平衡态的电子空穴浓度表达式。对于 n 型半导体，多数载流子电子浓度为

$$n_0 = \frac{N_D - N_A}{2} + \sqrt{\left(\frac{N_D - N_A}{2}\right)^2 + n_i^2} \tag{1.37}$$

对于 p 型半导体，多数载流子空穴浓度为

$$p_0 = \frac{N_A - N_D}{2} + \sqrt{\left(\frac{N_A - N_D}{2}\right)^2 + n_i^2} \tag{1.38}$$

少数载流子浓度用质量作用定律求出。对于轻掺杂的半导体，在全电离近似下，当净杂质浓度 $N_D - N_A$ 或 $N_A - N_D$ 远大于本征载流子浓度时，多数载流子电子或空穴浓度等于净杂质浓度。

5. 平衡态系统的费米能级

图 1-27 所示为两种材料"紧密"接触形成的平衡态系统，例如，由 n 型半导体和 p 型半导体，或半导体和金属等形成的系统。"紧密"接触，是指两种材料间可以通过界面自由交换电子。材料 1 和材料 2 的能态密度和分布函数分别用 $N_1(E)$、$f_1(E)$ 和 $N_2(E)$、$f_2(E)$ 表示。于是，从材料 1 到材料 2 的电子输运率 Φ_1 为

$$\Phi_1 \propto N_1(E)f_1(E) \cdot N_2(E)[1 - f_2(E)] \tag{1.39}$$

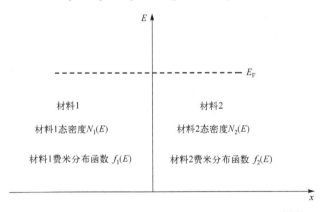

图 1-27　两种材料"紧密"接触形成的平衡态系统[1]103

材料 2 到材料 1 的电子输运率 Φ_2 为

$$\Phi_2 \propto N_2(E)f_2(E) \cdot N_1(E)[1 - f_1(E)] \tag{1.40}$$

平衡态通过界面的电子净输运为零，因此有

$$N_1(E)f_1(E) \cdot N_2(E)[1 - f_2(E)] = N_2(E)f_2(E) \cdot N_1(E)[1 - f_1(E)] \tag{1.41}$$

由此得到

$$f_1(E) = f_2(E), \quad \text{即} \quad \frac{1}{1 + \exp\left(\dfrac{E - E_{F1}}{kT}\right)} = \frac{1}{1 + \exp\left(\dfrac{E - E_{F2}}{kT}\right)} \tag{1.42}$$

所以,

$$E_{F1} = E_{F2} = E_F \tag{1.43}$$

可表述为: 平衡态系统费米能级为常数, 或平衡态系统费米能级处处相等。这一结论是后续章节分析平衡态半导体器件特性的重要基础。

1.4 载流子的漂移运动

1. 散射及有效质量

载流子运动过程中运动方向或速度改变的现象称为载流子的散射。由于晶体结构的周期性, 在晶体中运动的载流子必然会受到周期性势场的散射。在固体物理学中用载流子的有效质量来表征这种散射。载流子有效质量定义为

$$\frac{1}{m^*} = \frac{1}{\hbar^2} \frac{\partial^2 E_k}{\partial k^2} \tag{1.44}$$

已知晶体能带结构, 如图 1-14 所示, 就可以求出导带电子、价带空穴的有效质量。图 1-14 还可以定性判断, 砷化镓导带底附近的 E-k 曲线的曲率大, 因此导带电子具有较小的有效质量; 硅的导带底附近的 E-k 曲线的曲率比砷化镓的小, 因此硅的导带电子具有较大的有效质量。必须注意的是, 由于晶体结构的各向异性, 其能带结构也是各向异性的, 因此载流子有效质量也是各向异性的。

引入载流子有效质量以后, 如果晶体内不存在其他势场, 载流子在晶体中的输运就可以用牛顿定律来描述。但事情远非如此简单。除了周期性势场的散射外, 载流子还会受到其他因素的散射。首先, 晶格的热振动将导致晶体势场偏离原有的周期性势场, 引入新的散射, 称为晶格散射或声子散射。其次, 晶体中总是有意或无意地掺入杂质、总是难免有缺陷, 晶体的周期性结构遭到破坏, 必然导致偏离原有的周期性势场, 引入新的散射, 称为杂质或缺陷散射。在半导体的表面或界面处, 晶格的周期性结构中断, 周期性势场也受到破坏, 必然对载流子的输运产生新的散射, 称为表面散射或界面散射。此外, 还有载流子之间的散射、合金散射等。一般认为, 半导体中主要的散射机制是晶格散射和杂质散射。

2. 迁移率

载流子在电场作用下的定向运动称为漂移运动。在弱电场下, 载流子的漂移速度 v_d 正比于电场强度 E。比例常数定义为迁移率 μ

$$v_d = \mu E \tag{1.45}$$

迁移率的单位为 $cm^2/(V\cdot s)$。迁移率的大小, 表征了载流子运动的快慢, 对半导体器件的工作速度有直接影响。

在平衡态半导体中的载流子作无规则的热运动, 运动中不断受到晶格散射或杂质散射, 任意方向的平均速度为零。若在半导体两端加上电场, 则载流子一方面作无规则热运动, 一方面又作定向漂移运动, 在运动过程中载流子不断地受到晶格散射和杂质散射, 散射的强弱影响了载流子迁移率的大小, 因此影响了载流子定向漂移运动速度的大小。

对于硅、锗等半导体, 晶格散射决定的迁移率与温度的关系为

$$\mu_L \propto (m^*)^{-5/2} T^{-3/2} \tag{1.46}$$

由此可以看出，温度越高，晶格振动越剧烈，迁移率越低；载流子有效质量越大，迁移率越低。电离杂质散射决定的迁移率为

$$\mu_I \propto (m^*)^{-1/2} N_I^{-1} T^{3/2} \tag{1.47}$$

式中，$N_I = N_D + N_A$，是电离杂质总浓度。可以看出，μ_I 随有效质量的增加而减小，随温度的增加而增加，随电离杂质浓度的增加而减小。包含上述两种散射机构的载流子迁移率可表示为

$$\frac{1}{\mu} = \frac{1}{\mu_L} + \frac{1}{\mu_I} \tag{1.48}$$

室温下，Ge、Si 和 GaAs 的实测迁移率与杂质浓度的关系如图 1-28 所示。从图中可以看出，随着杂质浓度的增加，迁移率减小。

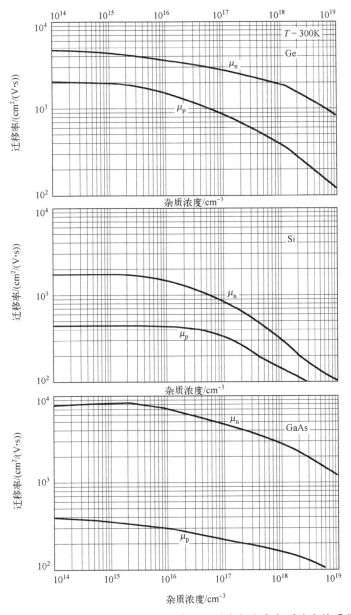

图 1-28　Ge、Si、GaAs 半导体中电子、空穴迁移率与电离杂质浓度关系曲线[4]29

　　对于 N 型和 P 型 Si 样品，温度对于迁移率的效应如图 1-29 所示。从图中可以看出，当杂质浓度较低时，迁移率随温度升高而减小，然而由于存在着其他散射机构，迁移率随温度变化的斜率不是−3/2。

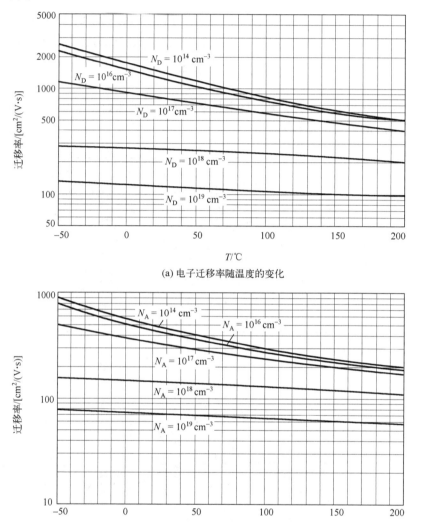

(a) 电子迁移率随温度的变化

(b) 空穴迁移率随温度的变化

图 1-29　Si 在一定掺杂浓度下载流子迁移率随温度的变化关系曲线[3]160

　　迁移率的定义式(1.45)只在弱电场下成立。当电场强度增大到一定值时，载流子的漂移速度不再与电场强度成正比，而是逐渐趋于一个饱和值，如图 1-30 所示。

3. 导电特性

　　设半导体中载流子(电子)的平均漂移速度为 v，电子浓度为 n，输运的电流密度为 J，则

$$J = qnv \tag{1.49}$$

式中，q 为单位电荷。将迁移率与电场强度的关系代入式(1.50)，可得

$$J = qn\mu_{n}E \tag{1.50}$$

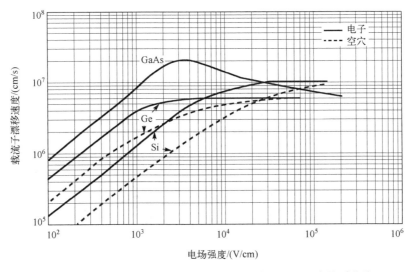

图 1-30　几种半导体材料的载流子漂移速度与电场强度关系曲线

迁移率的下标 n 表示电子的迁移率。记

$$\sigma = qn\mu_n \tag{1.51}$$

称为电导率。电导率的倒数是电阻率，即

$$\rho = \frac{1}{qn\mu_n} \tag{1.52}$$

弱电场下半导体的电流输运满足欧姆定律

$$J = \sigma E \tag{1.53}$$

同理，若半导体中的载流子(空穴)浓度为 p，有关系式

$$J = qp\mu_p E \tag{1.54}$$

迁移率的下标 p 表示空穴的迁移率。通常半导体中存在两种载流子——电子和空穴。电导率和电流密度的完整表达式为

$$\sigma = \frac{1}{\rho} = qn\mu_n + qp\mu_p \tag{1.55}$$

$$J = \sigma E = (qn\mu_n + qp\mu_p)E \tag{1.56}$$

由此可知，半导体的电导率及电阻率取决于载流子浓度和迁移率。载流子浓度与杂质浓度直接相关，而迁移率的大小不仅与材料种类有关，也与杂质浓度相关。图 1-31 给出了 Si、Ge、GaAs、GaP 的电阻率与杂质浓度之间的关系曲线。若已知半导体的电阻率，可以根据曲线得到半导体的杂质浓度，反之也一样。需要注意的是，当杂质浓度较高时，杂质原子并非全部电离，因此杂质浓度与载流子浓度不一定相等。

薄膜材料的导电能力常用薄层电阻来表示。如图 1-32 所示，设薄层材料的厚度 x_j 远小于长度 L 和宽度 W，薄层材料的电阻率为 ρ，电流 I 从薄层的左侧流进，右侧流出，则薄层材料的电阻为

$$R = \rho \frac{L}{Wx_j}$$

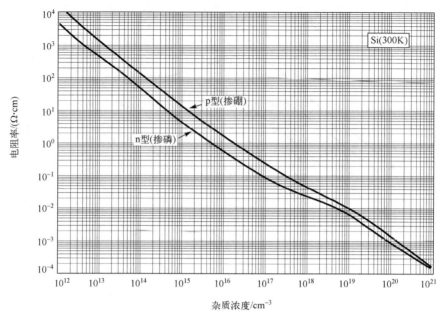

(a) 硅的电阻率与杂质浓度关系曲线

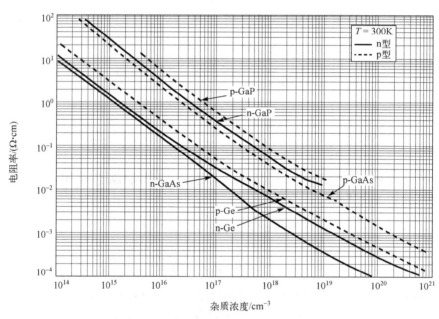

(b) 锗、砷化镓、磷化镓的电阻率与杂质浓度关系曲线

图 1-31　硅、锗、砷化镓、磷化镓的电阻率与杂质浓度关系曲线[4]32

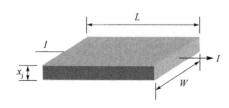

图 1-32　薄层电阻(方块电阻)示意图

当薄层材料的长度 L 和宽度 W 相等时，上述电阻值称为材料的薄层电阻，即

$$R_{\mathrm{s}} = \rho \frac{L}{Wx_{\mathrm{j}}} = \frac{\rho}{x_{\mathrm{j}}} = \frac{1}{\sigma x_{\mathrm{j}}} \tag{1.57}$$

薄层电阻的单位为Ω/□(欧姆每方)。设薄层材料中只有一种载流子——电子，式(1.57)又可表示为

$$R_s = \frac{1}{qn\mu_n x_j} \tag{1.58}$$

式 (1.58) 表明，垂直于薄层的单位面积下的载流子浓度 (面载流子浓度) 一旦确定，薄层电阻的大小就确定，与薄层方块的大小无关，因此，薄层电阻又称为方块电阻。若薄层中垂直于薄膜方向的载流子浓度是非均匀分布的，记为 $n(x)$，则薄层电阻可表示为

$$R_s = \frac{1}{q\mu_n \int_0^{x_j} n(x)\mathrm{d}x} \tag{1.59}$$

　　薄层电阻是微电子设计和工艺的重要参数之一。测量薄层电阻的常用方法是四探针法，图 1-33 所示为四探针法的示意图。一微小电流从恒流源流过外侧的两根探针，测量内侧的两根探针间的电压，对于薄膜厚度远小于宽度和长度的样品，薄层电阻为

$$R_s = C\frac{V}{I} \tag{1.60}$$

式中，C 为修正因子，由样品的形状、探针间距等因素确定。

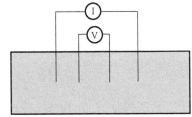

图 1-33　四探针法测量薄层电阻示意图

1.5　载流子的扩散运动

　　在半导体材料内，如果载流子浓度分布不均匀，就会发生载流子由浓度高的地方向浓度低的地方的净输运。这种因浓度差而引起的输运现象称为扩散。有浓度梯度就有扩散，扩散是一种基本的物质运动形式。

1. 扩散电流密度

　　扩散运动的基本规律用菲克定律来描述。设半导体中一维电子浓度分布为 $n(x)$，浓度梯度为 $\mathrm{d}n(x)/\mathrm{d}x$，则电子扩散流密度与浓度梯度成正比，即

$$\phi(x) = -D\frac{\mathrm{d}n(x)}{\mathrm{d}x} \tag{1.61}$$

式中，比例系数 D 称为扩散系数。扩散电流密度为

$$J_n = qD_n\frac{\mathrm{d}n(x)}{\mathrm{d}x} \tag{1.62}$$

式中，D_n 为电子扩散系数。同理，对于半导体中的空穴浓度梯度，存在空穴扩散电流

$$J_p = -qD_p\frac{\mathrm{d}p(x)}{\mathrm{d}x} \tag{1.63}$$

式中，D_p 为空穴扩散系数。当半导体中既有电子扩散也有空穴扩散时，总的扩散电流密度为

$$J = qD_n\frac{\mathrm{d}n(x)}{\mathrm{d}x} - qD_p\frac{\mathrm{d}p(x)}{\mathrm{d}x} \tag{1.64}$$

当载流子浓度梯度为正时，载流子扩散方向及电流方向如图 1-34 所示。

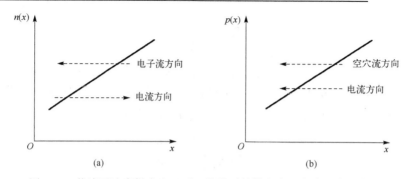

图 1-34 载流子浓度梯度为正时，载流子扩散方向及电流方向示意图

2. 电流密度方程

设半导体中既有载流子浓度梯度，又有漂移电场，总电子电流密度为

$$J_n = qn\mu_n E_x + qD_n \frac{\mathrm{d}n(x)}{\mathrm{d}x} \tag{1.65}$$

式中，E_x 为沿 x 方向的电场强度。总空穴电流密度为

$$J_p = qp\mu_p E_x - qD_p \frac{\mathrm{d}p(x)}{\mathrm{d}x} \tag{1.66}$$

总电流密度为

$$J = qn\mu_n E_x + qp\mu_p E_x + qD_n \frac{\mathrm{d}n(x)}{\mathrm{d}x} - qD_p \frac{\mathrm{d}p(x)}{\mathrm{d}x} \tag{1.67}$$

3. 杂质浓度梯度及其感生电场

在半导体器件的制造过程中，掺入的杂质浓度分布往往是非均匀的。设 n 型半导体中某一区域的杂质浓度分布，如图 1-35(a) 所示，相应能带图如图 1-35(b) 所示。室温下，当杂质浓度不太高时，所有杂质原子处于电离状态，每一个杂质原子贡献一个电子。电子浓度分布与杂质浓度相同，左侧电子浓度高，右侧电子浓度低。电子浓度梯度的存在，导致电子从左向右的扩散运动。于是，出现了左侧电子欠缺，即出现了由电离施主形成的净的正电荷，右侧电子过剩。半导体中出现了由净的正电荷指向净的负电荷的电场，这就是杂质浓度梯度的感生电场。在电场的作用下，电子发生与扩散运动相反的漂移运动。不过，电子的扩散和漂移运动并不显著改变载流子浓度分布，通常可近似认为，电子浓度分布仍具有与杂质相同的分布。

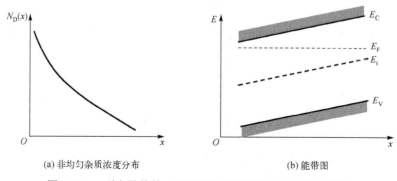

(a) 非均匀杂质浓度分布　　　　　　　　(b) 能带图

图 1-35　n 型半导体的一维非均匀杂质浓度分布及其能带图

对于平衡态半导体，扩散与漂移运动最终达到动态平衡，电子的净输运为零，即

$$J_n = qn\mu_n E_x + qD_n \frac{dn(x)}{dx} = 0 \tag{1.68}$$

考虑到 $n(x) \approx N_D(x)$，解出 E_x，得到

$$E_x = -\frac{D_n}{\mu_n} \frac{1}{N_D(x)} \frac{dN_D(x)}{dx} \tag{1.69}$$

此外，由图 1-35(b) 的能带图，可得半导体中的电势分布为

$$\phi = \frac{1}{q}[E_F - E_i(x)] \tag{1.70}$$

一维电场强度

$$E_x = -\frac{d\phi}{dx} = \frac{1}{q} \frac{dE_i(x)}{dx} \tag{1.71}$$

根据玻尔兹曼分布，电子浓度分布可表示为

$$n(x) = n_i \exp\left[\frac{E_F - E_i(x)}{kT}\right] \approx N_D(x) \tag{1.72}$$

因此，

$$E_F - E_i(x) = kT \ln\left[\frac{N_D(x)}{n_i}\right] \tag{1.73}$$

求导可得

$$-\frac{dE_i(x)}{dx} = kT \frac{1}{N_D(x)} \frac{dN_D(x)}{dx} \tag{1.74}$$

将式 (1.74) 代入式 (1.71)，可得

$$E_x = -\frac{kT}{q} \frac{1}{N_D(x)} \frac{dN_D(x)}{dx} \tag{1.75}$$

此处的电场强度就是杂质浓度梯度产生的漂移电场，对照式 (1.69) 和式 (1.75)，可得

$$\frac{D_n}{\mu_n} = \frac{kT}{q} \tag{1.76}$$

对于空穴，此关系仍然成立。这一关系式称为爱因斯坦关系，一般表示为

$$\frac{D}{\mu} = \frac{kT}{q} \tag{1.77}$$

迁移率是反映载流子在电场作用下移动难易程度的物理量，而扩散系数反映载流子存在浓度梯度时扩散难易程度的物理量。显然迁移率和扩散系数都是由材料本身的固有特性决定的。两者之间存在一定的关系是可以理解的。

1.6 非平衡载流子

1. 载流子的产生与复合、非平衡载流子

如图 1-16 所示，在一定温度下，价带总有部分电子具有足够的能量，跃迁到导带，成为自由电子，同时在价带形成等量的空穴，这样就产生了一定数量的电子-空穴对，称为载流子的产生。同时，导带电子也会落回价带，与空穴相遇而消失，称为载流子的复合。载流子的产生与复合是一个不断进行的动态过程。在热平衡条件下，半导体中的载流子浓度保持恒定。这就意味着，在热平衡条件下，载流子的产生与复合处于动态平衡。单位时间单位体积内产生或复合的载流子数分别称为产生率和复合率。产生率(记为 G)和复合率(记为 R)是相等的，即

$$G_{n0} = G_{p0} = R_{n0} = R_{p0} \tag{1.78}$$

式中，下标 0 表示平衡态；n 和 p 分别表示电子和空穴。对于处于热平衡态的半导体，质量作用定律式(1.35)成立，即

$$n_0 p_0 = n_i^2$$

对半导体施加一定的外场，例如，用高能光子照射半导体，如图 1-36 所示，部分价带电子吸收光子能量后，跃迁到导带，成为自由电子，同时在价带形成相同数量的空穴。这种方式产生的载流子称为光产生或光注入的非平衡载流子(也称为过剩载流子)。电子-空穴总是成对产生的，因此非平衡电子与非平衡空穴的产生率相等，即

$$g_n = g_p \tag{1.79}$$

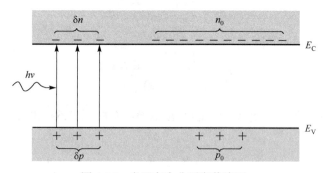

图 1-36 光照产生非平衡载流子

以 δn 和 δp 表示非平衡载流子浓度，电子和空穴的总浓度变为

$$n = n_0 + \delta n \tag{1.80}$$

$$p = p_0 + \delta p \tag{1.81}$$

在非平衡态下，由于存在非平衡载流子，质量作用定律不再成立，即

$$np \neq n_i^2 \tag{1.82}$$

2. 非平衡载流子的复合及非平衡载流子的寿命

在光照等外场的激励下，不仅存在电子-空穴对的产生过程，也存在其反过程——电子-空穴对的复合过程。因此，即使保持稳定的外场激励，非平衡载流子浓度也不会无限积累，而是趋于某一稳态值。

如果撤除外场激励，非平衡载流子浓度将因复合不断衰减，如图 1-37 所示，半导体最终归于热平衡态。记非平衡载流子的复合率为 R，电子-空穴在复合过程中总是成对消失的，因此

$$R_n = R_p \tag{1.83}$$

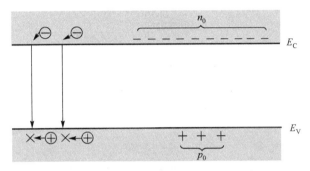

图 1-37　非平衡载流子带间直接复合示意图

设非平衡载流子的复合过程是由于导带电子直接"落回"价带而产生的(带间直接复合)，图 1-37 所示为 n 型半导体的能带图，则某时刻 t 半导体中的少数载流子空穴浓度的变化率正比于该时刻的电子浓度和空穴浓度乘积(只有一种载流子，不会有复合发生)，即

$$\frac{\mathrm{d}p(t)}{\mathrm{d}t} = \alpha_r n_i^2 - \alpha_r n(t) p(t) \tag{1.84}$$

式中，α_r 为与复合率相关的常数；等式右侧第一项为平衡态热产生率，第二项为复合率。式(1.84)可改写为

$$\begin{aligned} \frac{\mathrm{d}p(t)}{\mathrm{d}t} &= \alpha_r n_i^2 - \alpha_r [n_0 + \delta n(t)][p_0 + \delta p(t)] \\ &= -\alpha_r (n_0 + p_0) \delta p(t) + \delta p^2(t) \end{aligned} \tag{1.85}$$

第二个等式，利用了 $\delta n(t) = \delta p(t)$ 的关系。在 n 型半导体中，$n_0 \gg p_0$。假设满足小注入条件 $\delta p(t) \ll n_0$，式(1.85)可近似为

$$\frac{\mathrm{d}[\delta p(t)]}{\mathrm{d}t} = -\alpha_r n_0 \delta p(t) \tag{1.86}$$

此微分方程的解为

$$\delta p(t) = \delta p(0) \mathrm{e}^{-\alpha_r n_0 t} = \delta p(0) \mathrm{e}^{-t/\tau_{p0}} \tag{1.87}$$

式中，$\delta p(0)$ 为激励外场撤除时的非平衡空穴浓度的初始值。

$$\tau_{p0} = \frac{1}{\alpha_r n_0} \tag{1.88}$$

式中，τ_{p0} 在小注入条件下是常数，称为非平衡载流子寿命，为非平衡载流子复合前存留时间的统计平均值。由此可见，非平衡载流子按指数规律衰减，表征衰减快慢的物理量是非平衡载流子的寿命。

同理，对于 p 型半导体，在小注入条件下，非平衡少数载流子的衰减具有相同的规律，即

$$\delta n(t) = \delta n(0)e^{-\alpha_r p_0 t} = \delta n(0)e^{-t/\tau_{n0}} \tag{1.89}$$

$$\tau_{n0} = \frac{1}{\alpha_r p_0} \tag{1.90}$$

式中，$\delta n(0)$ 是激励外场撤除时的非平衡电子浓度的初始值。

对于 n 型半导体，非平衡少数载流子复合率为

$$R_p = R_n = -\frac{d[\delta p(t)]}{dt} = \frac{\delta p(t)}{\tau_{p0}} \tag{1.91}$$

对于 p 型半导体，非平衡少数载流子复合率为

$$R_n = R_p = -\frac{d[\delta n(t)]}{dt} = \frac{\delta n(t)}{\tau_{n0}} \tag{1.92}$$

3. 间接复合理论

对于实际的半导体，禁带中难免存在由杂质或缺陷引入的电子能态。这些能态的存在，给载流子的复合提供了一个中间的台阶，使复合变得更容易进行。因此，这些杂质或缺陷称为复合中心。对于 Si、Ge 等间接带隙半导体，载流子的复合过程往往要通过能带中的复合中心来进行，这种复合称为间接复合[3]219,[4,7]。如图 1-38 所示，设复合中心为受主型中心(接受电子后带负电，否则为中性)，间接复合过程可以分为四个微观过程。

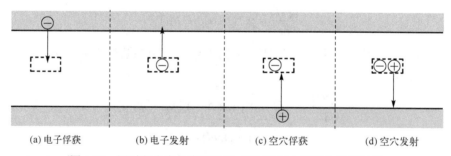

(a) 电子俘获　　(b) 电子发射　　(c) 空穴俘获　　(d) 空穴发射

图 1-38　通过复合中心实现电子−空穴对复合的四个微观过程

(1) 电子俘获过程：导带电子被禁带中的中性复合中心俘获。

(2) 电子发射过程：复合中心上的电子跃迁到导带上。

(3) 空穴俘获过程：价带空穴被带负电的复合中心俘获(也可看作复合中心向价带发射一个电子)。

(4) 空穴发射过程：价带电子被复合中心俘获(也可看作复合中心向价带发射一个空穴)。

设复合中心密度为 N_t、能级为 E_t。对电子俘获过程，电子俘获率 R_{cn} 正比于导带电子浓度和复合中心空能态数目，即

$$R_{cn} = C_n N_t n[1 - f_F(E_t)] \tag{1.93}$$

式中，C_n 为比例系数，称为电子俘获截面常数；$f_F(E_t)$ 为复合中心费米分布函数，即

$$f_F(E_t) = \frac{1}{1 + \exp\left(\dfrac{E_t - E_F}{kT}\right)} \tag{1.94}$$

对于电子发射过程，电子发射率正比于复合中心上填充的电子浓度，即

$$R_{en} = E_n N_t f_F(E_t) \tag{1.95}$$

式中，E_n 为比例系数。在热平衡态，必有电子俘获率等于电子发射率。下标 0 表示平衡态费米分布函数和电子浓度，可得

$$E_n N_t f_{F0}(E_t) = C_n N_t n_0 [1 - f_{F0}(E_t)] \tag{1.96}$$

采用玻尔兹曼近似，求出比例系数 E_n 为

$$E_n = n' C_n \tag{1.97}$$

式中，

$$n' = N_C \exp\left[\frac{-(E_C - E_t)}{kT}\right] \tag{1.98}$$

式中，n' 为假定复合中心能级与费米能级重合时的导带电子浓度，若复合中心能级与本征费米能级 E_i 重合，则 n' 等于本征载流子浓度 n_i。概率理论表明，能级位于禁带中央的复合中心（复合中心能级与本征费米能级 E_i 重合）是最有效的复合中心，这时可获得最大的复合率。

在非平衡态下，导带电子的净俘获率为

$$R_n = R_{cn} - R_{en} \tag{1.99}$$

即

$$R_n = C_n N_t \{n[1 - f_F(E_t)] - n' f_F(E_t)\} \tag{1.100}$$

同理，对于空穴俘获过程和空穴发射过程，净空穴俘获率为

$$R_p = C_p N_t \{p f_F(E_t) - p'[1 - f_F(E_t)]\} \tag{1.101}$$

式中，

$$p' = N_V \exp\left[\frac{-(E_t - E_V)}{kT}\right] \tag{1.102}$$

p' 为假定复合中心能级与费米能级重合时的价带空穴浓度；C_p 为空穴俘获截面常数。

只要复合中心密度不是太高，非平衡电子和空穴浓度相等，电子和空穴的复合率也相等，电子俘获率或空穴复合率就是复合率。即

$$R_n = R_p \equiv R \tag{1.103}$$

利用式 (1.103) 解出复合中心费米分布函数，可得

$$f_F(E_t) = \frac{C_n n + C_p p}{C_n(n + n') + C_p(p + p')} \tag{1.104}$$

将式 (1.104) 代入式 (1.100) 或式 (1.101)，且 $n'p' = n_i^2$，得到复合率表达式为

$$R = \frac{C_n C_p N_t (np - n_i^2)}{C_n(n + n') + C_p(p + p')} \tag{1.105}$$

在热平衡态，载流子浓度满足质量作用定律，$R=0$，表明式(1.105)的复合率是载流子的净复合率。若半导体处于 $np > n_i^2$ 的非平衡态，则复合率为正值；若半导体处于 $np < n_i^2$ 的非平衡态，则复合率为负值，负的复合率就是产生率。无论系统处于哪种状态，总有通过产生或复合使系统恢复平衡态的趋势。

对于非平衡半导体，少数载流子寿命可表示为

$$\tau_{n0} = \frac{\delta n}{R} \quad 或 \quad \tau_{p0} = \frac{\delta p}{R} \tag{1.106}$$

式(1.106)中，第一式适用于 p 型半导体，第二式适用于 n 型半导体。对于 n 型半导体，设复合中心密度较低，小注入条件下，有

$$n_0 \gg p_0 \quad n_0 \gg \delta p \quad n_0 \gg n' \quad n_0 \gg p'$$

成立。将这些关系式代入式(1.105)，得到复合率的近似表达式

$$R = C_p N_t \delta p \tag{1.107}$$

同理，可得 p 型半导体的复合率近似表达式

$$R = C_n N_t \delta n \tag{1.108}$$

由式(1.106)~式(1.108)可得

$$\tau_{p0} = \frac{1}{C_p N_t} \tag{1.109}$$

$$\tau_{n0} = \frac{1}{C_n N_t} \tag{1.110}$$

若复合中心能级与本征费米能级重合，载流子将具有最大复合率。当 $E_i = E_t$ 时，$n' = p' = n_i$，若近似 $\tau_{n0} = \tau_{p0} = \tau$，则式(1.105)可近似简化为

$$R_m = \frac{np - n_i^2}{\tau(n + p + 2n_i)} \tag{1.111}$$

式(1.111)可表述为，复合率的大小与系统偏离平衡态的程度成正比，与载流子寿命成反比。

图 1-39 所示为部分杂质在硅中的能级位置，图中能量值相对于最近的导带边或价带边能量标定。在半导体材料 Si 中，杂质 Cu、Au 的能级接近于带隙中央，是有效的复合中心。当 Au 的浓度为 $10^{14} \sim 10^{17} \mathrm{cm}^{-3}$ 时，少子寿命随 Au 浓度的增加而线性减少，在此浓度范围内，少数载流子寿命从约 $2 \times 10^{-7} \mathrm{s}$ 逐渐线性地减少至 $2 \times 10^{-10} \mathrm{s}$。在一些高速开关器件中，常掺入 Au 以减小少子寿命，缩短开关时间。

4. 准费米能级

对于非平衡态半导体，若保持稳态注入，电子和空穴浓度将稳定在一个新的浓度值。例如，平衡载流子浓度 $n_0 = 10^{14} \mathrm{cm}^{-3}$ 的 n 型 Si 半导体，在一稳定的光照条件下电子-空穴对的产生率为 $10^{13} \mathrm{EPH} \cdot \mathrm{cm}^{-3} \cdot \mu\mathrm{s}^{-1}$（EPH 为电子-空穴对），设非平衡载流子的寿命 $\tau_n = \tau_p = 2 \mu\mathrm{s}$，则非平衡载流子浓度为

$$\delta n = \delta p = 2 \times 10^{13} \mathrm{cm}^{-3}$$

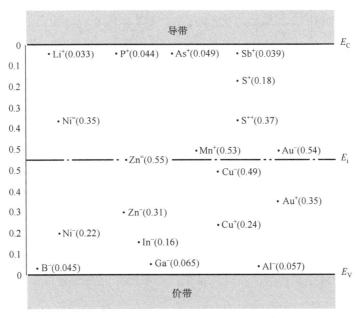

图 1-39　部分杂质在硅中的能级位置[1]119

在平衡态，

$$n_0 = 10^{14}\,\text{cm}^{-3}, \quad p_0 = \frac{n_i^2}{n_0} = \frac{(1.5 \times 10^{10})^2}{10^{14}} = 2.25 \times 10^6 (\text{cm}^{-3})$$

在非平衡态，电子和空穴浓度为

$$n = n_0 + \delta n = 1.2 \times 10^{14} (\text{cm}^{-3})$$

$$p = p_0 + \delta p = 2 \times 10^{13} + 2.25 \times 10^6 \approx 2 \times 10^{13} (\text{cm}^{-3})$$

对于平衡态半导体，载流子浓度可用式(1.33)和式(1.34)表示，式中，电子和空穴浓度用同一个能量参数——费米能级 E_F 来计算。对于非平衡态半导体，多数载流子浓度变化很小，少数载流子浓度变化了 7 个数量级，$np \neq n_i^2$，式(1.33)和式(1.34)不再适用于电子和空穴浓度的计算。为了使非平衡态载流子浓度的计算仍然具有式(1.33)和式(1.34)的形式，将它们修改为

$$n = n_i \exp\left(\frac{E_{Fn} - E_i}{kT}\right) \tag{1.112}$$

$$p = n_i \exp\left(\frac{E_i - E_{Fp}}{kT}\right) \tag{1.113}$$

式中，E_{Fn} 和 E_{Fp} 分别为电子准费米能级和空穴准费米能级。对于本节的例子，可以计算出

$$E_F - E_i = kT \ln\left(\frac{n_0}{n_i}\right) = 0.0259 \times \ln\left(\frac{10^{14}}{1.5 \times 10^{10}}\right) = 0.228(\text{eV}) \qquad (\text{平衡态})$$

$$E_{Fn} - E_i = kT \ln\left(\frac{n_0 + \delta n}{n_i}\right) = 0.0259 \times \ln\left(\frac{1.2 \times 10^{14}}{1.5 \times 10^{10}}\right) = 0.233(\text{eV}) \quad (\text{非平衡态})$$

$$E_i - E_{Fp} = kT \ln\left(\frac{p_0 + \delta p}{n_i}\right) = 0.0259 \times \ln\left(\frac{2 \times 10^{13}}{1.5 \times 10^{10}}\right) = 0.186(\text{eV}) \quad (非平衡态)$$

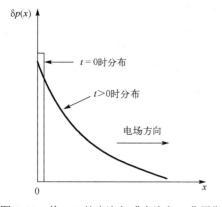

图 1-40 所示为计算实例的能带图。对于非平衡态半导体，多数载流子的准费米能级与平衡态相比仅变化了 2%(0.005eV)，而少数载流子的准费米能级与平衡态相比，从本征费米能级之上的 0.228eV 处移到了本征费米能级之下的 0.186eV 处。

图 1-40   非平衡态 n 型半导体的准费米能级图

5. 连续性方程

图 1-41 所示为一维半无限的 n 型半导体，若用光照或电场从 x=0 处注入非平衡载流子空穴，则由于非平衡空穴浓度梯度的存在，非平衡空穴将作扩散运动。此外假设半导体中存在 x 方向的电场，非平衡空穴也将作漂移运动。可以预见，非平衡空穴在半导体中的分布是时间和空间的函数。

为了导出半导体中非平衡载流子的分布函数，考虑半导体中微分长度 Δx 内非平衡载流子的变化，如图 1-42 所示，阴影区域体积元内空穴浓度的变化有两方面的原因：流入微元和流出微元的电流密度差，微元内非平衡空穴因产生而增加、因复合而减少（平衡空穴为常数，净复合率为零）。设流入微元的空穴电流密度为 $J_p(x)$，流出微元的电流密度为 $J_p(x+\Delta x)$，空穴寿命为 τ_p，可以得到

$$\left.\frac{\partial p}{\partial t}\right|_{x \to x+\Delta x} = \frac{1}{q}\frac{J_p(x) - J_p(x+\Delta x)}{\Delta x} + g_p - \frac{\delta p}{\tau_p} \tag{1.114}$$

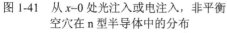

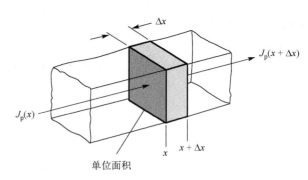

图 1-41   从 x=0 处光注入或电注入，非平衡空穴在 n 型半导体中的分布

图 1-42   推导非平衡空穴分布在 x 方向切取的单位微元

式中，g_p 为非平衡空穴产生率。当 $\Delta x \to 0$ 时，式(1.114)变为

$$\frac{\partial p(x,t)}{\partial t} = -\frac{1}{q}\frac{\partial J_p}{\partial x} + g_p - \frac{\delta p}{\tau_p} \tag{1.115}$$

将空穴电流密度方程式(1.66)代入式(1.115)，得到空穴连续性方程为

$$\frac{\partial p(x,t)}{\partial t} = -\mu_\mathrm{p}\frac{\partial(pE_x)}{\partial x} + D_\mathrm{p}\frac{\partial^2 p}{\partial x^2} + g_\mathrm{p} - \frac{\delta p}{\tau_\mathrm{p}} \tag{1.116}$$

同理，可以导出 p 型半导体非平衡电子的连续性方程

$$\frac{\partial n(x,t)}{\partial t} = \mu_\mathrm{n}\frac{\partial(nE_x)}{\partial x} + D_\mathrm{n}\frac{\partial^2 n}{\partial x^2} + g_\mathrm{n} - \frac{\delta n}{\tau_\mathrm{n}} \tag{1.117}$$

式中，g_n 为非平衡电子的产生率。热平衡载流子浓度不随时间而变，此外假定半导体是均匀掺杂的，因此热平衡载流子在空间是均匀分布的，式(1.116)和式(1.117)可改写为

$$\frac{\partial(\delta p)}{\partial t} = -\mu_\mathrm{p}\frac{\partial(pE_x)}{\partial x} + D_\mathrm{p}\frac{\partial^2(\delta p)}{\partial x^2} + g_\mathrm{p} - \frac{\delta p}{\tau_\mathrm{p}} \tag{1.118}$$

$$\frac{\partial(\delta n)}{\partial t} = \mu_\mathrm{n}\frac{\partial(nE_x)}{\partial x} + D_\mathrm{n}\frac{\partial^2(\delta n)}{\partial x^2} + g_\mathrm{n} - \frac{\delta n}{\tau_\mathrm{n}} \tag{1.119}$$

设半导体的非平衡载流子只从界面处(x=0)注入，内部非平衡载流子的产生率为零，再假设半导体中电场为零，连续性方程简化为

$$\frac{\partial(\delta p)}{\partial t} = D_\mathrm{p}\frac{\partial^2(\delta p)}{\partial x^2} - \frac{\delta p}{\tau_\mathrm{p}} \tag{1.120}$$

$$\frac{\partial(\delta n)}{\partial t} = D_\mathrm{n}\frac{\partial^2(\delta n)}{\partial x^2} - \frac{\delta n}{\tau_\mathrm{n}} \tag{1.121}$$

若在 x=0 处保持稳态注入，则非平衡载流子将在半导体内形成一稳态分布，这时，连续性方程进一步简化为

$$\frac{\mathrm{d}^2(\delta p)}{\mathrm{d}x^2} = \frac{\delta p}{D_\mathrm{p}\tau_\mathrm{p}} \equiv \frac{\delta p}{L_\mathrm{p}^2} \tag{1.122}$$

$$\frac{\mathrm{d}^2(\delta n)}{\mathrm{d}x^2} = \frac{\delta n}{D_\mathrm{n}\tau_\mathrm{n}} \equiv \frac{\delta n}{L_\mathrm{n}^2} \tag{1.123}$$

这两个方程称为扩散方程。式中，

$$L_\mathrm{p} = \sqrt{D_\mathrm{p}\tau_\mathrm{p}} \tag{1.124}$$

$$L_\mathrm{n} = \sqrt{D_\mathrm{n}\tau_\mathrm{n}} \tag{1.125}$$

称为扩散长度，表示非平衡载流子复合前扩散的平均距离。

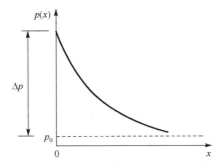

图 1-43　x=0 处维持稳定注入 Δp，非平衡空穴在 n 型半导体中呈指数分布

作为扩散方程的应用实例，考虑图 1-43 的 n 型半导体，在 x=0 处维持稳定注入。设 $\delta p(x{=}0){=}\Delta p$，求注入的非平衡空穴在半导体中的分布。由扩散方程式(1.124)，载流子分布的解为

$$\delta p(x) = C_1\exp\left(\frac{x}{L_\mathrm{p}}\right) + C_2\exp\left(-\frac{x}{L_\mathrm{p}}\right)$$

式中，C_1 和 C_2 为待定系数。在无穷远处，非平衡空穴因复合而衰减到零，因此 C_1=0。利用另一边界条件 $\delta p(x{=}0){=}\Delta p$，可定 C_2，于是得到非平衡空穴的浓度分布为

$$\delta p(x) = \Delta p \cdot \exp\left(-\frac{x}{L_p}\right)$$

由此可见，非平衡空穴按指数规律衰减，当离开边界一个扩散长度的距离时，非平衡空穴将衰减到边界值的 1/e。实际上，几个扩散长度之后，就可以近似认为非平衡载流子浓度已经衰减到零。

1.7　半导体基本方程

1. 基本方程

概括本章提到的半导体基本方程，可以大致分为以下几类。

1）载流子浓度公式

平衡态半导体的载流子方程

$$n_0 = N_C \exp\left(-\frac{E_C - E_F}{kT}\right) \tag{1.31}$$

$$p_0 = N_V \exp\left(-\frac{E_F - E_V}{kT}\right) \tag{1.32}$$

$$n_0 = n_i \exp\left(\frac{E_F - E_i}{kT}\right) \tag{1.33}$$

$$p_0 = n_i \exp\left(\frac{E_i - E_F}{kT}\right) \tag{1.34}$$

$$n_0 p_0 = n_i^2 \tag{1.35}$$

补偿型半导体中的平衡载流子浓度

$$n_0 = \frac{N_D - N_A}{2} + \sqrt{\left(\frac{N_D - N_A}{2}\right)^2 + n_i^2} \quad (\text{n 型}) \tag{1.37}$$

$$p_0 = \frac{N_A - N_D}{2} + \sqrt{\left(\frac{N_A - N_D}{2}\right)^2 + n_i^2} \quad (\text{p 型}) \tag{1.38}$$

非平衡半导体的载流子浓度

$$n = n_i \exp\left(\frac{E_{Fn} - E_i}{kT}\right) \tag{1.112}$$

$$p = n_i \exp\left(\frac{E_i - E_{Fp}}{kT}\right) \tag{1.113}$$

非平衡少数载流子的净复合率

$$R = \frac{C_n C_p N_t (np - n_i^2)}{C_n(n + n') + C_p(p + p')} \tag{1.105}$$

2) 电流密度方程

$$J_n = qn\mu_n E_x + qD_n \frac{dn(x)}{dx} \tag{1.65}$$

$$J_p = qp\mu_p E_x - qD_p \frac{dp(x)}{dx} \tag{1.66}$$

$$J = qn\mu_n E_x + qp\mu_p E_x + qD_n \frac{dn(x)}{dx} - qD_p \frac{dp(x)}{dx} \tag{1.67}$$

3) 连续性方程

$$\frac{\partial(\delta p)}{\partial t} = -\mu_p \frac{\partial(pE_x)}{\partial x} + D_p \frac{\partial^2(\delta p)}{\partial x^2} + g_p - \frac{\delta p}{\tau_p} \tag{1.118}$$

$$\frac{\partial(\delta n)}{\partial t} = \mu_n \frac{\partial(nE_x)}{\partial x} + D_n \frac{\partial^2(\delta n)}{\partial x^2} + g_n - \frac{\delta n}{\tau_n} \tag{1.119}$$

2. 泊松方程

要求解半导体的外特性，就要利用载流子浓度公式，求解电流密度方程式(1.65)～式(1.67)、连续性方程式(1.118)、式(1.119)，而要求解这两组方程，必须知道半导体中的电场和电势分布。

电场 E 和电势 ϕ 的关系为

$$E = -\nabla\phi \tag{1.126}$$

在一维条件下，

$$E = -\frac{d\phi}{dx} \tag{1.127}$$

在静态或准静态条件下，电场电势分布与电荷分布的关系由泊松方程确定(泊松方程是麦克斯韦方程组之一)

$$\nabla^2\phi = -\frac{\rho}{\varepsilon} \tag{1.128}$$

式中，ρ 为电荷密度；ε 为介电常数，对于半导体，它等于真空介电常数 ε_0 与半导体相对介电常数 ε_r 的乘积。在一维条件下，

$$\frac{d^2\phi}{dx^2} = -\frac{\rho}{\varepsilon_r \varepsilon_0} \tag{1.129}$$

电荷密度一般可表示为

$$\rho = p - n + N_D^+ - N_A^- \tag{1.130}$$

式中，N_D^+、N_A^- 分别为电离施主和电离受主浓度。

习　　题

1.1　简述单晶、多晶和非晶材料结构的基本特点。

1.2 晶体结构的周期性、对称性和平移不变性在固体物理学中的重要意义有哪些？

1.3 列表说明 7 大晶系 14 种晶格的结构特征，画出晶格结构图。

1.4 根据硅的晶格常数，计算硅晶体的原子密度，并分别计算硅(111)(110)和(100)面的原子面密度。

1.5 简述倒格子点阵与正格子点阵的关系；为什么要引入倒格子点阵和倒格子空间来研究晶体的性质？

1.6 什么是有效质量；根据 $E(k)$ 平面上的能带图，定性判断硅、锗和砷化镓导带电子的迁移率的相对大小。

1.7 利用费米分布函数，导出半导体中电子和空穴浓度表达式(1.19)和式(1.20)。

1.8 计算 300K 下半导体硅的本征费米能级相对于禁带中央的值。

1.9 分别计算 300K、400K 和 500K 下硅的本征载流子浓度。

1.10 假定两种半导体除禁带宽度以外的其他性质相同，材料 1 的禁带宽度为 1.1eV，材料 2 的禁带宽度为 3.0eV，计算两种半导体材料的本征载流子浓度比值；哪一种半导体材料更适合制作高温环境下工作的器件？

1.11 在 300K 下硅中电子浓度 $n_0 = 2 \times 10^3 \, \text{cm}^{-3}$，计算硅中空穴浓度 p_0。画出半导体的能带图；判断该半导体是 n 型还是 p 型半导体。

1.12 半导体硅，费米能级位于价带顶上方 0.18eV 处，计算在 300K 和 400K 条件下电子和空穴浓度。

1.13 半导体硅，费米能级位于导带底下方 0.25eV 处，计算在 300K 和 400K 条件下电子和空穴浓度。

1.14 半导体硅，分别计算 $E_F - E_i = 0.4$、0.3、0.2、0.1eV 条件下的载流子浓度 n_0 和 p_0。

1.15 半导体硅，分别计算 $E_i - E_F = 0.4$、0.3、0.2、0.1eV 条件下的载流子浓度 n_0 和 p_0。

1.16 硅中受主杂质浓度为 $10^{17} \, \text{cm}^{-3}$，计算在 300K 条件下的载流子浓度 n_0 和 p_0；计算费米能级相对于本征费米能级的位置，画出能带图。

1.17 硅中施主杂质浓度为 $10^{16} \, \text{cm}^{-3}$，计算在 300K 条件下的载流子浓度 n_0 和 p_0；计算费米能级相对于本征费米能级的位置，画出能带图。

1.18 半导体硅，计算下列条件下的载流子浓度 n_0 和 p_0。

① $T = 400\text{K}$，$N_D = 10^{14} \, \text{cm}^{-3}$，$N_A = 0$。

② $T = 400\text{K}$，$N_A = 10^{14} \, \text{cm}^{-3}$，$N_D = 0$。

③ $T = 400\text{K}$，$N_A = 10^{14} \, \text{cm}^{-3}$，$N_D = 10^{14} \, \text{cm}^{-3}$。

1.19 半导体砷化镓，计算下列条件下的载流子浓度 n_0 和 p_0。

① $T = 400\text{K}$，$N_D = 10^{14} \, \text{cm}^{-3}$，$N_A = 0$。

② $T = 400\text{K}$，$N_A = 10^{14} \, \text{cm}^{-3}$，$N_D = 0$。

③ $T = 400\text{K}$，$N_A = 10^{14} \, \text{cm}^{-3}$，$N_D = 10^{14} \, \text{cm}^{-3}$。

1.20 $T = 300\text{K}$，硅中施主杂质浓度为 $10^{16} \, \text{cm}^{-3}$，掺入杂质使费米能级位于本征费米能级之上 0.15eV 处，确定掺入杂质浓度和类型。

1.21 $T = 300\text{K}$，硅中受主杂质浓度为 $10^{15} \, \text{cm}^{-3}$，确定费米能级相对于本征费米能级的位置；掺入杂质使费米能级上移 $3kT$，确定掺入杂质浓度和类型。

1.22 $T = 300\text{K}$，硅中受主杂质浓度为 $10^{15} \, \text{cm}^{-3}$，确定费米能级相对于本征费米能级的位置；掺入杂质使费米能级上移至本征费米能级之上 $3kT$ 处，确定掺入杂质浓度和类型。

1.23 $T = 300\text{K}$，砷化镓中受主杂质浓度为 $10^{14} \, \text{cm}^{-3}$，确定费米能级相对于本征费米能级的位置；掺入杂质使费米能级上移 $3kT$，确定掺入杂质浓度和类型。

1.24 $T = 300\text{K}$，砷化镓中施主杂质浓度为 $10^{15} \, \text{cm}^{-3}$，确定费米能级相对于本征费米能级的位置；掺入杂质使费米能级移至本征费米能级之下 $0.4kT$ 处，确定掺入杂质浓度和类型。

1.25　$T = 300\text{K}$，硅中施主杂质浓度为 $10^{16}\ \text{cm}^{-3}$，计算其电阻率和电导率。

1.26　硅中受主杂质浓度为 $10^{16}\ \text{cm}^{-3}$，分别计算 $T = 300\text{K}$、400K 的电阻率和电导率。

1.27　砷化镓中施主杂质浓度为 $10^{16}\ \text{cm}^{-3}$，分别计算 $T = 300\text{K}$、400K 的电阻率和电导率。

1.28　$T = 300\text{K}$，n 型半导体硅中受主杂质浓度为 $10^{16}\ \text{cm}^{-3}$，电阻率为 $5\Omega\cdot\text{cm}$，确定施主杂质浓度和电子的迁移率。

1.29　$T = 300\text{K}$，n 型半导体硅中受主杂质浓度为零，电阻率为 $0.1\Omega\cdot\text{cm}$，确定施主杂质浓度和电子的迁移率。

1.30　$T = 300\text{K}$，p 型半导体硅中施主杂质浓度为零，电阻率为 $0.5\Omega\cdot\text{cm}$，确定受主杂质浓度和空穴的迁移率。

1.31　硼扩散结深约为 $1.5\mu\text{m}$，测得方块电阻约为 $180\Omega/\square$，计算硼扩散层的平均杂质浓度。

1.32　砷扩散结深约为 $0.3\mu\text{m}$，测得方块电阻约为 $0.5\Omega/\square$，计算砷扩散层的平均杂质浓度。

1.33　试说明砷化镓中电子漂移速度先随着电场强度的增大而增大，约在 $3\times10^3\ \text{V/cm}$ 时达到最大值，随后，漂移速度随电场的增大而降低的现象。

1.34　非均匀掺杂的半导体，本征费米能级是位置的函数，试说明一维非均匀杂质分布产生的电场可表示为

$$E(x) = -\frac{1}{q}\frac{\mathrm{d}E_i(x)}{\mathrm{d}x}$$

1.35　用扩散法形成的杂质浓度分布可用指数分布来近似。假定杂质浓度分布为 $N_A(x) = N_A(0)\exp(-\eta x/L)$，计算平衡态杂质浓度梯度产生的电场；计算 $x = 0$ 与 $x = L$ 之间的电势差。

1.36　硅样品中电子浓度在 100 mm 内，从 $10^{16}\ \text{cm}^{-3}$ 线性下降到 $10^{15}\ \text{cm}^{-3}$，设电子扩散系数为 $25\text{cm}^2/\text{s}$，计算扩散电子电流密度；若硅样品的横截面为 0.01cm^2，计算扩散电子电流。

1.37　p 型硅中空穴浓度为 $p(x) = 10^{16}\exp(-x/L_p)\ \text{cm}^{-3}$，设 $L_p = 10\ \mu\text{m}$，$D_p = 10\ \text{cm}^2/\text{s}$，分别计算 $x = 0$、5、8 μm 处的空穴扩散电流密度。

1.38　$T = 300\text{K}$，某种载流子的迁移率 $\mu = 800\ \text{cm}^2/(\text{V}\cdot\text{s})$，计算其扩散系数；$T = 300\text{K}$，某种载流子的扩散系数 $D = 25\ \text{cm}^2/\text{s}$，计算其迁移率。

1.39　光电检流计的两个电极连接两个金属探针，一个探针加热，一个探针不加热，用两探针与半导体样品接触形成回路，观察检流计指针的摆动方向可判断半导体的导电类型是 p 型还是 n 型，试说明其原理。

1.40　半导体中载流子浓度 $n_0 = 10^{14}\ \text{cm}^{-3}$，本征载流子浓度 $n_i = 10^{10}\ \text{cm}^{-3}$，非平衡空穴浓度 $\delta p = 10^{13}\ \text{cm}^{-3}$，非平衡空穴的寿命是 $10^{-6}\ \text{s}$，计算电子-空穴对的复合率；计算载流子的费米能级和准费米能级。

1.41　n 型半导体样品被均匀光照，产生的非平衡载流子浓度为 $\delta p = \delta n$，简述撤除光照后半导体中非平衡空穴的衰减规律。

1.42　对一维半无限 n 型半导体样品，边界处（$x = 0$ 处）注入非平衡载流子浓度为 $\delta p(0)$，计算半导体中非平衡载流子的分布。

1.43　对于 n 型非简并半导体硅，假定导带能态被电子填充的概率小于 10%，确定费米能级的位置；对于 p 型非简并半导体硅，假设价带能态被空穴填充的概率小于 10%，确定费米能级的位置。

将 p 型半导体与 n 型半导体"紧密"接触，其接触界面就形成 pn 结。将 p 区和 n 区分别引出电极，并加以封装，就得到晶体二极管。pn 结是半导体器件和集成电路中最基本的单元结构之一。了解和掌握 pn 结空间电荷区的形成及其基本特性，pn 结的能带结构，将为定性分析其他半导体器件打下基础。用泊松方程和电流连续性方程分析 pn 结的基本特性，导出 pn 结的电流电压关系，将为定量表征半导体器件特性建立起基本的数学方法。

2.1　pn 结的形成及其单向导电性

制作 pn 结(实现"紧密"接触)的工艺有键合、扩散或离子注入等。用键合法形成 pn 结的工艺是，先将 p 型硅片和 n 型硅片抛光至光学级镜面平整度，在约 1000℃的高温下键合，如图 2-1(a)所示。用扩散工艺或离子注入制作 pn 结时，将 p 型(或 n 型)杂质，如硼、磷、砷、锑等，在高温下扩散或以离子流的形式注入进 n 型(或 p 型)基片，通过杂质的补偿作用，基片内的局部区域变型，从而在基片内形成 pn 结结构，如图 2-1(b)所示。

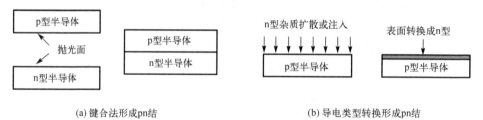

(a) 键合法形成pn结　　　　　　　　　　　　(b) 导电类型转换形成pn结

图 2-1　pn 结的形成

用键合法形成的 pn 结，冶金界面处的杂质浓度是突变的，这样的 pn 结称为突变结；用扩散法形成的 pn 结，冶金界面附近的杂质浓度是缓变的，这样的 pn 结称为缓变 pn 结。通常将半导体中施主杂质浓度与受主杂质浓度之差称为半导体的净杂质浓度。突变 pn 结和缓变 pn 结的净杂质浓度分布如图 2-2 所示。

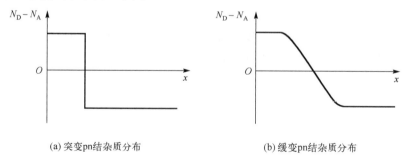

(a) 突变pn结杂质分布　　　　　　　　　　(b) 缓变pn结杂质分布

图 2-2　pn 结的杂质分布

现在以突变 pn 结为例来研究平衡态 pn 结的特性。平衡态 pn 结，是指没有施加外场、处于热平衡状态的 pn 结。在 p 型半导体中，空穴是多数载流子，电子是少数载流子；而在 n

型半导体中，电子是多数载流子，空穴是少数载流子。于是，在 pn 结冶金界面的两侧因浓度差而出现了载流子的扩散运动。p 区的空穴向 n 区扩散，在冶金界面的 p 型侧留下电离的不可动的受主离子，同理，n 区的电子向 p 区扩散，在冶金界面的 n 型侧留下电离的不可动的施主离子。电离的受主离子带负电，电离的施主离子带正电。于是，随着扩散过程的进行，在 pn 结界面两侧的薄层内，形成了由不可动的正负电荷组成的非电中性区域，这一区域称为 pn 结的空间电荷区，如图 2-3 所示。

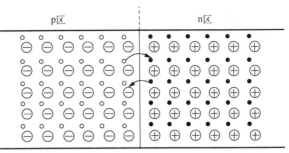

(a) 冶金界面载流子的浓度差导致载流子的扩散

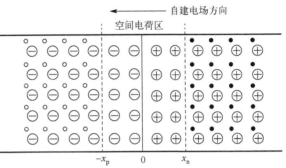

(b) 空间电荷区的形成和自建电场的产生

图 2-3　pn 结空间电荷区的形成

空间电荷的出现，在 pn 结两侧产生了由正电荷指向负电荷的电场 E，即由 n 区指向 p 区的电场。这一电场称为自建电场（或内建电场）。在自建电场的作用下，空间电荷区内 n 型侧空穴向 p 区漂移，p 型侧电子向 n 区漂移，同时产生与 p 区空穴和 n 区电子的扩散方向相反的"推挡"作用，减弱了浓度差引起的扩散运动对载流子的输运作用。当扩散运动与自建电场的漂移运动达到动态平衡时，载流子通过 pn 结界面的净输运为零，空间电荷区的宽度不再变化，自建电场的大小也不再变化。

由于自建电场的作用，可近似认为空间电荷区内的自由载流子——电子和空穴被完全"扫出"该区域，只剩下电离受主和电离施主原子，因此空间电荷区是一个高阻区，故空间电荷区又称为耗尽区（或阻挡层）。此外，空间电荷区的边界虽然是缓变的，但计算表明过渡区很窄，因此，可近似认为空间电荷区边界是突变的。这两个近似条件，称为突变空间电荷区近似（或突变耗尽近似）。在突变耗尽近似条件下，如图 2-3 所示，在 $-x_p$ 到 x_n 之间，没有自由载流子，电阻为无穷大；在 $-x_p$ 和 x_n 的外侧是电中性的；在 $-x_p$ 和 x_n 处，存在一个由电中性区到耗尽区的突变界面。

设 pn 结两边的杂质分布是均匀的，分别为 N_A、N_D，n 侧空间电荷区宽度为 x_n，p 侧空间电荷区宽度 x_p，则根据电中性条件有

$$N_A x_p = N_D x_n \tag{2.1}$$

pn 结外加电压下的状态称为 pn 结的非平衡状态，如图 2-4 所示。根据突变空间电荷区近似，外加电压将几乎全部降落在空间电荷区上。若将 pn 结的 p 区接电源的正极，n 区接电源负极，则 pn 结工作于正向偏置状态，简称正偏。pn 结正偏时，外加电压在空间电荷区产生的电场与自建电场的方向相反，打破了原来的动态平衡，自建电场的推挡作用被削弱，而扩散运动得以加强。因参与扩散运动的是多数载流子，于是在回路中产生较大的电流，称为 pn 结的正向电流。若将 pn 结的 p 区接电源负极，n 区接电源正极，则 pn 结工作于反向偏置状态。反偏 pn 结的外加电场与自建电场的方向一致，对 pn 结多数载流子的反向推挡作用加

强，扩散运动被削弱，而耗尽区内少数载流子的漂移运动被加强，耗尽区边界外侧的少数载流子以扩散运动的形式进入耗尽区，形成外电路的反向电流。但由于参与漂移运动的是少数载流子，回路中的电流极小，可以近似认为 pn 结处于截止状态。这就是 pn 结的单向导电性，即 pn 结正向导通，反向截止。单向导电性是 pn 结最重要的特性。

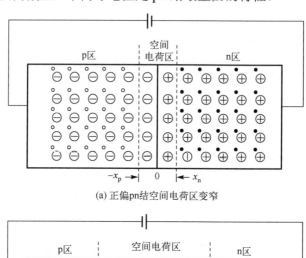

(a) 正偏pn结空间电荷区变窄

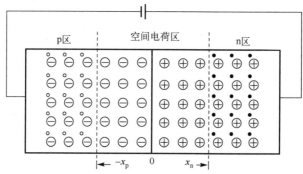

(b) 反偏pn结空间电荷区变宽

图 2-4   正偏 pn 结和反偏 pn 结

2.2   pn 结空间电荷区基本特性

2.2.1   平衡 pn 结的能带结构和载流子分布

1. 平衡 pn 结的能带结构和 pn 结的接触电势差

平衡 pn 结的能带结构可从 p 型半导体和 n 型半导体的能带结构得到。如图 2-5 (a) 所示，在 p 型半导体中，费米能级 E_F 位于本征费米能级 E_i 之下，在 n 型半导体中，费米能级 E_F 位于本征费米能级 E_i 之上。当 p 型半导体和 n 型半导体紧密接触形成 pn 结时，平衡态 pn 结具有统一的费米能级，由此得到图 2-5 (b) 的能带结构。能带图表明，p 区能带相对于 n 区上移了一段距离，这是由于 pn 结空间电荷区自建电场的作用，使 p 区电子势能增大所致。

根据图 2-5 (b)，可以得到

$$qV_D = (E_i - E_F)|_{p区} + (E_F - E_i)|_{n区} \tag{2.2}$$

式中，V_D 为 pn 结的内建电势、扩散电势或接触电势差；qV_D 为 pn 结两边的多数载流子扩散所需克服的势垒高度，因此 pn 结的空间电荷区又称为势垒区，qV_D 或 V_D 又称为 pn 结的势垒高度。

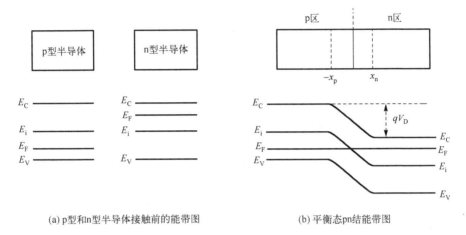

(a) p型和n型半导体接触前的能带图　　　　(b) 平衡态pn结能带图

图 2-5　平衡态 pn 结能带图

根据载流子的玻尔兹曼分布近似，在 p 区，以 p_{p0} 表示平衡多子空穴浓度，则

$$p_{p0} = n_i \exp\left(\frac{E_i - E_F}{kT}\right) \tag{2.3}$$

在 n 区，以 n_{n0} 表示平衡多子电子浓度，则

$$n_{n0} = n_i \exp\left(\frac{E_F - E_i}{kT}\right) \tag{2.4}$$

式 (2.3)、式 (2.4) 分别取对数，代入式 (2.2)，得到

$$qV_D = kT \ln\left(\frac{p_{p0} n_{n0}}{n_i^2}\right) \tag{2.5}$$

在室温附近，当杂质浓度不太高时，全电离近似成立，$p_{p0} = N_A$，$n_{n0} = N_D$，所以

$$V_D = \frac{kT}{q} \ln\left(\frac{N_A N_D}{n_i^2}\right) \tag{2.6}$$

式 (2.6) 表明，pn 结的接触电势差与 pn 结两边的掺杂浓度、温度和材料的禁带宽度有关。

2. 平衡 pn 结的载流子浓度分布

pn 结的能带在空间电荷区内发生弯曲，因此，本征费米能级是位置 x 的函数，即 $E_i(x)$。根据载流子的麦克斯韦-玻尔兹曼分布近似，空间电荷区内的电子和空穴浓度分别为

$$n(x) = n_i \exp\left[\frac{E_F - E_i(x)}{kT}\right] \tag{2.7}$$

$$p(x) = n_i \exp\left[\frac{E_i(x) - E_F}{kT}\right] \tag{2.8}$$

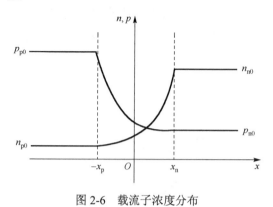

图 2-6　载流子浓度分布

图 2-6 所示为平衡 pn 结空间电荷区的载流子浓度分布示意图。由此可见，pn 结的空间电荷区的载流子浓度并不为零。但是，空间电荷区内载流子浓度分布按指数规律变化，随着离开空间电荷边界的距离的增加而急剧衰减。计算表明[7]151，空间电荷区内绝大部分区域的载流子浓度都远低于中性区的载流子浓度。因此，空间电荷区的"耗尽"近似一般是成立的。采用此近似，可使分析得以简化，且能得到与实验一致的结果。

将空间电荷区的两种载流子浓度相乘，可得

$$n(x) \cdot p(x) = n_i^2 \tag{2.9}$$

平衡 pn 结空间电荷区电子与空穴的浓度的乘积等于本征载流子浓度的平方，是平衡 pn 结的重要特征。

2.2.2　非平衡 pn 结的能带结构和载流子分布

1. 非平衡 pn 结的能带结构和准费米能级

对于正偏 pn 结，外加电场削弱了空间电荷区的电场，空间电荷减少，空间电荷区变窄，势垒高度降低。在正向偏压下，pn 结 p 区的空穴向 n 区扩散，n 区的电子向 p 区扩散，在外电路形成较大的 pn 结正向电流。多数载流子在外电场的作用下，通过扩散而越过 pn 结界面的输运现象，称为非平衡载流子的注入。非平衡载流子的注入在 pn 结的空间电荷区外侧形成非平衡少数载流子的积累，并形成一定的浓度梯度。非平衡少子在中性区扩散，同时不断与中性区的多数载流子复合，几个扩散长度以后，几乎完全消失。外电路补充复合损失的多数载流子而在外电路形成电流。同时，扩散通过空间电荷区的非平衡载流子在空间电荷区也有复合过程发生。非平衡载流子的输运模型，如图 2-7 所示，相对的箭头表示电子–空穴对的复合。

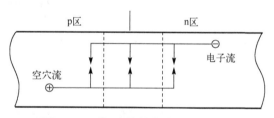

图 2-7　正偏 pn 结的载流子输运模型

正偏 pn 结的 p 区接电池正极，n 区接电池负极，p 区电子势能相对于平衡态降低，n 区电子势能相对于平衡态升高，冶金界面附近的电子和空穴不再具有统一的费米能级。对于非平衡 pn 结，分别引入电子准费米能级 E_{Fn} 和空穴准费米能级 E_{Fp} 来描述电子和空穴的分布。正偏 pn 结的能带结构如图 2-8 所示。

在 pn 结的 p 型区直至空间电荷边界处，空穴是多数载流子，其浓度较高，空穴准费米能级的变化近似为零。在空间电荷区，空穴浓度下降，但本征费米能级下降，准费米能级相对于本征费米能级的值减小，根据式 (1.113)，可近似认为准费米能级在能带图中保持平直。在 n 侧的空间电荷区边界附近的空穴积累区内，空穴虽为少数载流子，但其浓度比起 n 区的平衡少数载流子来要高得多，因此，空穴的准费米能级低于平衡费米能级。空穴积累区的非平衡空穴浓度随着离开空间电荷区边界的距离的增大而减小，故空穴准费米能级逐渐上升。

几个扩散长度之后，非平衡空穴因复合而几乎完全消失，空穴浓度等于平衡空穴浓度，空穴的准费米能级与 n 区的平衡费米能级合一。对电子准费米能级的变化可进行类似讨论。

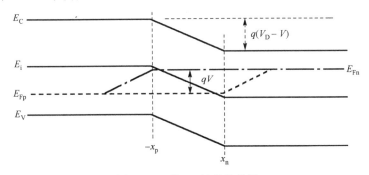

图 2-8　正偏 pn 结的能带图

对于反偏 pn 结，外加电场加强了空间电荷区的电场，空间电荷增加，空间电荷区变宽，势垒升高，能带结构如图 2-9 所示。反偏 pn 结的能带结构可用类似于正偏 pn 结的方法解释。例如，n 区空间电荷区外侧的电子准费米能级的变化几乎为零。在空间电荷区，电子浓度迅速降低，但由于本征费米能级迅速上升，按照非平衡载流子浓度公式(1.112)，电子准费米能级在空间电荷区的变化可忽略不计。在空间电荷区外的 p 型侧的几个扩散长度内，电子浓度逐渐升高，最终等于 p 区的平衡值。因此，电子的准费米能级也逐渐上升，最终与 p 区的空穴准费米能级合一。同理可解释反偏 pn 结空穴准费米能级的变化。

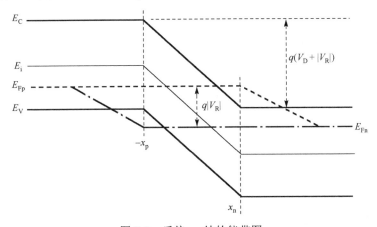

图 2-9　反偏 pn 结的能带图

反偏 pn 结空间电荷区的电子向 n 区漂移，空穴向 p 区漂移，空间电荷区边界处的少数载流子浓度近似为零。空间电荷区外侧的几个扩散长度内，载流子浓度乘积小于 n_i^2，因此有电子-空穴对的净产生。空间电荷区是一个平衡少子的欠缺区域，在此区域内有电子-空穴对的产生。同时空间电荷区外 p 区的少数载流子电子、n 区的少数载流子空穴向空间电荷区边界扩散。因参与电流输运的是少数载流子，其浓度很低，所以，pn 结的反向电流很小。反偏 pn 结内载流子的输运过程可用图 2-10 表示，相去的箭头表示电子-空穴对的产生。

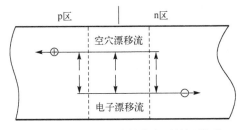

图 2-10　反偏 pn 结的载流子输运模型

2. 非平衡 pn 结的载流子浓度分布

无论正偏还是反偏 pn 结，空间电荷区准费米能级之差都可以表示为

$$E_{\mathrm{Fn}} - E_{\mathrm{Fp}} = qV \tag{2.10}$$

式中，V 为外加电压，正偏时为正值，反偏时为负值。

应用准费米能级的概念，非平衡载流子浓度分布可用类似平衡时的载流子浓度公式来表示

$$n(x) = n_{\mathrm{i}} \exp\left[\frac{E_{\mathrm{Fn}} - E_{\mathrm{i}}(x)}{kT}\right] \tag{2.11}$$

$$p(x) = n_{\mathrm{i}} \exp\left[\frac{E_{\mathrm{i}}(x) - E_{\mathrm{Fp}}}{kT}\right] \tag{2.12}$$

在空间电荷区（包括空间电荷区边界），两式相乘

$$n(x) \cdot p(x) = n_{\mathrm{i}}^2 \cdot \exp\left(\frac{qV}{kT}\right) \tag{2.13}$$

在 n 区空间电荷区边界处，电子浓度等于平衡值，即

$$n(x_{\mathrm{n}}) = n_{\mathrm{n0}}$$

n 区平衡少数载流子浓度为

$$p_{\mathrm{n0}} = \frac{n_{\mathrm{i}}^2}{n_{\mathrm{n0}}}$$

于是，可得

$$p(x_{\mathrm{n}}) = p_{\mathrm{n0}} \exp\left(\frac{qV}{kT}\right) \tag{2.14}$$

同理，可得

$$n(-x_{\mathrm{p}}) = n_{\mathrm{p0}} \exp\left(\frac{qV}{kT}\right) \tag{2.15}$$

式中，n_{p0} 为 p 区的平衡少数载流子浓度。

根据式(2.14)及式(2.15)可知，pn 结空间电荷区边界处的载流子浓度随外加电压呈指数规律变化。只要外加偏压大于几个 kT/q，在空间电荷区边界处，正偏 pn 结的载流子浓度远大于平衡少数载流子浓度，反偏 pn 结的载流子浓度远低于平衡少数载流子浓度，近似为零。根据式(2.13)可知，在空间电荷区内，正偏 pn 结的载流子浓度乘积大于平衡值 n_{i}^2，反偏 pn 结的载流子浓度乘积低于平衡值 n_{i}^2。这是非平衡 pn 结载流子分布的几个重要结果。

为了得到空间电荷区外侧的载流子浓度分布，必须求解稳态连续性方程。以 n 区空间电荷区外侧的非平衡空穴的分布为例，以 δp 表示非平衡空穴分布，设 pn 结杂质均匀分布，则空穴的一维连续性方程为

$$\frac{\partial \delta p}{\partial t} = D_{\mathrm{p}} \frac{\partial^2 \delta p}{\partial x^2} - \frac{\delta p}{\tau_{\mathrm{p}}} \tag{2.16}$$

在稳态直流条件下，式(2.16)变为

$$\frac{\mathrm{d}^2 \delta p}{\mathrm{d}x^2} = \frac{\delta p}{L_p^2} \tag{2.17}$$

式中，L_p 为扩散长度

$$L_p = (D_p \tau_p)^{1/2}$$

考虑到 x 很大时，非平衡载流子必将因复合而减少到零，可得连续性方程的解为

$$\delta p(x) = \Delta p(x_n) \exp\left(\frac{x_n - x}{L_p}\right) \quad (x \geqslant x_n) \tag{2.18a}$$

式中，

$$\Delta p(x_n) = p(x_n) - p_{n0} = p_{n0}\left[\exp\left(\frac{qV}{kT}\right) - 1\right] \tag{2.18b}$$

显然，空间电荷区外侧的非平衡载流子分布随距离作指数衰减，其特征长度为载流子的扩散长度。

同理，可得 p 区空间电荷区外侧非平衡电子的分布函数

$$\delta n(x) = \Delta n(-x_p) \exp\left(\frac{x_p + x}{L_n}\right) \quad (x \leqslant -x_p) \tag{2.19a}$$

式中，

$$\Delta n(-x_p) = n(-x_p) - n_{p0} = n_{p0}\left[\exp\left(\frac{qV}{kT}\right) - 1\right] \tag{2.19b}$$

上述结果无论对于正偏还是反偏 pn 结都是适用的。正偏时，电压 V 取正值，反偏时，电压 V 取负值。当反偏电压大于几个 kT/q 时，由式(2.18)和式(2.19)可得

$$\Delta p(x_n) \approx -p_{n0}, \quad p(x_n) = 0 \tag{2.20}$$

$$\Delta n(-x_p) \approx -n_{p0}, \quad n(-x_p) = 0 \tag{2.21}$$

根据以上分析结果，pn 结正偏和反偏时空间电荷区外侧的载流子浓度分布如图 2-11 所示。图中粗实线表示正偏分布，细实线表示反偏分布。

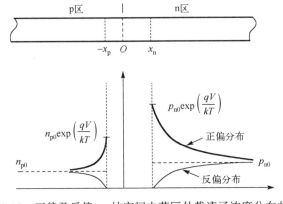

图 2-11　正偏及反偏 pn 结空间电荷区外载流子浓度分布曲线

2.2.3 pn 结的电场和电势分布

pn 结的杂质分布不同，其空间电荷区的电场和电势分布也不同。本小节只讨论两种典型杂质分布，突变结和缓变结。在讨论中，采用耗尽近似模型。

1. 突变 pn 结的电场和电势分布

pn 结空间电荷区内的电场和电势分布，可由求解泊松方程得到。考虑一维泊松方程

$$\frac{\mathrm{d}^2\psi}{\mathrm{d}x^2} = -\frac{\rho(x)}{\varepsilon\varepsilon_0} \tag{2.22}$$

式中，ε、ε_0 分别为半导体的相对介电常数和真空介电常数；ρ 为电荷密度。

在全电离近似和耗尽近似下

$$\rho(x) = \begin{cases} -qN_A & (-x_p < x < 0) \\ qN_D & (0 < x < x_n) \\ 0 & (x < -x_p, x > x_n) \end{cases} \tag{2.23}$$

电荷密度分布如图 2-12 所示。将电荷密度分布代入泊松方程，可得

$$\frac{\mathrm{d}^2\psi}{\mathrm{d}x^2} = \frac{qN_A}{\varepsilon\varepsilon_0} \quad (-x_p < x < 0) \tag{2.24}$$

$$\frac{\mathrm{d}^2\psi}{\mathrm{d}x^2} = -\frac{qN_D}{\varepsilon\varepsilon_0} \quad (0 < x < x_n) \tag{2.25}$$

利用电场和电势分布的关系式

$$E = -\frac{\mathrm{d}\psi}{\mathrm{d}x} \tag{2.26}$$

将微分方程积分一次，得到电场分布函数

$$E(x) = -\frac{qN_A}{\varepsilon\varepsilon_0}x + C_1 \quad (-x_p < x < 0) \tag{2.27}$$

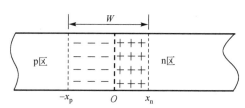

图 2-12 突变 pn 结的电荷密度分布

$$E(x) = \frac{qN_D}{\varepsilon\varepsilon_0}x + C_2 \quad (0 < x < x_n) \tag{2.28}$$

利用空间电荷区边界处电场强度为零的条件，并考虑到 $x=0$ 处电场连续，可确定两个积分常数

$$C_1 = -\frac{qN_A}{\varepsilon\varepsilon_0}x_p \equiv C_2 = -\frac{qN_D}{\varepsilon\varepsilon_0}x_n \tag{2.29}$$

最后可得

$$E(x) = -\frac{qN_A}{\varepsilon\varepsilon_0}x - \frac{qN_A}{\varepsilon\varepsilon_0}x_p \quad (-x_p \leqslant x \leqslant 0) \tag{2.30}$$

$$E(x) = \frac{qN_D}{\varepsilon\varepsilon_0}x - \frac{qN_D}{\varepsilon\varepsilon_0}x_n \quad (0 \leqslant x \leqslant x_n) \tag{2.31}$$

由式(2.29)还可得到

$$N_A x_p = N_D x_n \tag{2.32}$$

式(2.32)称为 pn 结的电中性条件。此式表明,pn 结的空间电荷区主要向低杂质浓度一边扩展。将式(2.30)、式(2.31)再积分一次,并取 x=0 处的电势为零,可得

$$\psi(x) = \frac{qN_A}{2\varepsilon\varepsilon_0}x^2 + \frac{qN_A x_p}{\varepsilon\varepsilon_0}x \qquad (-x_p \leqslant x \leqslant 0) \tag{2.33}$$

$$\psi(x) = -\frac{qN_D}{2\varepsilon\varepsilon_0}x^2 + \frac{qN_D x_n}{\varepsilon\varepsilon_0}x \quad (0 \leqslant x \leqslant x_n) \tag{2.34}$$

电场和电势分布曲线如图 2-13 所示,电场分布为一次函数,电势分布为二次函数。

忽略空间电荷区以外的电压降,pn 结空间电荷区的总电势差为

$$V_{n\text{-}p} = V_D - V = \psi(x_n) - \psi(-x_p) = \frac{q}{2\varepsilon\varepsilon_0}(N_D x_n^2 + N_A x_p^2) \tag{2.35}$$

式中,V 为外加电压。

令 W 表示空间电荷区的总宽度$(x_n + x_p)$,则

$$x_n = \frac{W \cdot N_A}{N_A + N_D} \tag{2.36}$$

$$x_p = \frac{W \cdot N_D}{N_A + N_D} \tag{2.37}$$

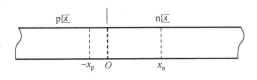
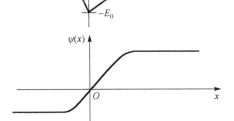

图 2-13　突变 pn 结的电场和电势分布

将式(2.36)、式(2.37)代入式(2.35),则空间电荷区宽度的表达式为

$$W = \left[\frac{2\varepsilon\varepsilon_0}{q}(V_D - V)\left(\frac{N_A + N_D}{N_A N_D} \right) \right]^{1/2} \tag{2.38}$$

式(2.38)可一般表述为

$$\text{耗尽区宽度} = \left[\frac{2\varepsilon\varepsilon_0 \cdot \text{耗尽区总电势差}}{q \cdot \text{耗尽区等效杂质浓度}} \right]^{1/2} \tag{2.39}$$

式中,耗尽区总电势差 $= V_D - V$;耗尽区等效杂质浓度 $= \dfrac{N_A N_D}{N_A + N_D}$。

如果 pn 结一边的杂质浓度远比另一边高得多,则空间电荷区向高掺杂一边的扩展可以忽略不计。这时

$$W \approx x_n \approx \left[\frac{2\varepsilon\varepsilon_0(V_D - V)}{qN_D} \right]^{1/2} \quad (\text{p}^+\text{n 结}) \tag{2.40}$$

$$W \approx x_p \approx \left[\frac{2\varepsilon\varepsilon_0(V_D - V)}{qN_A} \right]^{1/2} \quad (\text{n}^+\text{p 结}) \tag{2.41}$$

　　例如，p$^+$n 结 n 区杂质浓度为 10^{16}cm^{-3} 的 p$^+$n 结，外加 10V 反偏压时，空间电荷区宽度约为 1.1μm。一般 pn 结的空间电荷区宽度在零点几微米至几微米的范围内。

　　因空间电荷区宽度较窄，反偏时空间电荷区的电场可能很强。上例中，最大电场强度将达 $1.75\times10^5\text{V/cm}$。

2. 线性缓变 pn 结的电场和电势分布

　　pn 结的线性缓变模型将 pn 结界面附近的杂质分布用线性分布来近似，即

$$N(x) = ax \tag{2.42}$$

式中，a 为净杂质浓度梯度，定义为

$$a = \frac{N_\text{D} - N_\text{A}}{x_\text{m}} \tag{2.43}$$

空间电荷区的净电荷密度为

$$\rho(x) = qax \tag{2.44}$$

设空间电荷区宽度为 x_m，则 pn 结两侧空间电荷区边界为 $-x_\text{m}/2$ 和 $x_\text{m}/2$，其电荷密度分布如图 2-14 所示。

　　对于线性缓变结，泊松方程变为

$$\frac{\text{d}^2\psi}{\text{d}x^2} = -\frac{qa}{\varepsilon\varepsilon_0}x \tag{2.45}$$

图 2-14　线性缓变结空间电荷区电荷分布

式 (2.45) 积分，并利用边界上电场强度为零的条件，得到电场分布函数为

$$E(x) = E_\text{m}\left[1 - \left(\frac{2x}{x_\text{m}}\right)^2\right] \tag{2.46}$$

式中，

$$E_\text{m} = -\frac{qa}{2\varepsilon\varepsilon_0}\left(\frac{x_\text{m}}{2}\right)^2 \tag{2.47}$$

　　式 (2.46) 积分一次，并取 $x=0$ 处的电势为零，得到线性缓变结空间电荷区的电势分布函数

$$\psi(x) = -\frac{qa}{6\varepsilon\varepsilon_0}x^3 + \frac{qax_\text{m}^2}{8\varepsilon\varepsilon_0}x \tag{2.48}$$

线性缓变结的电场和电位分布如图 2-15 所示。

　　忽略空间电荷区以外的电压降，则两空间电荷区边界之间的电位差，就是 pn 结的总电压降，即

$$V_\text{D} - V = \psi\frac{x_\text{m}}{2} - \psi\frac{-x_\text{m}}{2} = \frac{2qa}{3\varepsilon\varepsilon_0}\left(\frac{x_\text{m}}{2}\right)^3 \tag{2.49}$$

由此可得空间电荷区的宽度为

$$x_\text{m} = \left[\frac{12\varepsilon\varepsilon_0(V_\text{D} - V)}{qa}\right]^{1/3} \tag{2.50}$$

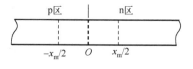

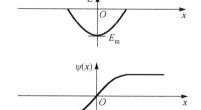

图 2-15　线性缓变结的电场和电势分布

式中，接触电势差的计算与突变结类似，即

$$V_D = \frac{kT}{q} \ln \frac{N_A \left(-\dfrac{x_m}{2}\right) N_D \dfrac{x_m}{2}}{n_i^2}$$

应当注意的是，对于相同空间电荷区宽度的突变结和线性缓变结，缓变结的最大电场强度要比突变结低得多，表明 pn 结的杂质分布对于将要讨论的 pn 结的击穿特性有影响。

2.3　pn 结的直流特性

2.3.1　非平衡 pn 结扩散区的载流子分布和扩散电流

对于正偏 pn 结，注入的非平衡载流子首先在空间电荷区外侧积累，并形成一定的浓度梯度。这一区域通常称为非平衡载流子的积累区或扩散区。浓度梯度的存在，导致非平衡载流子向低浓度方向扩散，并不断与多子复合，转化为外电路的电流。

对于反偏 pn 结，空间电荷区内的少数载流子在电场的作用下漂移，空间电荷区内少数载流子浓度比空间电荷区外侧的少数载流子浓度低得多。空间电荷区边界附近的少数载流子浓度梯度使外侧的少数载流子扩散进入空间电荷区。空间电荷区外侧少数载流子的扩散运动和空间电荷区内少数载流子的漂移运动，构成了 pn 结内连续的反向电流。

无论正偏还是反偏 pn 结，都可以把空间电荷区边界外侧载流子的扩散运动引起的电流统称为 pn 结的扩散电流。载流子浓度差导致载流子的扩散运动是 pn 结的主要导电机制。

为了导出 pn 结的电流-电压方程，先对 pn 结做一些近似假定。

（1）突变空间电荷区近似。外加电压只降落在空间电荷区，空间电荷区外电场为零，载流子在空间电荷区外侧没有漂移运动。

（2）小注入。注入的非平衡载流子浓度比该区域的多数载流子浓度小得多。

（3）载流子浓度满足玻尔兹曼分布。

（4）空间电荷区直到边界处，电子和空穴电流是常数。

在以上近似假定之下，只要分别求出 x_n 和 $-x_p$ 处的电子和空穴扩散电流，就可以得到 pn 结的电流电压方程。

n 区空间电荷区外侧的非平衡载流子空穴只有扩散而没有漂移，空穴扩散电流密度为

$$J_{dp} = -qD_p \frac{d[\delta p(x)]}{dx}$$

将式（2.18a）的结果代入上式，可得

$$J_{dp} = \frac{qD_p p_{n0}}{L_p}\left[\exp\left(\frac{qV}{kT}\right) - 1\right]\exp\left(\frac{x_n - x}{L_p}\right) \tag{2.51}$$

在 x_n 处的电流密度为

$$J_{dp}(x_n) = \frac{qD_p p_{n0}}{L_p}\left[\exp\left(\frac{qV}{kT}\right) - 1\right] \tag{2.52}$$

同理，可得$-x_p$处的电子扩散电流密度为

$$J_{dn}(-x_p) = \frac{qD_n n_{p0}}{L_n}\left[\exp\left(\frac{qV}{kT}\right) - 1\right] \tag{2.53}$$

根据电流连续原理和假定(4)，将 x_n 处的空穴扩散电流密度和 $-x_p$ 处的电子扩散电流密度相加，得到 pn 结的总电流密度

$$J_d = \left(\frac{qD_p p_{n0}}{L_p} + \frac{qD_n n_{p0}}{L_n}\right)\left[\exp\left(\frac{qV}{kT}\right) - 1\right] \tag{2.54}$$

这就是著名的 pn 结电流电压方程——Shockley 方程。令

$$J_0 = \frac{qD_p p_{n0}}{L_p} + \frac{qD_n n_{p0}}{L_n} \tag{2.55}$$

当 pn 结正偏，且偏压大于几个 kT/q 时，式(2.55)可近似为

$$J_d = J_0 \exp\left(\frac{qV}{kT}\right) \tag{2.56}$$

当 pn 结反偏，且偏压大于几个 kT/q 时，pn 结的反向扩散电流密度可近似为

$$J_d = -J_0 \tag{2.57}$$

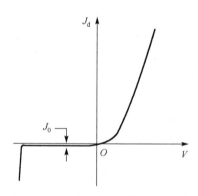

图 2-16 pn 结的电流电压关系曲线

这时，电流密度为常数，其大小仅由 pn 结的材料参数决定，而与外加反向偏压值无关，因此，J_0 常称为反向饱和电流。pn 结的电流电压关系曲线如图 2-16 所示。为了表示反向饱和电流 J_0，图中电流的负半轴的标度比正半轴小得多，电压负半轴的标度比正半轴大得多。

对于硅 pn 结，设 $N_D = N_A = 10^{16}\text{cm}^{-3}$，$D_n = 25\text{cm}^2/\text{s}$，$D_p = 10\text{cm}^2/\text{s}$，$n_i = 1.5\times10^{10}\text{cm}^{-3}$，$\tau_{n0} = \tau_{p0} = 5\times10^{-7}\text{s}$，则 $J_0 = 4.15\times10^{-11}\text{A/cm}^2$。

2.3.2 pn 结的势垒复合电流和产生电流

根据上述电流电压方程，在半对数坐标平面上，pn 结正向电流-电压方程的曲线是一条直线，其斜率应为 q/kT。但实测的 pn 结电流电压关系曲线如图 2-17 所示，从曲线可以看出，上述判断只在中等电流密度下成立。当电流密度较小时，曲线斜率降低，并趋向于 $q/2kT$。这是由于空间电荷区的复合电流所引起的。

假定半导体的复合中心能级与本征费米能级重合，并假定电子与空穴寿命相等，即 $\tau_n = \tau_p = \tau$，则根据 SRH 复合理论，净复合率 R 可表示为

$$R = \frac{np - n_i^2}{\tau(n + p + 2n_i)} \tag{2.58}$$

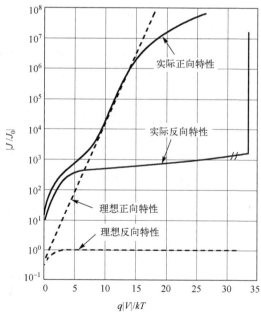

图 2-17 硅 pn 结电流电压关系曲线[4]91

在 2.2.2 节中已经指出，正偏 pn 结空间电荷区内电子与空穴浓度乘积大于本征载流子浓度的平方。由此可知，正偏 pn 结空间电荷区的净复合率大于零，即 pn 结空间电荷区将出现复合电流。故空间电荷区又称为势垒区，这一复合电流又称为势垒复合电流。

在复合率公式中，当 $n=p$ 时，复合率最大。在势垒区有

$$np = n_i^2 \cdot \exp\left(\frac{qV}{kT}\right)$$

所以

$$n = p = n_i \cdot \exp\left(\frac{qV}{2kT}\right) \tag{2.59}$$

由此可得

$$R_{max} = \frac{n_i}{2\tau} \frac{\exp\left(\frac{qV}{kT}\right)-1}{\exp\left(\frac{qV}{2kT}\right)+1} \tag{2.60}$$

记空间电荷区的宽度为 W，若近似认为复合率在整个空间电荷区均为最大值，则可得复合电流为

$$J_r = qWR_{max} = \frac{qn_iW}{2\tau} \frac{\exp\left(\frac{qV}{kT}\right)-1}{\exp\left(\frac{qV}{2kT}\right)+1} \tag{2.61}$$

当外加正向偏压大于几个 kT/q 时，式(2.61)可进一步近似为

$$J_r = \frac{qn_iW}{2\tau}\exp\left(2\frac{qV}{kT}\right) \tag{2.62}$$

令

$$J_{r0} = \frac{qn_iW}{2\tau} \tag{2.63}$$

则正偏 pn 结的总电流密度为

$$J = J_0\left[\exp\left(\frac{qV}{kT}\right)-1\right] + J_{r0}\exp\left(\frac{qV}{2kT}\right) \tag{2.64}$$

由于本征载流子浓度比平衡少数载流子浓度大得多，因而 J_{r0} 比 J_0 大得多(约 3 个数量级)，小偏压下，式(2.64)右侧第一项比第二项小得多，pn 结电流以势垒复合电流为主。这样就较好地解释了 pn 结小电流时的电流-电压关系的实验结果。

当 pn 结加反向偏压且大于几个 kT/q 时，式(2.60)变为

$$R_{max} = -\frac{n_i}{2\tau} \tag{2.65}$$

空间电荷区产生的电子-空穴对，在外电场的作用下，电子向 n 区漂移，空穴向 p 区漂移，形成 pn 结反向电流的一部分。这部分电流称为 pn 结势垒区的反向产生电流。近似认为产生率在整个空间电荷区为常数，则有

$$J_g = -\frac{qn_iW}{2\tau} = -J_{r0} \tag{2.66}$$

pn 结总的反向电流为

$$J = -(J_0 + J_{r0}) \tag{2.67}$$

式中，反向产生电流 J_{r0} 比反向饱和电流 J_0 大 3~4 个数量级。因此，pn 结反向电流的主要成分是反向产生电流。由于空间电荷区宽度与外加反偏电压的二分之一次方成正比，反向产生电流具有非饱和特性。

2.3.3　正偏 pn 结的大注入效应

2.3.2 节分析正向 pn 结的电流电压关系时，假定非平衡载流子在扩散区只有扩散运动，即扩散区为电中性的。实际上，当非平衡少数载流子注入空间电荷区外侧时，电子或空穴电荷将产生电场，在注入载流子产生的电场的作用下，平衡多数载流子从外电路流入，该区域将最终趋于电中性，这一过程称为弛豫过程。分析计算表明，弛豫过程所需时间(弛豫时间)极短，大约在 10^{-12} s 量级，可以认为，电中性是在瞬间完成的，扩散区处于电中性状态。当注入的非平衡载流子浓度远低于多数载流子浓度时，即小注入条件，扩散区的电中性假定是合理的。但是，扩散区载流子的扩散运动相对来说是一个非常缓慢的过程。如果注入的非平衡载流子与多数载流子的浓度相当，或大于多子浓度，即发生大注入[8]23 时，扩散区的电中性假定不再成立。

前面已经指出，在正偏 pn 结空间电荷区直至空间电荷区边界处，都有

$$n(x)p(x) = n_i^2 \exp\left(\frac{qV}{kT}\right)$$

现以 p$^+$n 结为例，如图 2-18 所示，取 n 型侧空间电荷区边界为坐标原点，则有

$$n(0)p(0) = n_i^2 \exp\left(\frac{qV}{kT}\right) \tag{2.68}$$

在电中性条件下，n 型侧空间电荷区边界处的多子浓度

$$n(0) = N_D(0) + p(0) \tag{2.69}$$

当注入的空穴浓度远大于 n 区平衡电子浓度时

$$p(0) \approx N_D(0) = n_i \exp\left(\frac{qV}{2kT}\right) \tag{2.70}$$

在大注入条件下，非平衡空穴形成浓度梯度的同时，由于电中性要求，必有相应的电子浓度梯度的形成。载流子浓度梯度的存在，导致载流子从空间电荷区边界向 n 区内部扩散，空穴的扩散因有 p 区的注入而维持一定的浓度梯度(从而维持了外电路的稳定电流)。但电子的扩散无注入加以补充，导致近空间电荷区边界一侧电子欠缺，而在扩散区的另一侧电子过剩，电中性条件不再满足。在扩散区产生了指向 n 区内部的电场。电场的作用是使电子逆 x 方向漂移。当电子的扩散运动和漂移运动达到动态平衡时，电场大小为定值，这一电场就称为大注入自建电场，如图 2-18 所示。大注入自建电场的存在，非平衡空穴在扩散区不仅作扩散运动，而且也作漂移运动。

现在求大注入自建电场的大小。当电子的扩散
运动和漂移运动达到动态平衡时，扩散区的净电子
电流为零，于是，

$$D_n \frac{dn}{dx} + \mu_n n E(x) = 0 \tag{2.71}$$

所以，

$$E(x) = -\frac{D_n}{\mu_n} \frac{1}{n} \frac{dn}{dx} \tag{2.72}$$

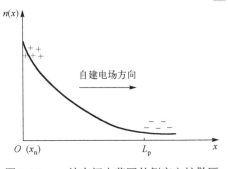

图 2-18　pn 结空间电荷区外侧空穴扩散区内大注入自建电场的形成

因为电子的扩散运动，虽然扩散区的电子浓度分布
与空穴分布略有差异，但仍可近似认为两者分布相等。利用爱因斯坦关系，可得

$$\frac{D_n}{\mu_n} = \frac{D_p}{\mu_p}$$

大注入自建电场可改写为

$$E(x) = -\frac{D_p}{\mu_p} \frac{1}{p} \frac{dp}{dx} \tag{2.73}$$

空穴电流为

$$J_p = q \mu_p p E - q D_p \frac{dp}{dx} \tag{2.74}$$

将大注入自建电场代入式（2.74），可得

$$J_p = -q(2D_p) \frac{dp}{dx} \tag{2.75}$$

式（2.75）表明，大注入自建电场的漂移作用，等效于使空穴扩散系数增大一倍。大注入下，
扩散区空穴分布函数形式不变，即

$$p(x) = p(0) \exp\left(-\frac{x}{L_p}\right) \tag{2.76}$$

将此分布代入式（2.75），并令 $x=0$，得到 p^+n 结大注入条件下的空穴电流密度表达式为

$$J_p = \frac{q(2D_p)n_i}{L_p} \exp\left(\frac{qV}{2kT}\right) \tag{2.77}$$

这一关系式是在大电流条件下（图 2-17）电流-电压关系曲线斜率减小的原因之一。实验结果
也表明，当 pn 结的电流密度较高时，半对数坐标平面上的电流电压关系曲线的斜率偏离
$q/(kT)$，而趋于 $q/(2kT)$。斜率减小的另一个原因是在大电流条件下，半导体的体电阻上的压
降不能再忽略不计。

将小电流和大电流的情形一并考虑进去，可将 pn 结的电流电压方程写为

$$J = J_0 \left[\exp\left(\frac{qV}{nkT}\right) - 1 \right] \tag{2.78}$$

式中，n 称为理想因子，其值在 1~2 之间变化。理想因子的测量常作为了解 pn 结特性的重要
手段。

2.4   pn 结的耗尽层电容

在耗尽层近似下，当 pn 结的外加电压变化时，空间电荷区的宽度跟着发生变化，空间电荷区的电荷多少也跟着发生变化，如图 2-19 所示。空间电荷区电荷随外加电压的变化，类似于平板电容器的充放电。也就是说，pn 结空间电荷区具有电容效应，称为耗尽层电容或势垒电容。pn 结耗尽层电容与平板电容的区别是，pn 结的空间电荷区宽度是随外加电压而变的，故电容量是外加电压的函数。

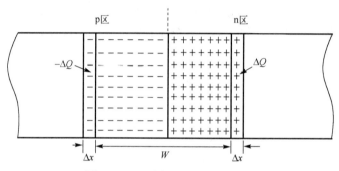

图 2-19   pn 结耗尽层电容示意图

设外加电压变化 ΔV 引起的空间电荷的变化为 ΔQ，pn 结耗尽层电容定义为

$$C_{\mathrm{T}} = \frac{\Delta Q}{\Delta V} \tag{2.79}$$

即微分电荷与微分电压之比。

当外加电压从 V 变化到 $V+\Delta V$ 时，空间电荷区宽度从 W 变化到 $W+2\Delta x$，但通常 $\Delta x \ll W$，于是，pn 结耗尽层电容的计算化为平板电容器电容的计算

$$C_{\mathrm{T}} = \frac{\varepsilon \varepsilon_0 A}{W} \tag{2.80}$$

式中，A 为 pn 结的截面积。

将耗尽区宽度公式代入式 (2.80)，可得突变结势垒电容为

$$C_{\mathrm{T}} = A \left[\frac{q \varepsilon \varepsilon_0}{2(V_{\mathrm{D}} - V)} \frac{N_{\mathrm{D}} N_{\mathrm{A}}}{N_{\mathrm{D}} + N_{\mathrm{A}}} \right]^{1/2} \tag{2.81}$$

线性缓变结的势垒电容为

$$C_{\mathrm{T}} = A \left[\frac{q a (\varepsilon \varepsilon_0)^2}{12(V_{\mathrm{D}} - V)} \right]^{1/3} \tag{2.82}$$

需要指出的是，式 (2.82) 只适用于反偏或较小正偏的 pn 结。对于较大正偏的 pn 结，流过空间电荷区的电流不能忽略，实际情况已经显著偏离耗尽层近似和平板电容器模型。

此外，实际 pn 结的杂质分布可能既不是突变结，也不是线性缓变结，而是介于两者之间，势垒电容

$$C_{\mathrm{T}} \propto (V_{\mathrm{D}} - V)^{-1/2 \sim -1/3} \tag{2.83}$$

实际大小，可根据具体的杂质分布通过计算机求解或查表得到。

2.5　pn 结的小信号交流特性

本节讨论 pn 结在直流正偏压(即通常所说的直流
工作点)上叠加小信号交流电压时的特性。pn 结的电
流电压关系是非线性的。若把讨论限制在小信号的范
围内，则可把非线性问题在局部线性化，如图 2-20
所示。在直流工作点附近，pn 结的交流小信号等效电
阻为

$$R_D = \frac{\Delta V}{\Delta I} = \frac{dV}{d(AJ_d)} = \frac{kT/q}{I_{DQ}} \qquad (2.84)$$

显然，交流小信号等效电阻的大小与直流工作点有
关，静态工作点电流越大，交流等效电阻越小。

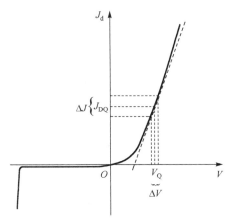

图 2-20　pn 结的交流小信号等效电阻

2.5.1　pn 结的扩散电容

pn 结的另一个交流小信号特性参数是表示 pn 结空间电荷区外侧非平衡载流子扩散区电
荷存储效应的扩散电容。当 pn 结加上正向直流偏压时，pn 结空间电荷区外侧的载流子浓度
分布如图 2-11 所示。如果在直流偏压上叠加一交流电压，则在交流电压的正半周，pn 结总
偏压增大，空间电荷区边界处的非平衡载流子浓度增大，并在扩散区内直流分布之上形成一
新的分布。在交流电压的负半周，空间电荷区边界处的非平衡载流子浓度减小，并在扩散区
内直流分布之下形成一新的分布。图 2-21 所示为直流偏压、交流电压 $(V_1 \sin \omega t)$ 的正峰值、
交流电压的负峰值时扩散区载流子浓度的分布。

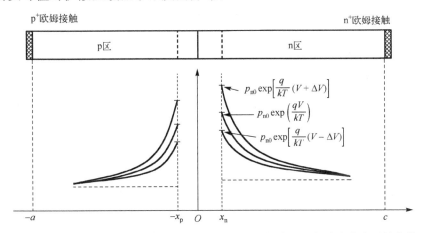

图 2-21　正偏 pn 结叠加交流电压后扩散区非平衡载流子分布随交流电压的变化

扩散区非平衡载流子分布的改变也改变了积累在扩散区的非平衡电荷总量，电荷量的改
变与电容器的充放电类似。这种电容效应称为 pn 结的扩散电容。由于电荷量的改变和新的稳
态分布的建立有赖于非平衡电荷的注入、积累和输运，使外加交流电压的频率受到一定的限

制。只有当电荷量的改变和新稳态分布的建立时间比交流电压的周期短得多时，才能保证交流信号经 pn 结的输运后不失真。因此，扩散电容使 pn 结能处理的最高信号频率受到限制。

首先按照传统观念讨论扩散电容的大小。设注入非平衡载流子电流密度为 J，准中性区长度比非平衡载流子的扩散长度大得多，非平衡载流子寿命为 τ，则积累在扩散区的非平衡电荷密度为 $J\tau$，得到单位结面积的扩散电容为

$$C_{\mathrm{D}} = \frac{\mathrm{d}Q_{\mathrm{D}}}{\mathrm{d}V} = \frac{\mathrm{d}(J\tau)}{\mathrm{d}V} = \frac{q}{kT}J\tau = \frac{q}{kT}Q_{\mathrm{D}} \tag{2.85}$$

式中，Q_{D} 为扩散区非平衡电荷总量。当准中性区长度与非平衡载流子的扩散长度相当或比扩散长度小得多时，式 (2.85) 中的 τ 应理解为非平衡少数流子在准中性区的渡越时间。这就是传统的扩散电容的概念。但是，传统的扩散电容的结果还需要进一步修正，原因在于并非所有扩散区的非平衡电荷的变化对扩散电容都有贡献，pn 结空间电荷区以及欧姆接触处电荷的消长也对扩散电容的大小产生影响。

对于图 2-21 所示的一维 pn 结结构，根据电子和空穴的连续性方程以及高斯定律，可以写出其总电流的一般表达式[9]：

$$J_{\mathrm{t}} = J_{\mathrm{n}}(b) + J_{\mathrm{p}}(b) + J_{\mathrm{d}}(b) \tag{2.86}$$

式中，b 为 pn 结中的任意位置，此处选在空间电荷区的冶金界面 $x = 0$ 处。等式右侧第三项为位移电流，其大小为

$$J_{\mathrm{d}} = \frac{\partial(\varepsilon\varepsilon_0 E)}{\partial t} \tag{2.87}$$

将式 (2.86) 的各分量分解写出，得到

$$
\begin{aligned}
J_{\mathrm{t}} &= \underbrace{q\int_{-a}^{c} R\mathrm{d}x}_{1} + \underbrace{q\int_{-a}^{b}\frac{\partial n}{\partial t}\mathrm{d}x}_{2} + \underbrace{q\int_{b}^{c}\frac{\partial p}{\partial t}\mathrm{d}x}_{3} + \underbrace{q\int_{b}^{c}\frac{\partial(n-p)}{\partial t}\mathrm{d}x}_{3} + \underbrace{J_{\mathrm{n}}(-a) + J_{\mathrm{p}}(c)}_{4} + \underbrace{J_{\mathrm{d}}(c)}_{5} \\
&= \underbrace{q\int_{-a}^{-x_{\mathrm{p}}} R\mathrm{d}x}_{1\mathrm{nB}} + \underbrace{q\int_{-x_{\mathrm{p}}}^{b} R\mathrm{d}x}_{1\mathrm{nW}} + \underbrace{q\int_{b}^{x_{\mathrm{n}}} R\mathrm{d}x}_{1\mathrm{pW}} + \underbrace{q\int_{x_{\mathrm{n}}}^{c} R\mathrm{d}x}_{1\mathrm{pB}} \\
&\quad + \underbrace{q\int_{-a}^{-x_{\mathrm{p}}}\frac{\partial n}{\partial t}\mathrm{d}x}_{2\mathrm{nB}} + \underbrace{q\int_{-x_{\mathrm{p}}}^{b}\frac{\partial n}{\partial t}\mathrm{d}x}_{2\mathrm{nW}} + \underbrace{q\int_{b}^{x_{\mathrm{n}}}\frac{\partial p}{\partial t}\mathrm{d}x}_{2\mathrm{pW}} + \underbrace{q\int_{x_{\mathrm{n}}}^{c}\frac{\partial p}{\partial t}\mathrm{d}x}_{2\mathrm{pB}} \\
&\quad + \underbrace{q\int_{b}^{c}\frac{\partial(n-p)}{\partial t}\mathrm{d}x}_{3} + \underbrace{J_{\mathrm{n}}(-a)}_{4\mathrm{n}} + \underbrace{J_{\mathrm{p}}(c)}_{4\mathrm{p}} + \underbrace{J_{\mathrm{d}}(c)}_{5}
\end{aligned}
\tag{2.88}
$$

式中，R 为复合率；n 或 p 表示该项涉及的是少数载流子电子还是空穴；B 或 W 表示该积分是在准中性区还是在耗尽区进行。

式 (2.88) 中第 3 项表示位移电流之差 $J_{\mathrm{d}}(b) - J_{\mathrm{d}}(c)$，该项除以角频率和交流电压，就是耗尽层电容。而 1、2、4、5 项之和除以角频率和交流电压，就是扩散电容。显然，式 (2.85) 定义的扩散电容，只是式 (2.88) 的第 2 项中的 2nB 和 2pB 项，其定义是不准确的。

只要中性基区宽度不是太薄，式 (2.88) 中的第 5 项很小，可以忽略不计。为了讨论 1、2、4 项对扩散电容的贡献，先对图 2-21 的 pn 结结构作进一步的划分。当 pn 结的少数载流子扩散长度远小于准中性区长度时，即

$$L_p \ll (c - x_n), \quad L_n \ll (a - x_p) \tag{2.89}$$

pn 结称为长基区 pn 结。反之，当

$$L_p \gg (c - x_n), \quad L_n \gg (a - x_p) \tag{2.90}$$

时，pn 结被称为短基区 pn 结。短基区 pn 结结构和扩散区非平衡载流子分布如图 2-22 所示，其稳态分布可用线性分布来近似。

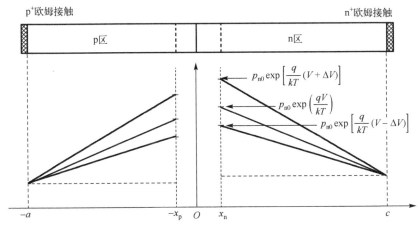

图 2-22 短基区 pn 结结构和扩散区非平衡载流子分布

对于短基区 pn 结，式 (2.88) 中的第 1 项——复合损失的电荷趋于零；第 4 项表示流出 n 区欧姆接触处的空穴 (4p 项) 和流出 p 区欧姆接触处的电子 (4n 项)，具有一定的大小，不能忽略，其效果是减少了参与电容效应的电荷。在式 (2.90) 的条件下，设基区渡越时间为 τ，扣除未参与电容效应的电荷，则单位面积扩散电容可近似为

$$C_D = \frac{2}{3}\frac{q}{kT}J\tau = \frac{2}{3}\frac{q}{kT}Q_D \tag{2.91}$$

对于长基区 pn 结，式 (2.88) 中的第 4 项因非平衡电荷在输运到欧姆接触处之前已经复合殆尽而趋于零，可忽略不计。式 (2.88) 中的复合项即第 1 项不能忽略，复合的结果是使参与电容效应的电荷减少。在式 (2.89) 的条件下，设基区非平衡少数载流子寿命为 τ，扣除未参与电容效应的电荷，则单位面积扩散电容可近似为

$$C_D = \frac{1}{2}\frac{q}{kT}J\tau = \frac{1}{2}\frac{q}{kT}Q_D \tag{2.92}$$

当准中性区长度介于式 (2.89) 和式 (2.90) 之间时，式 (2.88) 中第 1 项和第 4 项对扩散电容的影响都不能忽略，这时，所得结果介于式 (2.91) 和式 (2.92) 之间。

【计算实例】对于硅 pn 结，设 $N_D = N_A = 10^{16}\text{cm}^{-3}$，$D_n = 25\text{cm}^2/\text{s}$，$D_p = 10\text{cm}^2/\text{s}$，$n_i = 1.5 \times 10^{10}\text{cm}^{-3}$，$\tau_{n0} = \tau_{p0} = 5 \times 10^{-7}\text{s}$，则 $J_0 = 4.15 \times 10^{-11}\text{A/cm}^2$。n 区空穴的扩散长度为 $L_p = 22.4\mu\text{m}$，p 区电子扩散长度为 $L_n = 35.4\mu\text{m}$，外加正向偏压为 0.70V。对于准中性基区宽度远大于扩散长度的长基区 pn 结

$$J = J_0 \exp\left(\frac{qV}{kT}\right) = 4.15 \times 10^{-11} \times \exp\left(\frac{700}{25.9}\right) = 22.7(\text{A/cm}^2)$$

$$C_D = \frac{1}{2}\frac{q}{kT}J\tau_{p0} = 0.5 \times \frac{22.7 \times 5 \times 10^{-7}}{0.0259} = 2.19 \times 10^{-4} \ (\text{F/cm}^2)$$

实际的 pn 结大多为短基区结构，设 $(x_p - a) = (c - x_n) = 2\mu m$，图 2-22 中准中性区的电荷总量为

$$Q = q \cdot p_{n0} \exp\left(\frac{qV}{kT}\right) \cdot (c - x_n)$$

$$= 1.6 \times 10^{-19} \times 2.25 \times 10^{-4} \times \exp\left(\frac{0.7}{0.0259}\right) \times 2 \times 10^{-4} = 3.94 \times 10^{-15} \ (\text{C/cm}^2)$$

$$C_D = \frac{2}{3}\frac{q}{kT}Q = \frac{2}{3} \times \frac{3.94 \times 10^{-15}}{0.0259} = 1.0 \times 10^{-13} \ (\text{F/cm}^2)$$

计算表明，短基区 pn 结的扩散电容比长基区 pn 结的扩散电容小得多，本例中小 9 个数量级。

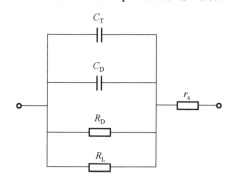

图 2-23　pn 结交流小信号等效电路

2.5.2　pn 结的交流参数和等效电路

考虑到实际 pn 结还有欧姆接触电阻 r_s 和漏电导 R_L，可得到 pn 结的交流小信号等效电路，如图 2-23 所示。

2.6　pn 结的开关特性

pn 结的单向导电性，使它适合作为一个开关来使用。如图 2-24 所示，当外加电压为正偏时，二极管导通，负载中有较大正向电流，称二极管的这种工作状态为"开态"。这时

$$I_F = \frac{E - V_T}{R_L} \approx \frac{E}{R_L} \tag{2.93}$$

式中，V_T 为 pn 结显著导通时的电压，称为 pn 结的开启电压。

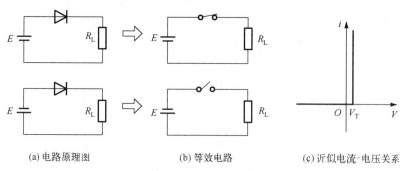

(a) 电路原理图　　　　　(b) 等效电路　　　　　(c) 近似电流-电压关系

图 2-24　pn 结二极管的开关应用

当 pn 结外加反向偏压时，二极管截止，负载中无电流通过，负载和电源之间就像断开一样，称二极管处于"关态"。

上述模型只在直流条件下才成立。若将二极管电路中的电源改为连续矩形脉冲信号源，则当脉冲频率较高时，就必须考虑开态与关态之间的转换过程及其所需的时间。

图 2-25 为二极管的脉冲响应波形。当 pn 结两端电压负跳时，pn 结电流并不立即变为 pn 结反向电流 I_0，而变为较大的反向电流 I_R，并在一段时间 t_s 内维持不变，然后开始下降，经过时间 t_f 后，最终趋于 pn 结的反向电流值 I_0。t_s 和 t_f 分别为二极管的存储时间和下降时间。$t_s + t_f \equiv t_r$ 为二极管的反向恢复时间。虽然二极管电流从反向电流 I_0 上升到正向电流 I_F 也不是突变的，也需要时间，但比较起来，影响二极管开关速度的主要因素是反向恢复过程。

反向恢复过程的物理实质是 pn 结正偏时扩散区积累的非平衡载流子的消散过程和 pn 结空间电荷区势垒电容的放电过程。反向恢复过程中，扩散区的少数载流子分布的变化（以 p⁺n 结 n 区空穴为例）如图 2-26 所示。可大致认为，空间电荷边界处非平衡载流子浓度降到零时，存储过程结束；而当扩散区非平衡空穴降为零时，下降过程结束。

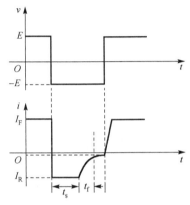
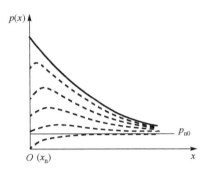

图 2-25　pn 结脉冲输入和响应波形　　图 2-26　p⁺n 结开关过程中空穴扩散区空穴分布的变化

现在以 p⁺n 结为例来求反向恢复时间与 pn 结的材料参数和工作条件之间的关系。以 n 区空间电荷区边界处为坐标原点，则空穴扩散区的非平衡空穴浓度分布为

$$\delta p(x) = \Delta p(0)\exp\left(-\frac{x}{L_p}\right)$$

扩散区非平衡空穴电荷的总量是

$$Q = Aq\int_0^\infty \delta p(x)\mathrm{d}x = Aq\Delta p(0)L_p$$

而 pn 结的正向电流近似等于 n 区空间电荷边界处的空穴扩散电流，即

$$I_F = Aq\Delta p(0)D_p / L_p \tag{2.94}$$

由此可得

$$Q = I_F \tau_p \tag{2.95}$$

即扩散区非平衡空穴电荷总量等于正向电流与空穴寿命的乘积，其物理意义是十分清楚的。式 (2.95) 中正向电流大小可由外电路求出

$$I_F = \frac{E - V_T}{R_L} \approx \frac{E}{R_L} \tag{2.96}$$

外加电压负跳以后，只要空间电荷边界处空穴浓度大于平衡空穴浓度，pn 结就维持正偏。pn 结正偏电压较小，外加反向电压主要降落在负载上。所以

$$I_{\mathrm{R}} = -\frac{E + V_{\mathrm{T}}}{R_{\mathrm{L}}} \approx -\frac{E}{R_{\mathrm{L}}} \qquad (2.97)$$

外加电压反向以后，存储在扩散区的非平衡空穴电荷的消散不外乎两种途径，一是被反向电流抽走，二是因复合而减少，由此可得反向恢复过程的电荷控制方程

$$\frac{\mathrm{d}Q}{\mathrm{d}t} = -I_{\mathrm{R}} - \frac{Q}{\tau_{\mathrm{p}}} \qquad (2.98)$$

方程的初始条件为

$$Q(t = 0) = I_{\mathrm{F}}\tau_{\mathrm{p}} \qquad (2.99)$$

解得

$$Q(t) = \tau_{\mathrm{p}}(I_{\mathrm{R}} + I_{\mathrm{F}})\exp\left(-\frac{t}{\tau_{\mathrm{p}}}\right) - \tau_{\mathrm{p}}I_{\mathrm{R}} \qquad (2.100)$$

当反向恢复过程结束时，非平衡空穴全部消失，$Q(t) = 0$，所以反向恢复过程所需的时间为

$$t_{\mathrm{r}} = \tau_{\mathrm{p}}\ln\left(\frac{I_{\mathrm{F}} + I_{\mathrm{R}}}{I_{\mathrm{R}}}\right) \qquad (2.101)$$

pn 结的反向恢复过程，限制了二极管的最高工作速度，使用中总是希望反向恢复过程越短越好。缩短反向恢复时间的措施之一是降低非平衡载流子的寿命，如掺入适量的复合中心杂质(如金)等；措施之二是减薄低掺杂一侧的厚度，例如，对于 p$^+$n 结，减薄 n 区厚度。n 区厚度减薄后，正向时存储在 n 区的非平衡电荷减少，反向恢复时间变为[8]

$$t_{\mathrm{r}} = \left(\frac{\pi^2 D_{\mathrm{p}}}{4W_{\mathrm{n}}^2} + \frac{1}{\tau_{\mathrm{p}}}\right)^{-1}\ln\left(\frac{I_{\mathrm{F}} + I_{\mathrm{R}}}{I_{\mathrm{R}}}\right) \qquad (2.102)$$

对数前的因子可看作 n 区少子空穴的等效寿命，式中，W_{n} 为 n 区厚度，只要 W_{n} 比空穴扩散长度小得多，也可以获得很小的反向恢复时间。

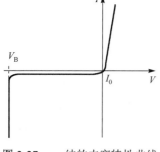

图 2-27   pn 结的击穿特性曲线

2.7   pn 结的击穿

pn 结加上反向电压时有很小的反向电流，并随反偏电压的增加趋于饱和。若进一步增大反偏电压，当其大小增大到某一定值 V_{B} 时，则反向电流急剧增大，这种现象称为 pn 结的击穿，V_{B} 称为 pn 结的击穿电压，如图 2-27 所示。

2.7.1   击穿机理概述

按击穿机理分类，pn 结的击穿有热击穿、隧道击穿和雪崩击穿三种。雪崩击穿是本小节论述的重点。

1. 热击穿

当 pn 结的外加反向电压增加时，对应于 pn 结反向电流损耗的功率增加，产生的热量也增加，结温上升。pn 结反向电流与结温的关系为

$$I_R \propto T^3 \exp\left(-\frac{E_{g0}}{kT}\right) \qquad (2.103)$$

式中，E_{g0} 为室温下半导体的禁带宽度。可见，反向电流随结温的上升是很快的。反向电流的增大导致耗散功率进一步增大，pn 结产生的热量也进一步增加。如果产生的热量不能及时散发出去，又无限流措施，就会造成温升—反向电流增大—温升的恶性循环，直到 pn 结被烧毁。这种由热不稳定性引起的击穿，就是热击穿。窄禁带半导体(如锗)pn 结或漏电流较大的 pn 结，更易于发生热击穿。

2. 隧道击穿

当 pn 结外加反向偏压时，pn 结的势垒升高，空间电荷区价带和导带的水平距离 d 随外加反向偏压的升高而变窄，如图 2-28 所示。这时，p 区价带电子的能量有可能等于或超过 n 区导带电子的能量，p 区价带电子将有一定的概率穿越禁带，成为 n 区导带的自由电子。穿透电流 I_{rt} 与距离 d 有如下定性关系：

$$I_{rt} \propto e^{-d} \qquad (2.104)$$

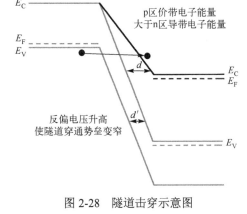

图 2-28   隧道击穿示意图

当空间电荷区价带和导带的水平距离较大时，势垒穿透实际上不会发生，但若距离 d 较窄，就易于发生隧道击穿。由此可知，两侧杂质浓度都较高的 pn 结，其空间电荷区较窄，电场强度较高，因此较易发生隧道击穿。

3. 雪崩击穿

当 pn 结外加电压很高时，空间电荷区电场很强，载流子通过空间电荷区时，可以获得很大的能量。这些具有很高能量的载流子与晶格碰撞时，就可能把原子最外层的价电子激发出来，产生电子-空穴对，这种现象称为碰撞电离。新生的电子-空穴对在被电场加速的过程中，获得足够高的能量后，又可能与晶格碰撞产生新的电子-空穴对。如此继续下去，又会产生第三代、第四代电子-空穴对，从而引起空间电荷区电子和空穴的剧增。这种现象称为雪崩倍增，由此引起的击穿称为雪崩击穿。雪崩击穿的示意图如图 2-29 所示。

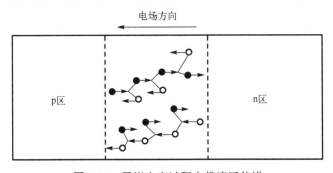

图 2-29   雪崩击穿过程中载流子倍增

雪崩击穿的发生取决于碰撞电离，它不仅要求有较大的电场强度，而且要有一定的空间电荷区宽度，以便使载流子加速，获得足够的能量。因此，pn 结一边或两边的掺杂浓度较低时，雪崩击穿是 pn 结主要的击穿机制。

雪崩击穿与隧道击穿的不同之处为，雪崩击穿具有正的温度系数，而隧道击穿具有负的温度系数。原因在于，温度升高使载流子的平均自由程缩短，碰撞电离减弱，导致雪崩击穿电压升高。对于隧道击穿的 pn 结，温度升高使半导体的禁带变窄，隧道穿透概率增大，导致隧道击穿电压降低。

根据雪崩击穿和隧道击穿的不同特点，可用击穿电压的大小来判断 pn 结的击穿究竟以哪种击穿为主。对于硅或锗 pn 结，击穿电压小于 $4E_g/q$ 的击穿主要是隧道击穿，大于 $6E_g/q$ 的击穿主要是雪崩击穿，击穿电压介于两者之间时，隧道效应和雪崩效应都起作用。

2.7.2 雪崩击穿条件

1. 电离率

雪崩倍增过程中，载流子漂移单位距离，碰撞电离产生的电子-空穴对数目，称为载流子的电离率，记为 α_i。因此，电离率是表示载流子碰撞电离能力的物理量。电离率与电场有强烈的依赖关系，可表示为[10]50

$$\alpha_i = A \exp\left[-\left(\frac{B}{E}\right)^m\right] \tag{2.105}$$

式中，A、B 和 m 为常数。锗、硅和砷化镓的常数值见表 2-1。

表 2-1   式 (2.105) 中锗、硅、砷化镓的常数值

材料	电　　子		空　　穴		m
	A/cm^{-1}	$B/(\mathrm{V/cm})$	A/cm^{-1}	$B/(\mathrm{V/cm})$	
Ge	1.55×10^7	1.56×10^6	1.0×10^7	1.28×10^6	1
Si	7.03×10^5	1.23×10^6	1.58×10^6	2.03×10^6	1
GaAs	3.5×10^5	6.85×10^5	3.5×10^5	6.85×10^5	2

2. 雪崩倍增因子

由于雪崩倍增，流过 pn 结空间电荷区的电流将增大。如图 2-30 所示（图中箭头分别表示空穴流和电子流方向），设流入 n 侧空间电荷区边界处的空穴电流为 $J_p(0)$，流出 p 区空间电荷区边界处的空穴电流为 $J_p(x_d)$，流入 p 区空间电荷区边界处的电子电流为 $J_n(x_d)$，流出 n 侧空间电荷区边界处的电子电流为 $J_n(0)$，则由于雪崩倍增，有

$$J_p(x_d) \gg J_p(0)$$

$$J_n(0) \gg J_n(x_d)$$

考虑图 2-30 中 dx 距离内的电离过程，在 dx 内产生的电子-空穴对数目为

$$\frac{J_p(x) + J_n(x)}{q} \alpha_i dx \tag{2.106}$$

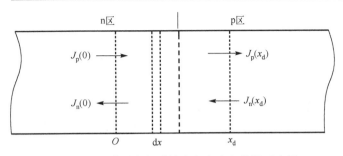

图 2-30　讨论雪崩倍增效应和击穿条件的示意图

稳态时，dx 两界面载流子之差等于 dx 内产生的电子-空穴对数目，即

$$\frac{J_p(x+dx)-J_p(x)}{q}=\frac{J_p(x)+J_n(x)}{q}\alpha_i dx \qquad (2.107)$$

$$\frac{J_n(x)-J_n(x+dx)}{q}=\frac{J_p(x)+J_n(x)}{q}\alpha_i dx \qquad (2.108)$$

流过空间电荷区的总电流为常数，即

$$J=J_p(x)+J_n(x)\equiv 常数$$

式(2.107)、式(2.108)可简写为

$$\frac{dJ_p(x)}{dx}=J\alpha_i \qquad (2.109)$$

$$\frac{dJ_n(x)}{dx}=-J\alpha_i \qquad (2.110)$$

式(2.109)从 0 到 x 积分，可得

$$J_p(x)=J\int_0^x \alpha_i dx+J_p(0) \qquad (2.111)$$

式(2.110)从 x 到 x_d 积分，可得

$$J_n(x)=J\int_x^{x_d}\alpha_i dx+J_n(x_d) \qquad (2.112)$$

式(2.111)和式(2.112)相加，可得

$$J=J\int_0^{x_d}\alpha_i dx+J_0 \qquad (2.113)$$

式中，J_0 为雪崩倍增前注入空间电荷区的电流，称为原始电流或初始电流。定义雪崩倍增因子 M 为雪崩倍增后的电流与原始电流之比，则

$$M=\frac{J}{J_0}=\frac{1}{1-\displaystyle\int_0^{x_d}\alpha_i dx} \qquad (2.114)$$

当 $\displaystyle\int_0^{x_d}\alpha_i dx=1$ 时，$M\to\infty$，pn 结电流将因雪崩效应而剧增。因此

$$\int_0^{x_d}\alpha_i dx=1 \qquad (2.115)$$

就是雪崩击穿条件。

2.7.3 雪崩击穿电压的计算

根据雪崩击穿条件，可以计算雪崩击穿电压。计算步骤是：第一步，根据外加偏压求出 pn 结的电场分布；第二步，由电场分布求电离率；第三步，电离率对整个空间电荷区积分，并令其等于 1，所对应的电场就是雪崩击穿的临界电场，所对应的电压就是雪崩击穿电压。

计算时，可采用前面的电离率计算公式，也可以采用如下的近似公式[11]42：

$$\alpha_i = c_i E^g \tag{2.116}$$

这里的电离率通常称为有效电离率。当电场强度的单位为 V/cm 时，α_i 的单位为 cm^{-1}。对硅、锗 pn 结，g=7。c_i 为常数，其值为

$$硅\ pn\ 结\quad c_i = 8.45 \times 10^{-36}\ cm^{-1} \tag{2.117}$$

$$锗\ pn\ 结\quad c_i = 6.25 \times 10^{-34}\ cm^{-1} \tag{2.118}$$

例如，对于 p^+n 突变结，可作如下计算。对于 p^+n 结，空间电荷区主要向 n 区扩展，取冶金界面为坐标原点，其电场分布为

$$E(x) = \frac{qN_D}{\varepsilon\varepsilon_0}(x - x_n) \approx \frac{qN_D}{\varepsilon\varepsilon_0}(x - W) \tag{2.119}$$

求导

$$dE(x) = \frac{qN_D}{\varepsilon\varepsilon_0}dx \tag{2.120}$$

从 n 侧空间电荷区边界处起到冶金界面止，对电离率积分，即

$$\int_W^0 c_i E^7(x)dx = \int_0^{E_0} c_i E^7(x)\frac{\varepsilon\varepsilon_0}{qN_D}dE \tag{2.121}$$

令上述积分等于 1，对应的最大电场强度就是发生雪崩击穿的临界电场强度 E_c，可得

$$E_c = \left(\frac{8qN_D}{c_i\varepsilon\varepsilon_0}\right)^{1/8} \tag{2.122}$$

根据突变结电压与最大电场强度之间的关系，可得 p^+n 突变结的击穿电压为

$$V_B = \frac{1}{2}\left(\frac{\varepsilon\varepsilon_0}{q}\right)^{3/4}\left(\frac{8}{c_i}\right)^{1/4} N_D^{-3/4} \tag{2.123}$$

对于硅突变 pn 结，将常数 c_i 代入，可得

$$V_B = 6 \times 10^{13} N_D^{-3/4} \tag{2.124}$$

对线性缓变结可做类似的讨论。

式 (2.122) 表明，对于单边突变结，发生雪崩击穿时的临界电场强度是轻掺杂一边的杂质浓度的函数，其关系曲线如图 2-31 所示[4]103。

根据上述雪崩击穿电压条件进行计算的结果表明，发生击穿时的临界电场与电离率及杂质浓度的关系较弱，工程计算中常把临界电场作为常数来处理，这就使得雪崩击穿电压的计算变得十分简单。对于突变结

$$V_B = \frac{1}{2}E_c W = \frac{1}{2}\frac{\varepsilon\varepsilon_0}{qN}E_c^2 \tag{2.125}$$

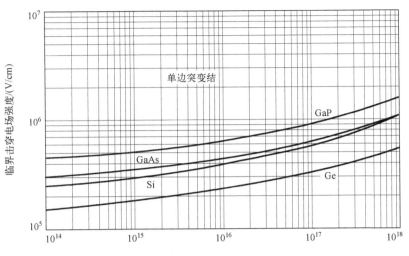

图 2-31　Si、Ge、[100]晶向 GaAs 和 GaP 单边突变结临界击穿电场强度与轻掺杂一边的杂质浓度关系曲线

式中，N 为 pn 结的等效杂质浓度，即

$$N = \frac{N_D N_A}{N_D + N_A}$$

对于单边突变结，例如 p^+n 结，$N_A \gg N_D$，可得

$$V_B = \frac{1}{2} \frac{\varepsilon \varepsilon_0}{q N_D} E_c^2 \tag{2.126}$$

式(2.126)表明单边突变结的击穿电压与轻掺杂一边的杂质浓度成反比，要提高击穿电压，就要降低轻掺杂一边的杂质浓度。

对于线性缓变结，临界击穿电场与杂质浓度梯度的关系曲线如图 2-32 所示[4]103。为了工程计算方便，也常把临界击穿电场作为常数来处理，有如下的计算公式。

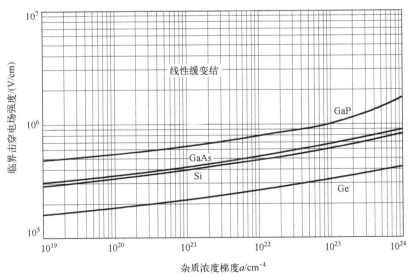

图 2-32　Si、Ge、[100]晶向 GaAs 和 GaP 线性缓变结临界击穿电场强度与杂质浓度梯度关系曲线

$$V_{\mathrm{B}} = \frac{2}{3} E_{\mathrm{c}} W = \frac{4}{3}(E_{\mathrm{c}})^{3/2}\left(\frac{2\varepsilon\varepsilon_0}{qa}\right)^{1/2} \tag{2.127}$$

式中，a 为线性缓变结的杂质浓度梯度，梯度越小，击穿电压越高。对于硅 pn 结，引起击穿的临界电场可取 $3\times10^5 \sim 5\times10^5 \mathrm{V/cm}$，据此可以估算 pn 结的击穿电压。

习   题

2.1 pn 结的单向导电性是怎样形成的？请说明并画图。

2.2 有两个硅 pn 结，其中一个结的杂质浓度 $N_{\mathrm{D}}=5\times10^{15}\mathrm{cm^{-3}}$，$N_{\mathrm{A}}=5\times10^{17}\mathrm{cm^{-3}}$，另一个 pn 结的杂质浓度 $N_{\mathrm{D}}=5\times10^{17}\mathrm{cm^{-3}}$，$N_{\mathrm{A}}=5\times10^{19}\mathrm{cm^{-3}}$，在室温全电离近似下分别求它们的接触电势差，并解释为什么杂质浓度不同，接触电势差的大小也不同。

2.3 分别计算锗 pn 结和砷化镓 pn 结的接触电势差。pn 结两边的杂质浓度 $N_{\mathrm{D}}=5\times10^{17}\mathrm{cm^{-3}}$，$N_{\mathrm{A}}=5\times10^{16}\mathrm{cm^{-3}}$。

2.4 通过计算硅 pn 结空间电荷区的载流子浓度，说明空间电荷区耗尽近似的适用范围。

2.5 硅 pn 结的杂质浓度 $N_{\mathrm{D}}=5\times10^{16}\mathrm{cm^{-3}}$，$N_{\mathrm{A}}=10^{17}\mathrm{cm^{-3}}$，分别画出正偏 0.5V、反偏 1V 时的能带图。

2.6 简述 pn 结耗尽层电容和扩散电容的概念。要减小这两种电容，可分别采取哪些措施？

2.7 同一导电类型但杂质浓度不同的半导体 $\mathrm{n^+n}$ 结，也存在接触电势差。设结两边的杂质浓度分别为 N_{D1} 和 $N_{\mathrm{D2}}(N_{\mathrm{D1}} \gg N_{\mathrm{D2}})$，画出此 $\mathrm{n^+n}$ 结的能带图，导出接触电势差的表达式。

2.8 硅 pn 结的杂质浓度 $N_{\mathrm{D}}=5\times10^{15}\mathrm{cm^{-3}}$，$N_{\mathrm{A}}=5\times10^{17}\mathrm{cm^{-3}}$，计算 n 区及 p 区空间电荷区宽度。若以 n 区空间电荷区的宽度来近似 pn 结空间电荷区的宽度，其误差是多少？

2.9 一线性缓变硅 pn 结，杂质浓度从冶金界面的 n 侧 1μm 处的 $N_{\mathrm{D}}=5\times10^{17}\mathrm{cm^{-3}}$ 线性变化到冶金界面的 p 侧 1μm 处的 $N_{\mathrm{A}}=5\times10^{17}\mathrm{cm^{-3}}$，计算平衡 pn 结的接触电势差和外加 2V 反向电压下的空间电荷区宽度。

2.10 突变硅 pn 结外加电压为 0.5V，掺杂浓度分别为 $N_{\mathrm{A}}=10^{17}\mathrm{cm^{-3}}$，$N_{\mathrm{D}}=2\times10^{15}\mathrm{cm^{-3}}$，求 n 区及 p 区耗尽层边界处的少数载流子浓度。画出非平衡载流子浓度分布示意图。

2.11 根据图 2-11，计算正偏 pn 结扩散区的非平衡电荷总量。稳态工作条件下，注入电流的大小等于非平衡电荷除以少数载流子寿命，据此导出 pn 结的电流电压关系。

2.12 硅 pn 结的杂质浓度分别为 $N_{\mathrm{D}}=3\times10^{17}\mathrm{cm^{-3}}$，$N_{\mathrm{A}}=1\times10^{15}\mathrm{cm^{-3}}$，n 区和 p 区的宽度大于少数载流子扩散长度，$\tau_{\mathrm{n}}=\tau_{\mathrm{p}}=1\mu\mathrm{s}$，结面积=1600μm²，取 $D_{\mathrm{n}}=25\mathrm{cm^2/s}$，$D_{\mathrm{p}}=13\mathrm{cm^2/s}$，计算：

  (1) T=300K 下，正向电流等于 1mA 时的外加电压。

  (2) 要使电流从 1mA 增大到 3mA，外加电压应增大多少？

  (3) 维持 (1) 的电压不变，当温度 T 由 300K 上升到 400K 时，电流上升到多少？

2.13 硅 pn 结的杂质浓度分别为 $N_{\mathrm{D}}=3\times10^{17}\mathrm{cm^{-3}}$，$N_{\mathrm{A}}=2\times10^{15}\mathrm{cm^{-3}}$，n 区和 p 区的宽度大于少数载流子扩散长度，$\tau_{\mathrm{n}}=\tau_{\mathrm{p}}=0.1\mu\mathrm{s}$，结面积=1000μm²，取 $D_{\mathrm{n}}=25\mathrm{cm^2/s}$，$D_{\mathrm{p}}=13\mathrm{cm^2/s}$，计算 pn 结正偏 0.55V 时的正向电流和扩散电容。

2.14 根据理想的 pn 结电流-电压方程，计算反向电流等于反向饱和电流的 70% 时的反偏电压值。

2.15 突变 pn 结零偏时的耗尽层电容为 C_{j0}，接触电势差为 0.7V，计算耗尽层电容降为 $0.4C_{\mathrm{j0}}$ 时的偏压值。

2.16 硅 pn 结的杂质浓度 $N_{\mathrm{D}}=5\times10^{15}\mathrm{cm^{-3}}$，$N_{\mathrm{A}}=5\times10^{17}\mathrm{cm^{-3}}$，结面积为 1000μm²，计算在 10V 和 5V 反偏电压下的势垒电容；若 $N_{\mathrm{D}}=5\times10^{16}\mathrm{cm^{-3}}$，$N_{\mathrm{A}}$ 不变，电容又是多少？

2.17 一线性缓变硅 pn 结，杂质浓度从冶金界面的 n 侧 1μm 处的 $N_{\mathrm{D}}=2\times10^{17}\mathrm{cm^{-3}}$ 线性变化到冶金界面的 p 侧 1μm 处的 $N_{\mathrm{A}}=2\times10^{17}\mathrm{cm^{-3}}$，计算 5V 反偏电压下单位面积的势垒电容。

2.18　pn 结势垒复合电流和势垒产生电流的成因是什么？硅 pn 结的杂质浓度 $N_D=10^{16}\text{cm}^{-3}$，$N_A=5\times10^{17}\text{cm}^{-3}$，当外加正向 0.1V 电压时，正向的势垒复合电流是多少？试与正向扩散电流相比较；当外加反向 5V 电压时，势垒产生电流是多少？试与反向饱和电流相比较。

2.19　工作在开关状态的 n^+p 结二极管的正向驱动电流为 2mA，反抽电流为 2.5mA，测得反向恢复时间 $t_r=200\text{ns}$，计算少子寿命 τ_n。

2.20　设 p 区和 n 区杂质浓度同数量级，并近似认为 pn 结击穿时的临界电场为常数，推导 pn 结击穿电压的表达式。

2.21　参照突变 pn 结击穿电压的推导方法（见式(2.119)～式(2.124)），证明缓变 pn 结的雪崩击穿电压

$$V_B=\frac{4}{3}\left[\left(\frac{\varepsilon\varepsilon_0}{qa}\right)^2\left(\frac{6.29}{C_i}\right)\right]^{1/5}$$

2.22　硅 pn 结的杂质浓度 $N_D=10^{16}\text{cm}^{-3}$，$N_A=5\times10^{17}\text{cm}^{-3}$，计算 pn 结的反向击穿电压，如果要使其反向击穿电压提高到 300V，n 型侧的电阻率应为多少？

2.23　一线性缓变硅 pn 结，杂质浓度从冶金界面的 n 侧 2μm 处的 $N_D=4\times10^{17}\text{cm}^{-3}$ 线性变化到冶金界面的 p 侧 2μm 处的 $N_A=4\times10^{17}\text{cm}^{-3}$，计算 pn 结的反向击穿电压。

2.24　硅突变 pn 结 $N_A=1.5\times10^{18}\text{cm}^{-3}$，$N_D=1.5\times10^{16}\text{cm}^{-3}$，设 pn 结击穿时的最大电场为 $5\times10^5\text{V/cm}$，计算 pn 结的击穿电压。

2.25　在杂质浓度 $N_D=2\times10^{15}\text{cm}^{-3}$ 的硅衬底上扩散硼形成 pn 结，硼扩散的表面浓度为 $N_A=10^{18}\text{cm}^{-3}$，结深 5μm，计算此 pn 结 5V 反偏电压下的势垒电容。

2.26　已知硅 p^+n 结 n 区电阻率为 1Ω·cm，计算 pn 结的雪崩击穿电压，击穿时的耗尽区宽度和最大电场强度。

2.27　正偏 pn 结电流开始显著增长时的电压称为 pn 结的开启电压或导通电压。用 pn 结电流电压方程说明，硅 pn 结的开启电压比锗 pn 结的开启电压约大 0.5V。

2.28　pn 结空间电荷区至电极欧姆接触的距离比少子扩散长度小得多时，空间电荷区外侧少数载流子的分布可以用线性分布来近似，导出此条件下 pn 结扩散电流密度表达式。

2.29　pn 结空间电荷区至电极欧姆接触的距离比少子扩散长度大得多，p 区掺杂浓度比 n 区掺杂浓度大得多，定性画出 pn 结的总电流、空穴电流和电子电流随位置变化的关系曲线。

2.30　硅 pn 结空间电荷区至电极欧姆接触的距离比少子扩散长度大得多，$N_A=1.5\times10^{17}\text{cm}^{-3}$，$N_D=1.5\times10^{16}\text{cm}^{-3}$，pn 结正向电流为 1.5mA。在远离空间电荷区的中性区，pn 结电流为多数载流子的漂移电流。计算 n 区电子漂移电场的大小。计算中取 n 区电子的迁移率为 $800\text{cm}^2/(\text{V·s})$。将计算结果与零偏时空间电荷区的峰值电场相比较并讨论。

第**3**章
双极型晶体管

将两个 pn 结背靠背地制作在一起，当两个 pn 结空间电荷区之间的距离比载流子的扩散长度小得多时，就得到双极型晶体管。双极型晶体管原理是半导体器件原理中最为传统和经典的内容之一。虽然双极型晶体管并不是现代微电子系统的主流器件，但在怎样从器件的材料参数和结构参数得到器件的外特性参数方面具有典型性。了解和掌握 pn 结、双极型晶体管的分析方法，为学习其他半导体器件打下坚实的基础。

3.1 双极型晶体管的基本结构

双极型晶体管的简化结构和电路符号如图 3-1 所示，晶体管的三个区域分别称为发射区、基区和集电区，引出的三个电极分别称为发射极、基极和集电极，两个 pn 结分别称为发射结和集电结。从结构分，晶体管分为 npn 和 pnp 两类。

制作晶体管的方法有合金法、扩散法或离子注入法等。合金法制作的晶体管(简称合金管)的结构如图 3-2(a) 所示，合金管通常具有如图 3-2(b) 所示的杂质分布，其基区(也包括发射区和集电区)的杂质分布是均匀的。基区杂质均匀分布的晶体管又称为均匀基区晶体管。图中，x_{je} 和 x_{jc} 分别为发射结和集电结的结深；W_B 为基区宽度。

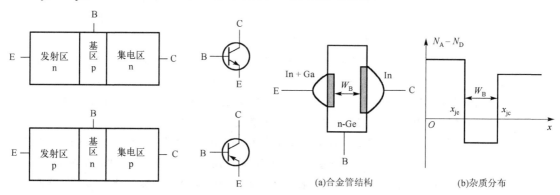

图 3-1 双极型晶体管的简化结构和电路符号   图 3-2 合金管结构及其近似杂质分布

以硅 npn 晶体管为例，用扩散法制作晶体管时，先在厚约 300μm 的低电阻率($0\sim$ $0.001\Omega\cdot cm$)的 n 型硅片上，外延一层较高电阻率的单晶层(厚为数 μm 至数十 μm)，然后利用二氧化硅对杂质扩散的掩蔽作用，通过氧化光刻基区—高温基区硼扩散—氧化光刻发射区—高温发射区磷或砷扩散—氧化光刻引线孔等一系列工艺，得到如图 3-3 所示的晶体管结构。这种晶体管称为外延平面晶体管。外延平面管的特点是晶体管的一个关键结构参数基区宽度由两次扩散的温度和时间来控制，可控性好，因此成为现代集成电路中双极型晶体管的主要结构形式。外延平面晶体管的基区杂质分布如图 3-4 所示，其基区杂质分布是非均匀的，所以这种晶体管又称为缓变基区晶体管或非均匀基区晶体管。晶体管三个区域总的杂质分布趋势是发射区杂质浓度比基区杂质浓度高得多，基区杂质浓度又比集电区杂质浓度高，分别为 $10^{19}cm^{-3}$、$10^{17}cm^{-3}$ 和 $10^{16}cm^{-3}$ 量级。

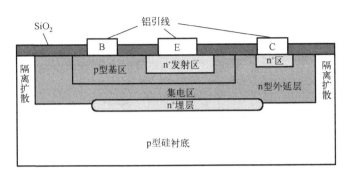

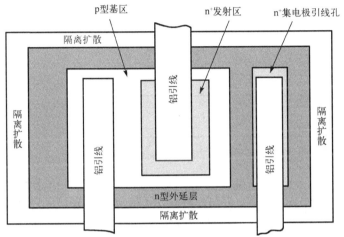

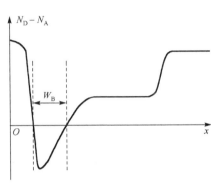

图 3-3　外延平面晶体管的剖面和平面简化示意图　　　　图 3-4　外延平面晶体管的基区杂质分布

3.2　双极型晶体管内载流子的输运过程

设晶体管的发射区、基区和集电区杂质分布都是均匀的，其结构和平衡态载流子浓度分布如图 3-5 所示。图中，x_{je} 为发射结的冶金界面；x_{jc} 为集电结的冶金界面；x_1、x_2 为发射结空间电荷区边界位置，x_3、x_4 为集电结空间电荷区边界位置，发射结和集电结冶金界面之间的距离称为冶金基区宽度，x_2 和 x_3 之间的距离称为中性基区宽度；n_{e0} 和 p_{e0}、p_{b0} 和 n_{b0}、n_{c0} 和 p_{c0} 分别表示发射区、基区、集电区的平衡态多数载流子和平衡态少数载流子浓度。

双极型晶体管作正向放大应用时，其偏置条件是发射结正偏，集电结反偏，如图 3-6 所示。以 npn 晶体管为例，因发射结正偏，发射区电子向基区注入，在 p 型基区形成非平衡少数载流子的积累，并形成一定的电子浓度梯度。电子浓度梯度的存在，使电子向集电结扩散。集电结的反向偏置，使扩散到集电结空间电荷区边界处的电子在电场的作用下加速向集电区漂移，成为集电极电流的主要部分。只要集电结偏压足够高，扩散到集电结基区侧空间电荷区边界处的电子将立即被扫进集电区。因此，可以近似认为，集电结基区侧空间电荷边界处的电子浓度为零。发射结注入的电子在向集电极输运的过程中将因复合而损失一部分。基区的多数载流子是空穴，复合损失主要发生在基区。基区复合损失的多子空穴由基极外电路加以补充，此空穴流成为基极电流的主要部分。此外，发射结空间电荷区也有复合损失，虽然正偏的发射结空间电荷区较窄，但是当发射结正向偏压较低时，复合损失也不能忽略。

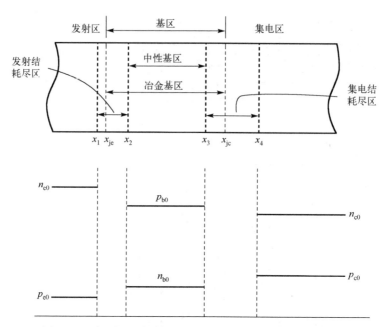

图 3-5　双极型晶体管简化结构及其平衡态载流子浓度分布

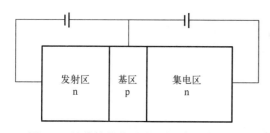

图 3-6　晶体管的典型偏置状态(放大状态)

正偏发射结使发射区向基区注入电子的同时，基区也向发射区注入空穴，并在发射区空间电荷区的外侧形成非平衡少数载流子空穴的积累和空穴浓度梯度。浓度梯度的存在，使得空穴向发射极扩散，并不断与多数载流子电子复合，在几个扩散长度内转换成发射极的电子电流。此外，发射结空间电荷区复合损失的空穴也由基区注入来补充。

集电结的反向偏置，使集电结空间电荷区及其外侧的电子-空穴浓度乘积小于平衡值(即 n_i^2)，在集电结空间电荷区及其两外侧因热激发而产生电子-空穴对。在集电结电场的作用下，热激发产生的电子向集电极输运，成为集电极电流的一部分，而空穴向基极输运，成为基极电流的一部分。

如上所述，可以得到 npn 晶体管的载流子输运和少数载流子分布，如图 3-7 所示。图中，相向的箭头表示电子-空穴对的复合，相去的箭头表示电子-空穴对的产生。

记晶体管的发射极电流、基极电流和集电极电流分别为 I_E、I_B 和 I_C，注入发射结空间电荷区基区侧边界处的电子电流为 I_{nE}，输运到集电结空间电荷区基区侧边界处的电子电流为 I_{nC}，基区复合电流为 I_{RB}，基区向发射区注入的电流为 I_{pE}，发射结空间电荷区复合电流为 I_{RE}，集电结空间电荷区及其外侧对集电极电流的贡献为 I_{CB0}，则晶体管内电流输运关系如图 3-8 所示。各电流分量满足如下关系：

$$\begin{cases} I_E = I_{nE} + I_{pE} + I_{RE} \\ I_B = I_{pE} + I_{RB} + I_{RE} - I_{CB0} \\ I_C = I_{nC} + I_{CB0} \end{cases} \qquad (3.1)$$

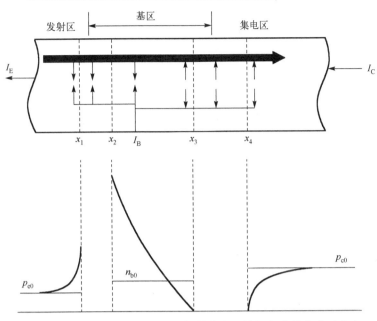

图 3-7　正向放大状态 npn 晶体管的载流子输运和少数载流子分布

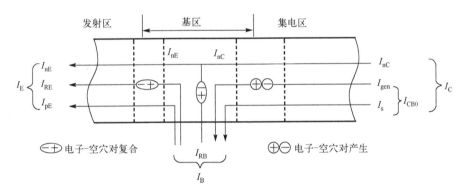

图 3-8　正向放大状态 npn 晶体管内的电流输运关系

定义共基极直流电流放大系数 α 为集电极电流与发射极电流之比，则

$$\alpha = \frac{I_C}{I_E} = \frac{I_C}{I_{nC}} \frac{I_{nC}}{I_{nE}} \frac{I_{nE}}{I_{nE} + I_{pE}} \frac{I_{nE} + I_{pE}}{I_E} \tag{3.2}$$

当忽略集电极反向电流 I_{CB0} 时，式(3.2)右侧第一个因子等于 1；第二个因子表示输运到集电结空间电荷区基区侧边界处的电子数与注入发射结空间电荷区基区侧边界处的电子数之比，反映的是基区输运损失的大小，称为基区输运系数，记为 α_T；第三个因子表示从发射区向基区的注入（正向有效注入）与发射结总注入之比，称为发射结注入效率，记为 γ；第四个因子表示发射结空间电荷区内复合电流的影响，称为发射结复合系数，记为 δ。三个因子的定义式分别为

$$\alpha_T = \frac{I_{nC}}{I_{nE}} \tag{3.3a}$$

$$\gamma = \frac{I_{nE}}{I_{nE} + I_{pE}} \tag{3.3b}$$

$$\delta = \frac{I_{nE} + I_{pE}}{I_{nE} + I_{pE} + I_{RE}} \tag{3.3c}$$

于是有

$$\alpha = \gamma \alpha_T \delta \tag{3.3d}$$

共发射极直流电流放大系数 β 为集电极电流与基极电流之比，即

$$\beta = \frac{I_C}{I_B} = \frac{I_C}{I_E - I_C} = \frac{I_C / I_E}{1 - I_C / I_E} = \frac{\alpha}{1 - \alpha} \tag{3.4}$$

或者

$$\alpha = \frac{\beta}{1 + \beta} \tag{3.5}$$

求出各电流增益因子，就可以求出晶体管的电流放大系数。

3.3　双极型晶体管的电流放大系数

3.3.1　均匀基区晶体管的电流增益因子的简化推导

1. 基区输运系数 α_T

以工作在正向放大状态的 npn 晶体管为例，定义少数载流子(电子)在晶体管基区中从发射结侧空间电荷区边界输运到集电结侧空间电荷边界平均所需的时间为基区渡越时间，记为 τ_b，基区少数载流子的寿命为 τ_{nB}，则基区少子复合概率为 τ_b/τ_{nB}，基区输运系数可表示为

$$\alpha_T = \frac{I_{nC}}{I_{nE}} = 1 - \frac{\tau_b}{\tau_{nB}} \tag{3.6}$$

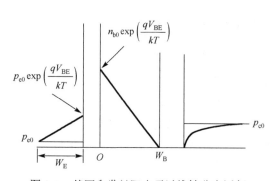

晶体管的中性基区很薄，远小于基区少子电子的扩散长度 L_{nB}。于是，基区的少子分布可用线性分布来近似，如图 3-9 所示。基区电子分布可以表示为

$$n(x) = n(0)\left(1 - \frac{x}{W_B}\right) \tag{3.7}$$

式中，W_B 为中性基区宽度；$n(0)$ 为发射结基区侧的空间电荷区边界处的电子浓度，其大小与发射结外加偏压 V_{BE} 的关系为

图 3-9　基区和发射区少子以线性分布近似

$$n(0) = n_{b0} \exp\left(\frac{qV_{BE}}{kT}\right) \tag{3.8}$$

式中，n_{b0} 为基区平衡少子电子浓度。在线性分布近似下，基区电荷为 $Aqn(0)W_B/2$，此电荷等于 τ_b 内由发射极注入基区的电荷，即

$$I_{nE}\tau_b = Aq\frac{n(0)W_B}{2} \tag{3.9}$$

电流

$$I_{nE} = AqD_{nB}\frac{dn(x)}{dx} = AqD_{nB}\frac{n(0)}{W_B} \tag{3.10}$$

式中，D_{nB} 为基区电子的扩散系数。将式(3.10)代入式(3.9)，得到

$$\tau_b = \frac{W_B^2}{2D_{nB}} \tag{3.11}$$

由此得基区输运系数为

$$\alpha_T = 1 - \frac{1}{2}\left(\frac{W_B}{L_{nB}}\right)^2 \tag{3.12}$$

显然，基区宽度越窄，基区输运系数越高。

基区输运系数也可以用另一种思路导出。设基区复合电流为 J_{RB}，基区电子寿命为 τ_{nB}，基区电荷密度为 Q_B，则

$$J_{RB} = \frac{Q_B}{\tau_{nB}} = \frac{qn(0)W_B/2}{\tau_{nB}} = \frac{qn(0)W_B}{2\tau_{nB}} \tag{3.13}$$

根据基区输运系数的定义

$$\alpha_T = \frac{J_{nC}}{J_{nE}} = \frac{J_{nE} - J_{RB}}{J_{nE}} = 1 - \frac{J_{RB}}{J_{nE}} \tag{3.14}$$

将式(3.13)和式(3.10)式代入式(3.14)，可得

$$\alpha_T = 1 - \frac{W_B^2}{2D_{nB}\tau_{nB}} = 1 - \frac{1}{2}\left(\frac{W_B}{L_{nB}}\right)^2 \tag{3.15}$$

2. 发射极注入效率 γ

根据定义

$$\gamma = \frac{I_{nE}}{I_{nE} + I_{pE}} = \left(1 + \frac{I_{pE}}{I_{nE}}\right)^{-1} \tag{3.16}$$

式中，I_{nE} 已经求出，现在求 I_{pE}。

通常，中性发射区厚度 W_E 远小于发射区少数载流子空穴的扩散长度 L_{pE}，基区向发射区注入的空穴在发射区的分布也可以用线性分布来近似。于是，电流 I_{pE} 具有与 I_{nE} 相似的表达形式，即

$$I_{pE} = AqD_{pE}\frac{p(0)}{W_E} \tag{3.17}$$

式中，D_{pE} 为发射区的空穴扩散系数；$p(0)$ 为发射结发射区侧空间电荷区边界处的空穴浓度，其值为

$$p(0) = p_{e0}\exp\left(\frac{qV_{BE}}{kT}\right) \tag{3.18}$$

式中，p_{e0} 为发射区平衡少数载流子空穴的浓度。

将 I_{nE} 和 I_{pE} 的结果代入式 (3.16)，并利用全电离近似和质量作用定律，得到

$$\gamma = \left(1 + \frac{N_B D_{pE} W_B}{N_E D_{nB} W_E}\right)^{-1} \tag{3.19}$$

式中，N_E、N_B 分别为发射区和基区杂质浓度。实用晶体管的注入效率很接近于 1，式 (3.19) 可近似为

$$\gamma = 1 - \frac{N_B D_{pE} W_B}{N_E D_{nB} W_E} \tag{3.20}$$

利用爱因斯坦关系，并假定发射区电子迁移率与基区电子迁移率相等，发射区空穴迁移率与基区空穴迁移率相等，则注入效率又可以表示为

$$\gamma = 1 - \frac{\rho_E W_B}{\rho_B W_E} = 1 - \frac{R_{sE}}{R_{sB}} \tag{3.21}$$

式中，ρ_E 和 ρ_B 分别为发射区和基区的电阻率，R_{sE} 和 R_{sB} 分别称为发射区和基区的方块电阻。

注入效率的表达式说明，发射区杂质浓度比基区杂质浓度越高，注入效率越高。但是，提高发射区杂质浓度会受到重掺杂效应的限制。

3. 复合系数

根据复合系数表达式 (3.3c) 为了得到物理意义明晰的结果，忽略 I_{pE}，复合系数近似为

$$\delta = \frac{I_{nE}}{I_{nE} + I_{RE}} = \frac{1}{1 + J_{RE}/J_{nE}} \tag{3.22}$$

对照式 (2.62)，发射结的复合电流为

$$J_{RE} = \frac{q n_i W}{2\tau} \exp\left(\frac{q V_{BE}}{2kT}\right) \tag{3.23}$$

式中，W 为发射结空间电荷区宽度。将式 (3.10)、式 (3.23) 代入式 (3.22)，可得

$$\delta = \frac{1}{1 + \dfrac{J_{r0}}{J_{s0}} \exp\left(-\dfrac{q V_{BE}}{2kT}\right)} \tag{3.24}$$

式中，$J_{r0} = \dfrac{q n_i W}{2\tau}$；$J_{s0} = \dfrac{q D_B n_{b0}}{W_B}$。其中，$n_{b0}$ 为基区平衡少数载流子浓度。

3.3.2 均匀基区晶体管电流增益因子的数学推导

要推导晶体管的电流增益因子，必须得到 J_{nE}、J_{pE}、J_{nC} 的表达式，为此必须知道晶体管中性基区、中性发射区和中性集电区的非平衡载流子分布函数。在推导分布函数时，中性基区、中性发射区和中性集电区分别采用图 3-10 所示的坐标原点和 x 轴正方向。

在中性基区，从发射区注入的非平衡电子满足的连续性方程为

$$D_{nB} \frac{\partial^2 \delta n_b(x)}{\partial x^2} - \frac{\delta n_b(x)}{\tau_{nB}} = 0 \tag{3.25}$$

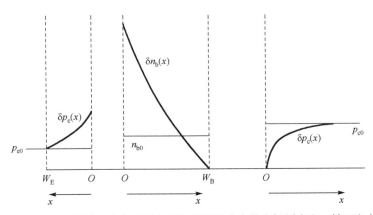

图 3-10　推导基区、发射区和集电区非平衡载流子分布的坐标原点和 x 轴正方向的选取

式中，D_{nB} 为基区电子扩散系数；τ_{nB} 为基区电子寿命。方程的边界条件为

$$
\begin{cases}
\delta n_b(0) = n_b(0) - n_{b0} = n_{b0}\left[\exp\left(\dfrac{qV_{BE}}{kT}\right) - 1\right] \\
\delta n_b(W_B) = n_b(W_B) - n_{b0} = -n_{b0}
\end{cases}
\tag{3.26}
$$

方程 (3.25) 的通解为

$$
\delta n_b(x) = A\exp\left(\frac{x}{L_{nB}}\right) + B\exp\left(-\frac{x}{L_{nB}}\right)
\tag{3.27}
$$

式中，$L_{nB} = \sqrt{D_{nB}\tau_{nB}}$，为基区电子的扩散长度。

利用边界条件，可确定常数 A 和 B 分别为

$$
A = \frac{-n_{b0} - n_{b0}\left[\exp\left(\dfrac{qV_{BE}}{kT}\right) - 1\right]\exp\left(-\dfrac{W_B}{L_{nB}}\right)}{2\sinh\left(\dfrac{W_B}{L_{nB}}\right)}
$$

$$
B = \frac{n_{b0}\left[\exp\left(\dfrac{qV_{BE}}{kT}\right) - 1\right]\exp\left(\dfrac{W_B}{L_{nB}}\right) + n_{b0}}{2\sinh\left(\dfrac{W_B}{L_{nB}}\right)}
$$

将 A 和 B 代入式 (3.27)，可得

$$
\delta n_b(x) = \frac{n_{b0}\left[\exp\left(\dfrac{qV_{BE}}{kT}\right) - 1\right]\sinh\left(\dfrac{W_B - x}{L_{nB}}\right) - n_{b0}\sinh\left(\dfrac{x}{L_{nB}}\right)}{\sinh\left(\dfrac{W_B}{L_{nB}}\right)}
\tag{3.28}
$$

对于实用晶体管，通常满足条件

$$
W_B \ll L_{nB}
$$

式 (3.28) 可近似为线性分布，即

$$\delta n_{\mathrm{b}}(x) = \frac{n_{\mathrm{b0}}}{W_{\mathrm{B}}}\left\{\left[\exp\left(\frac{qV_{\mathrm{BE}}}{kT}\right)-1\right](W_{\mathrm{B}}-x)-x\right\} \tag{3.29}$$

式(3.29)也可改写为

$$\delta n_{\mathrm{b}}(x) = n_{\mathrm{b0}}\left(1-\frac{x}{W_{\mathrm{B}}}\right)\exp\left(\frac{qV_{\mathrm{BE}}}{kT}\right)-n_{\mathrm{b0}} \tag{3.30}$$

在中性发射区，从基区注入的非平衡空穴满足的连续性方程为

$$D_{\mathrm{pE}}\frac{\partial^2\delta p_{\mathrm{e}}(x)}{\partial x^2}-\frac{\delta p_{\mathrm{e}}(x)}{\tau_{\mathrm{pE}}}=0 \tag{3.31}$$

式中，D_{pE} 为发射区空穴扩散系数；τ_{pE} 为发射区空穴寿命。在 BE 结空间电荷区发射区侧边界处

$$\delta p_{\mathrm{e}}(0) = p_{\mathrm{e}}(0)-p_{\mathrm{e0}} = p_{\mathrm{e0}}\left[\exp\left(\frac{qV_{\mathrm{BE}}}{kT}\right)-1\right] \tag{3.32}$$

在欧姆接触界面 W_{E} 处，半导体处于平衡态，非平衡载流子浓度为零，有

$$\delta p_{\mathrm{e}}(W_{\mathrm{E}}) = p_{\mathrm{e}}(W_{\mathrm{E}})-p_{\mathrm{e0}} = 0 \tag{3.33}$$

方程(3.31)的通解为

$$\delta p_{\mathrm{e}}(x) = C\exp\left(\frac{x}{L_{\mathrm{pE}}}\right)+D\exp\left(-\frac{x}{L_{\mathrm{pE}}}\right) \tag{3.34}$$

利用式(3.32)和式(3.33)的边界条件，可确定常数 C 和 D，即

$$\begin{cases} C = -\dfrac{p_{\mathrm{e0}}\left[\exp\left(\dfrac{qV_{\mathrm{BE}}}{kT}\right)-1\right]\exp\left(-\dfrac{W_{\mathrm{E}}}{L_{\mathrm{pE}}}\right)}{2\sinh\left(\dfrac{W_{\mathrm{E}}}{L_{\mathrm{pE}}}\right)} \\[3em] D = \dfrac{p_{\mathrm{e0}}\left[\exp\left(\dfrac{qV_{\mathrm{BE}}}{kT}\right)-1\right]\exp\left(\dfrac{W_{\mathrm{E}}}{L_{\mathrm{pE}}}\right)}{2\sinh\left(\dfrac{W_{\mathrm{E}}}{L_{\mathrm{pE}}}\right)} \end{cases} \tag{3.35}$$

综上可得中性发射区非平衡空穴分布函数

$$\delta p_{\mathrm{e}}(x) = \frac{p_{\mathrm{e0}}\left[\exp\left(\dfrac{qV_{\mathrm{BE}}}{kT}\right)-1\right]\sinh\left(\dfrac{W_{\mathrm{E}}-x}{L_{\mathrm{pE}}}\right)}{\sinh\left(\dfrac{W_{\mathrm{E}}}{L_{\mathrm{pE}}}\right)} \tag{3.36}$$

对于实用晶体管，发射结很浅，通常满足条件

$$W_{\mathrm{E}} \ll L_{\mathrm{pE}}$$

发射区非平衡空穴分布可近似为线性分布，即

$$\delta p_{\mathrm{e}}(x) = p_{\mathrm{e}0}\left[\exp\left(\frac{qV_{\mathrm{BE}}}{kT}\right) - 1\right]\left(1 - \frac{x}{W_{\mathrm{E}}}\right) \tag{3.37}$$

在集电区，非平衡空穴满足的连续性方程是

$$D_{\mathrm{pC}}\frac{\partial^2 \delta p_{\mathrm{c}}(x)}{\partial x^2} - \frac{\delta p_{\mathrm{c}}(x)}{\tau_{\mathrm{pC}}} = 0 \tag{3.38}$$

方程的边界条件是

$$\delta p_{\mathrm{c}}(0) = -p_{\mathrm{c}0}, \quad \delta p_{\mathrm{c}}(\infty) = 0 \tag{3.39}$$

集电区非平衡空穴的分布函数是

$$\delta p_{\mathrm{c}}(x) = -p_{\mathrm{c}0}\exp\left(-\frac{x}{L_{\mathrm{pC}}}\right) \tag{3.40}$$

式中，$L_{\mathrm{pC}} = \sqrt{D_{\mathrm{pC}}\tau_{\mathrm{pC}}}$，为集电区空穴扩散长度。对照第 2 章 pn 结非平衡载流子的分布函数，式 (3.40) 即为式 (2.18) 在反偏条件下的结果。

由基区非平衡电子浓度分布式 (3.28)，可得

$$J_{\mathrm{nE}} = -qD_{\mathrm{nB}}\frac{\mathrm{d}\delta n_{\mathrm{b}}(x)}{\mathrm{d}x}\bigg|_{x=0}$$

即

$$J_{\mathrm{nE}} = \frac{qD_{\mathrm{nB}}n_{\mathrm{b}0}}{L_{\mathrm{nB}}}\frac{\left[\exp\left(\dfrac{qV_{\mathrm{BE}}}{kT}\right) - 1\right]\cosh\left(\dfrac{W_{\mathrm{B}}}{L_{\mathrm{nB}}}\right) + 1}{\sinh\left(\dfrac{W_{\mathrm{B}}}{L_{\mathrm{nB}}}\right)} \tag{3.41}$$

以及

$$J_{\mathrm{nC}} = -qD_{\mathrm{nB}}\frac{\mathrm{d}\delta n_{\mathrm{b}}(x)}{\mathrm{d}x}\bigg|_{x=W_{\mathrm{B}}}$$

即

$$J_{\mathrm{nC}} = \frac{qD_{\mathrm{nB}}n_{\mathrm{b}0}}{L_{\mathrm{nB}}}\frac{\left[\exp\left(\dfrac{qV_{\mathrm{BE}}}{kT}\right) - 1\right] + \cosh\left(\dfrac{W_{\mathrm{B}}}{L_{\mathrm{nB}}}\right)}{\sinh\left(\dfrac{W_{\mathrm{B}}}{L_{\mathrm{nB}}}\right)} \tag{3.42}$$

由发射区非平衡空穴浓度分布式 (3.36)，可得

$$J_{\mathrm{pE}} = -qD_{\mathrm{pE}}\frac{\mathrm{d}\delta p_{\mathrm{e}}(x)}{\mathrm{d}x}\bigg|_{x=0}$$

即

$$J_{\mathrm{pE}} = \frac{qD_{\mathrm{pE}}p_{\mathrm{e}0}}{L_{\mathrm{pE}}}\left[\exp\left(\frac{qV_{\mathrm{BE}}}{kT}\right) - 1\right]\frac{1}{\tanh\left(\dfrac{W_{\mathrm{E}}}{L_{\mathrm{pE}}}\right)} \tag{3.43}$$

由式 (3.41) 和式 (3.42)，可得基区输运系数

$$\alpha_T = \frac{J_{nC}}{J_{nE}}$$

即

$$\alpha_T \approx \frac{\exp\left(\dfrac{qV_{BE}}{kT}\right) + \cosh\left(\dfrac{W_B}{L_{nB}}\right)}{1 + \exp\left(\dfrac{qV_{BE}}{kT}\right)\cosh\left(\dfrac{W_B}{L_{nB}}\right)} \tag{3.44}$$

当 $W_B \ll L_{nB}$ 时，双曲余弦函数值略大于 1，此外指数函数项比 1 大得多。故式 (3.44) 可进一步近似为

$$\alpha_T \approx \frac{1}{\cosh\left(\dfrac{W_B}{L_{nB}}\right)} \tag{3.45}$$

根据泰勒级数展开公式，并取前两项，式 (3.45) 近似为

$$\alpha_T \approx \frac{1}{1 + \dfrac{1}{2}\left(\dfrac{W_B}{L_{nB}}\right)^2} \approx 1 - \frac{1}{2}\left(\frac{W_B}{L_{nB}}\right)^2 \tag{3.46}$$

即式 (3.12)。不过，当中性基区宽度与基区电子扩散长度相当或大于扩散长度时，只有用式 (3.45) 才能得到正确的结果。

由式 (3.41) 和式 (3.43)，可得发射结注入效率

$$\gamma = \frac{J_{nE}}{J_{nE} + J_{pE}}$$

即

$$\gamma = \frac{1}{1 + \dfrac{p_{e0} D_{pE} L_{nB}}{n_{b0} D_{nB} L_{pE}} \cdot \dfrac{\tanh(W_B / L_{nB})}{\tanh(W_E / L_{pE})}} \tag{3.47}$$

实际的晶体管结构通常满足条件

$$W_B \ll L_{nB}, \quad W_E \ll L_{pE}$$

发射结注入效率可近似为

$$\gamma = \frac{1}{1 + \dfrac{N_B D_{pE} W_B}{N_E D_{nB} W_E}} \tag{3.48}$$

即式 (3.19)。

由式 (3.41)，可得

$$J_{nE} \approx \frac{q D_{nB} n_{b0}\left[\exp\left(\dfrac{qV_{BE}}{kT}\right) - 1\right]}{L_{nB} \tanh\left(\dfrac{W_B}{L_{nB}}\right)} = J_{s0}\left[\exp\left(\frac{qV_{BE}}{kT}\right) - 1\right] \tag{3.49}$$

式中，

$$J_{s0} = \frac{qD_{nB}n_{b0}}{L_{nB}\tanh\left(\dfrac{W_B}{L_{nB}}\right)} \approx \frac{qD_{nB}n_{b0}}{W_B} \tag{3.50}$$

发射结复合系数

$$\delta = \frac{J_{nE}}{J_{nE} + J_{RE}}$$

即式(3.24)。由于 $W_B \ll L_{nB}$，J_{s0} 的典型值约为 10^{-10}A/cm^2 数量级，而 J_{r0} 的典型值为 10^{-7}A/cm^2 数量级，当 V_{BE} 较小时，δ 将显著影响晶体管的电流增益。

3.3.3　缓变基区晶体管的电流放大系数

1. 基区自建电场

缓变基区晶体管与均匀基区晶体管的不同之处在于缓变基区晶体管的基区杂质浓度是非均匀分布的，如图 3-4 所示。考虑到 BE 结基区侧杂质浓度上升区域很窄，通常处于 BE 结的耗尽区内，中性基区的杂质分布可认为是单调下降的，如图 3-11 所示。以 npn 晶体管为例，基区存在杂质浓度梯度 $dN_B(x)/dx$，即存在多子空穴浓度梯度 $dp_b(x)/dx$。浓度梯度的存在，使空穴从浓度高的地方向浓度低的地方扩散，在高浓度端出现了净的负电荷，低浓度端出现了净的正电荷，在基区形成由正电荷指向负电荷的电场 E，这一电场称为缓变基区晶体管的自建电场。基区电场的作用是使空穴向相反方向漂移。当扩散作用与漂移作用达到动态平衡时，基区空穴的净输运为零，即

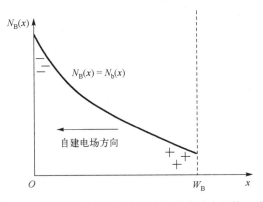

图 3-11　缓变基区杂质浓度分布及其自建电场的形成

$$q\mu_{pB}p_b(x)E - qD_{pB}\frac{dp_b(x)}{dx} = 0 \tag{3.51}$$

由此可得

$$E = \frac{kT}{q}\frac{1}{p_b(x)}\frac{dp_b(x)}{dx} \tag{3.52}$$

基区空穴浓度梯度引起的扩散运动和自建电场引起的漂移运动对基区空穴浓度的改变是很小的，近似有

$$p_b(x) = N_B(x)$$

所以，

$$E = \frac{kT}{q}\frac{1}{N_B(x)}\frac{dN_B(x)}{dx} \tag{3.53}$$

这就是存在杂质浓度梯度时自建电场的一般表达式。

基区杂质分布因晶体管的制作工艺不同而不同，为使分析简化，用指数分布来近似基区杂质分布，即

$$N_B(x) = N_B(0)\exp\left(-\frac{\eta x}{W_B}\right) \tag{3.54}$$

式中，$N_B(0)$为发射结基区侧空间电荷区边界处杂质浓度；η称为梯度因子，其值越大，说明杂质浓度梯度越大。在指数分布近似下，基区自建电场为常数

$$E = -\frac{kT}{q}\frac{\eta}{W_B} \tag{3.55}$$

2. 基区少子分布

基区自建电场的存在，注入基区的少子电子在基区的输运过程中，不仅作扩散运动，也作漂移运动，以x的正方向为电流的正方向，基区电子电流密度为

$$J_n = q\mu_{nB}n(x)E + qD_{nB}\frac{\mathrm{d}n(x)}{\mathrm{d}x} \tag{3.56}$$

将自建电场的结果代入式(3.56)，可得

$$J_n N_B(x) = qD_{nB}\frac{\mathrm{d}[n(x)N_B(x)]}{\mathrm{d}x} \tag{3.57}$$

忽略基区复合损失时，电流J_n为常数，即J_{nE}。此外，当集电结反偏电压大于几个kT/q时，集电结基区侧空间电荷区边界处的电子浓度近似为零。式(3.57)从x到W_B积分，可得

$$n(x) = \frac{J_n}{qD_{nB}N_B(x)}\int_x^{W_B} N_B(x)\mathrm{d}x \tag{3.58}$$

这就是缓变基区晶体管基区少数载流子浓度分布的一般表达式。

式(3.57)两边从0到W_B积分，可得

$$J_n = \frac{qD_{nB}}{\int_0^{W_B} N_B(x)\mathrm{d}x}[N_B(W_B)n(W_B) - N_B(0)n(0)] \tag{3.59}$$

因近似有$n(W_B) = 0$；中括号中第一项为零；中括号中第二项即发射结空间电荷区在基区侧边界处的电子-空穴浓度乘积，即

$$N_B(0)n(0) = n_i^2\exp\left(\frac{qV_{BE}}{kT}\right)$$

式(3.59)变为

$$J_n = -\frac{qD_{nB}n_i^2}{\int_0^{W_B} N_B(x)\mathrm{d}x}\exp\left(\frac{qV_{BE}}{kT}\right) \tag{3.60}$$

这就是在忽略基区复合的条件下，通过发射结的电子电流密度的表达式。此式在非均匀基区杂质分布下导出，但它对均匀杂质分布也是适用的。

将基区杂质分布的指数分布近似代入式(3.58)，可得

$$n(x) = \frac{J_n}{qD_{nB}}\frac{W_B}{\eta}\left\{1 - \exp\left[-\eta\left(1 - \frac{x}{W_B}\right)\right]\right\} \tag{3.61}$$

根据式(3.61)绘出的电子浓度分布曲线，如图 3-12 所示。由于杂质浓度梯度的存在，基区少子分布已经偏离线性。杂质浓度梯度因子 η 越大，基区少子分布越平缓，而只在近集电结空间电荷区边界处，少子浓度梯度较大。这一结果说明，当基区杂质分布梯度较大时，基区少子的输运以漂移运动为主。

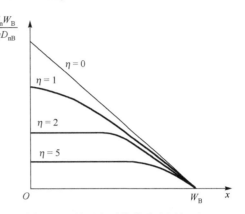

图 3-12 基区杂质指数分布近似下少数载流子电子的分布

3. 基区输运系数

根据基区渡越时间的概念，可得

$$J_n\tau_b = q\int_0^{W_B} n(x)\mathrm{d}x \tag{3.62}$$

在基区杂质指数分布近似下，可得

$$\tau_b = \frac{W_B^2}{D_{nB}}\frac{\eta - 1 + \mathrm{e}^{-\eta}}{\eta^2} \tag{3.63}$$

当 $\eta \to 0$ 时，式(3.63)第二个因子 $\to 1/2$，与前述均匀基区时的结果一致。当 η 较大时，式(3.63)可近似为

$$\tau_b = \frac{W_B^2}{\eta D_{nB}} \tag{3.64}$$

基区输运系数为

$$\alpha_T = 1 - \frac{W_B^2}{\eta L_{nB}^2} \tag{3.65}$$

式中，L_{nB} 为基区少子扩散长度。式(3.65)表明，基区宽度仍是决定基区输运系数的关键参数，且基区自建电场的漂移作用使基区输运系数增大。

4. 发射结注入效率

一般情况下，发射区杂质分布是非均匀的。采用与基区类似的分析，可以得到从基区注入发射区的空穴电流密度为

$$J_p = -\frac{qD_{pE}n_i^2}{\displaystyle\int_0^{W_E} N_E(x)\mathrm{d}x}\exp\left(\frac{qV_{BE}}{kT}\right) \tag{3.66}$$

缓变基区晶体管的注入效率为

$$\gamma = \frac{1}{1 + \dfrac{J_p}{J_n}} = \left[1 + \frac{D_{pE}\displaystyle\int_0^{W_B} N_B(x)\mathrm{d}x}{D_{nB}\displaystyle\int_0^{W_E} N_E(x)\mathrm{d}x}\right]^{-1} \tag{3.67}$$

利用爱因斯坦关系，并假定发射区电子迁移率与基区电子迁移率相等，发射区空穴迁移率与基区空穴迁移率相等，则注入效率又可以表示为

$$\gamma = \left(1 + \frac{\overline{\rho}_E W_B}{\overline{\rho}_B W_E}\right)^{-1} = \left(1 + \frac{R_{sE}}{R_{sB}}\right)^{-1} \tag{3.68}$$

式中，$\overline{\rho}_E$ 和 $\overline{\rho}_B$ 分别为发射区和基区的平均电阻率；R_{sE} 和 R_{sB} 分别为发射区和基区的方块电阻（薄层电阻），分别定义为

$$R_{sE} = \frac{1}{q\mu_{nE}\int_0^{W_E} N_E(x)dx} \tag{3.69}$$

$$R_{sB} = \frac{1}{q\mu_{pB}\int_0^{W_B} N_B(x)dx} \tag{3.70}$$

在工程实践中，方块电阻的大小可通过四探针测量进行监控。跟均匀基区晶体管一样，缓变基区晶体管注入效率与发射结两边的杂质浓度密切相关，发射区杂质浓度比基区越高，注入效率也越高。但是，重掺杂效应使发射区杂质浓度的提高受到限制。

3.3.4 发射区重掺杂条件下的禁带变窄效应

根据式（3.19）和式（3.68）可知，提高发射区掺杂浓度可以提高发射结注入效率。但是这种措施的采用受到禁带变窄效应的制约。

禁带变窄效应可用 n 型半导体来说明。当杂质浓度比较低时，晶体中的杂质原子间距较大，可把杂质原子视为孤立原子，每个杂质原子在禁带中形成的施主能级都具有相同的值，其能带结构如图 3-13（a）所示。当杂质浓度增大时，原子间距缩小，杂质原子的价电子能级相互作用而发生能级分离。当杂质浓度较高时，杂质能级分离为几乎连续的能带，这一能带与半导体的导带相接，使半导体等效的禁带宽度变窄，如图 3-13（b）所示。

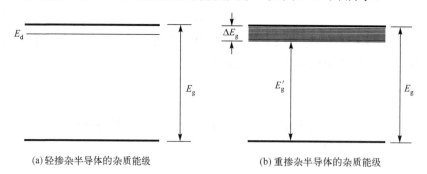

(a) 轻掺杂半导体的杂质能级   (b) 重掺杂半导体的杂质能级

图 3-13 施主杂质浓度增高导致的禁带变窄效应示意图

图 3-14 所示为 n 型硅禁带变窄量与施主杂质浓度的关系曲线。当掺杂浓度大于 $3\times10^{17}\text{cm}^{-3}$ 时，禁带变窄效应就已经发生了。当杂质浓度增大至 10^{19}cm^{-3} 时，禁带大约变窄了 100meV。

根据第 1 章的知识，半导体的本征载流子浓度与禁带宽度成指数关系，即

$$n_i^2 = N_C N_V \exp\left(-\frac{E_g}{kT}\right) \tag{3.71}$$

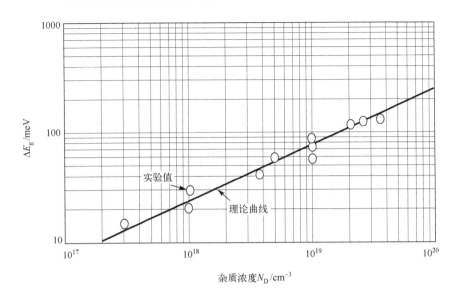

图 3-14　n 型硅禁带宽度变窄量与杂质浓度关系曲线[4]144

记未发生禁带变窄效应时的禁带宽度为 E_{g0}，则考虑重掺杂效应后的本征载流子浓度为

$$n_{ie}^2 = N_C N_V \exp\left(-\frac{E_{g0} - \Delta E_g}{kT}\right) = n_i^2 \exp\left(\frac{\Delta E_g}{kT}\right) \tag{3.72}$$

由于等效的本征载流子浓度与禁带变窄量呈正指数关系，禁带的变窄将显著增大本征载流子浓度和平衡少数载流子浓度。例如，以硅发射区为例，当掺杂浓度为 10^{19}cm^{-3} 时，若不考虑禁带变窄效应，本征载流子浓度取 $1.5\times10^{10}\text{cm}^{-3}$ 时，平衡少数载流子浓度为 $2.25\times10^1\text{cm}^{-3}$。但考虑禁带变窄效应后

$$p_{e0} = \frac{n_{ie}^2}{N_D} = \frac{n_i^2}{N_D}\exp\left(\frac{\Delta E_g}{kT}\right) \tag{3.73}$$

取禁带变窄量为 100meV，可得平衡少数载流子浓度为 $p_{e0} = 1.07\times10^3\text{cm}^{-3}$，变化了两个数量级。对照式(3.16)，发射区平衡少数载流子浓度增大将使基区向发射区的反向注入增大，使发射结注入效率降低。

3.3.5　大注入效应

类似于 pn 结的大注入效应，如果晶体管的发射结注入基区的载流子浓度与基区的平衡多数载流子浓度相当或大于基区平衡多子浓度时，晶体管的电流电压关系将偏离 3.3.2 节的结果。注入发射结基区侧空间电荷区边界处的载流子浓度与基区的平衡多数载流子浓度相等时的注入，称为临界大注入。对于 npn 晶体管，以发射结基区侧空间电荷区边界处为坐标原点，则临界大注入条件为 $n(0)=N_B(0)$。

大注入的直接结果是在基区产生大注入自建电场。注入基区的非平衡少子在基区积累并形成一定的梯度分布的同时，为保持电中性，基区多子也将产生相应的分布。对于 npn 晶体管，基区多子空穴浓度梯度的存在，使空穴从发射结侧向集电结侧作扩散运动，造成基区的发射结侧空穴欠缺，集电结侧空穴过剩，在基区产生集电结指向发射结的电场，此电场称为大注入自建电场。自建电场使基区空穴反方向漂移。当空穴的扩散运动与漂移运动达到动态

平衡时，空穴在基区的净输运为零，对应的自建电场大小为定值。对照缓变基区晶体管基区自建电场的形成，虽然起因不同，但其形成过程是一样的。如图 3-15 所示，并利用动态平衡时空穴流为零的条件，可以求出大注入自建电场

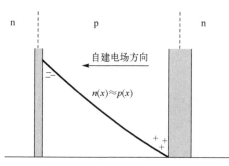

图 3-15　基区大注入自建电场的形成

$$E = \frac{kT}{q} \frac{1}{p(x)} \frac{\mathrm{d}p(x)}{\mathrm{d}x} \tag{3.74}$$

大注入自建电场使基区少子加速向集电结漂移，取实际电流方向为正，基区电子电流为

$$J_n = -q\mu_n n(x) E - q D_{nB} \frac{\mathrm{d}n(x)}{\mathrm{d}x}$$

将自建电场的结果代入，可得

$$J_n = -q D_{nB} \frac{\mathrm{d}[n(x)p(x)]}{p(x)\mathrm{d}x} \tag{3.75}$$

两边同乘以 $p(x)\mathrm{d}x$，并从 $0 \to W_B$ 积分，则

$$J_n = \frac{q D_{nB} n_i^2}{\displaystyle\int_0^{W_B} p(x)\mathrm{d}x} \left[\exp\left(\frac{qV_{BE}}{kT}\right) - \exp\left(\frac{qV_{BC}}{kT}\right) \right] \tag{3.76}$$

设发射结面积为 A_E，令

$$Q_B = q A_E \int_0^{W_B} p(x)\mathrm{d}x \tag{3.77}$$

式中，Q_B 为 GUMMEL 数，简称 GP 数。它是 Gummel-Poon 电荷控制模型的一个重要参数。GP 数反映的是晶体管基区多子电荷总数，由于

$$p(x) = N_B(x) + n(x)$$

GP 数包含了大注入效应也包含了非均匀基区杂质分布对基区输运的影响。用 GP 数表示的基区电流电压方程为

$$I_n = \frac{(q A_E n_i)^2 D_{nB}}{Q_B} \left[\exp\left(\frac{qV_{BE}}{kT}\right) - \exp\left(\frac{qV_{BC}}{/kT}\right) \right] \tag{3.78}$$

这就是任意注入下基区电流-电压方程。此方程的特点是无论基区的电荷分布如何，电流大小仅与基区电荷总量有关。小注入时，$p(x) = N_B(x)$，方程 (3.78) 转化为式 (3.60) 的形式。

值得注意的是，在基区中的发射结空间电荷区边界处，载流子浓度乘积

$$n(0)p(0) = n_i^2 \exp\left(\frac{qV_{BE}}{kT}\right)$$

大注入时，$n(0) \approx p(0)$，可得

$$n(0) = n_i \exp\left(\frac{qV_{BE}}{2kT}\right) \tag{3.79}$$

式 (3.79) 表明，基区中发射结空间电荷区边界处的少子浓度随发射结电压增大的速率变小，即集电极电流 ($\approx I_n$) 随发射结电压增大的速率变小，这是大注入的重要特征之一。

基区少子电荷总量为

$$Q_{n} = qA_{E}\int_{0}^{W_{B}} n(x)\mathrm{d}x \tag{3.80}$$

根据电荷控制关系，并利用放大区工作时 $\exp(qV_{BC}/kT) \ll 1$ 的条件，可得到基区渡越时间 τ_{b} 的形式表达式

$$\tau_{b} = \frac{Q_{n}}{I_{n}} = \frac{\int_{0}^{W_{B}} n(x)\mathrm{d}x \int_{0}^{W_{B}} p(x)\mathrm{d}x}{D_{n}n(0)p(0)} \tag{3.81}$$

式中，$n(0)$、$p(0)$ 分别为基区中发射结空间电荷区边界处的载流子浓度。容易证明，对于均匀基区的小注入条件，式(3.81)化为式(3.11)。设大注入时，$n(0) \gg N_{B}(0)$，则 $p(0) \approx n(0)$，对于均匀基区，可以得到

$$\tau_{b} = \frac{W_{B}^{2}}{4D_{n}} \tag{3.82}$$

对于非均匀基区，可用计算机求解式(3.81)，计算结果如图 3-16 所示。可以看出，无论均匀基区还是非均匀基区，注入强度较大时，基区渡越时间都趋于式(3.82)的结果。大注入效应使基区渡越时间缩短，这是大注入效应的一个重要结论。将注入效率式(3.67)重写如下：

$$\gamma = 1 - \frac{D_{E}\int_{0}^{W_{B}} N_{B}(x)\mathrm{d}x}{D_{B}\int_{0}^{W_{E}} N_{E}(x)\mathrm{d}x}$$

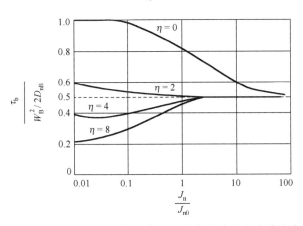

图 3-16　τ_{b} 随注入强度的变化，J_{no} 为临界大注入电流密度

积分分别代表发射区和基区的电荷载流子总量。大注入时，注入基区的少子与基区的杂质浓度等于或大于基区杂质浓度，必须计入，上式变为

$$\gamma = 1 - \frac{D_{E}\int_{0}^{W_{B}} [n(x) + N_{B}(x)]\mathrm{d}x}{D_{B}\int_{0}^{W_{E}} N_{E}(x)\mathrm{d}x} \tag{3.83}$$

显然，由于大注入效应，基区载流子浓度增大，基区电阻率下降（又称为基区电导调制效应），注入效率下降。

　　根据以上讨论可知，晶体管的电流放大系数将随注入水平即电流的大小而变。当注入水平较低时，发射结势垒复合对电流放大系数的影响起主要作用，β 较低；随着注入的增大，

势垒复合的相对比例减小，β 增大；注入进一步增大时，基区输运系数增大，β 增大；若进一步增大工作电流，注入效率的下降起主要作用，导致 β 随电流的增大而下降。集电极和基极电流随 BE 结电压的变化以及 β 随工作电流的变化趋势如图 3-17 所示。

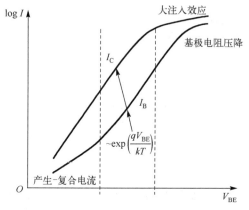
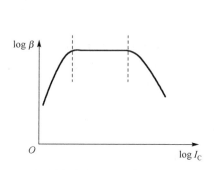

(a) 集电极和基极电流随BE结电压的变化规律　　　　(b) 共发射极电流增益随集电极电流的变化趋势

图 3-17　晶体管电流随 BE 结电压的变化规律及共发射极电流增益变化趋势[1]363

3.4　晶体管的直流特性

3.4.1　晶体管的电流电压方程

在推导式(3.60)时，$n(W_B)=0$ 这一假定仅当集电结加较大的反偏时才成立。若晶体管的偏置条件是 $V_{BE}\neq0$，$V_{BC}=0$，则集电结基区侧空间电荷区边界处的电子浓度不是等于 0，而是等于平衡少子浓度。规定 npn 晶体管的实际电流方向为电流的正方向，则式(3.60)变为

$$J_n = \frac{qD_{nB}n_i^2}{\int_0^{W_B} N_B(x)dx}\left[\exp\left(\frac{qV_{BE}}{kT}\right)-1\right] \tag{3.84}$$

设发射结面积等于 A_E，则

$$I_{nE} = A_E J_n \tag{3.85}$$

根据注入效率的定义，发射极电流可表示为

$$I_E = \frac{A_E qD_{nB}n_i^2}{\gamma \int_0^{W_B} N_B(x)dx}\left[\exp\left(\frac{qV_{BE}}{kT}\right)-1\right] \tag{3.86}$$

令

$$I_{ES} = \frac{A_E qD_{nB}n_i^2}{\gamma \int_0^{W_B} N_B(x)dx} \tag{3.87}$$

显然，I_{ES} 为集电结短路条件下的发射结反向饱和电流，具有 pn 结的反向饱和电流的物理意义。引入 I_{ES} 后，I_E 可简洁地表示为

$$I_E = I_{ES}\left[\exp\left(\frac{qV_{BE}}{kT}\right) - 1\right] \equiv I_F \tag{3.88}$$

集电极电流可表示为

$$I_C = \alpha I_{ES}\left[\exp\left(\frac{qV_{BE}}{kT}\right) - 1\right] \tag{3.89}$$

若将 $V_{BE} \neq 0$, $V_{BC} = 0$ 偏置条件下的晶体管称为正向晶体管, 则可将 $V_{BE} = 0$, $V_{BC} \neq 0$ 偏置条件下的晶体管称为倒向晶体管。倒向晶体管即把本来的集电结作发射用, 把本来的发射结作集电结用。

在倒向偏置条件下, 用类似正向偏置时的推导方法, 可以得到通过集电结的电子电流。设集电结面积为 A_C, 则

$$I_C = -\frac{A_C q D_{nB} n_i^2}{\gamma_R \int_0^{W_B} N_B(x)dx}\left[\exp\left(\frac{qV_{BC}}{kT}\right) - 1\right] \tag{3.90}$$

式中, γ_R 为集电结的注入效率或倒向晶体管的注入效率。令

$$I_{CS} = \frac{A_C q D_{nB} n_i^2}{\gamma_R \int_0^{W_B} N_B(x)dx} \tag{3.91}$$

显然, I_{CS} 是发射结短路条件下集电结的反向饱和电流。

定义倒向晶体管的共基极直流电流放大系数

$$\alpha_R = \left|\frac{I_E}{I_C}\right| \tag{3.92}$$

则倒向偏置条件下的集电极电流和发射极电流可以表示为

$$I_C = -I_{CS}\left[\exp\left(\frac{qV_{BC}}{kT}\right) - 1\right] \equiv -I_R \tag{3.93}$$

$$I_E = -\alpha_R I_{CS}\left[\exp\left(\frac{qV_{BC}}{kT}\right) - 1\right] \tag{3.94}$$

任意偏置条件下的晶体管电流-电压方程, 可由正向晶体管和倒向晶体管的电流-电压方程相加而得, 即

发射极电流 = 发射结本身注入电流 + 集电结注入输运到发射结的部分

集电极电流 = 集电结本身注入电流 + 发射结注入输运到集电结的部分

$$I_E = I_{ES}\left[\exp\left(\frac{qV_{BE}}{kT}\right) - 1\right] - \alpha_R I_{CS}\left[\exp\left(\frac{qV_{BC}}{kT}\right) - 1\right] \tag{3.95}$$

$$I_C = \alpha_F I_{ES}\left[\exp\left(\frac{qV_{BE}}{kT}\right) - 1\right] - I_{CS}\left[\exp\left(\frac{qV_{BC}}{kT}\right) - 1\right] \tag{3.96}$$

即

$$I_E = I_F - \alpha_R I_R$$
$$I_C = \alpha_F I_F - I_R$$

式中，已经将正向共基极电流放大系数写为 α_F，以便和倒向晶体管的共基极电流放大系数相对应。这就是晶体管的 Ebers-Moll 模型。显然，Ebers-Moll 模型的基本思想是把双极型晶体管视为两个具有相互作用的 pn 结。图 3-18 所示的等效电路清楚地说明了这一思想。

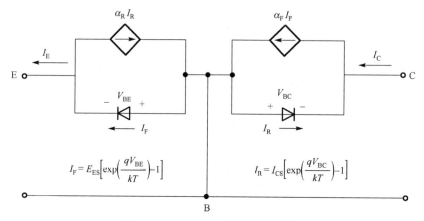

图 3-18　Ebers-Moll 模型等效电路

模型参数满足如下的对易关系

$$\alpha_F I_{ES} = \alpha_R I_{CS} \tag{3.97}$$

令

$$I_{CT} = \alpha_F I_F - \alpha_R I_R \tag{3.98}$$

则晶体管三个电极的电流可以分别表示为

$$I_E = I_{CT} + \frac{I_F}{1 + \beta_F} \tag{3.99}$$

$$I_C = I_{CT} - \frac{I_R}{1 + \beta_R} \tag{3.100}$$

$$I_B = \frac{I_F}{1 + \beta_F} + \frac{I_R}{1 + \beta_R} \tag{3.101}$$

根据式(3.99)～式(3.101)得到的等效电路，称为 Ebers-Moll 模型的传输型等效电路，如图 3-19 所示，它是电路模拟中常用的等效电路。

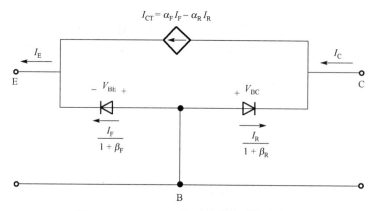

图 3-19　Ebers-Moll 模型的传输型等效电路

式 (3.95) 乘 α_F 减式 (3.96)，可得

$$I_C = \alpha_F I_E - (1 - \alpha_F \alpha_R) I_{CS} \left[\exp\left(\frac{qV_{BC}}{kT}\right) - 1 \right] \tag{3.102}$$

这就是晶体管的共基极输出特性方程。令

$$I_{CB0} = (1 - \alpha_F \alpha_R) I_{CS} \tag{3.103}$$

式中，I_{CB0} 为发射极开路时，集电结的反向饱和电流。在式 (3.102) 中，若集电结反偏且其绝对值大于几个 kT/q，则指数项可以忽略。晶体管的共基极输出特性曲线如图 3-20 所示。

利用式 (3.95)、式 (3.96) 及关系式 $I_E = I_C + I_B$，可得

$$I_C = \beta I_B - I_{CE0} \left\{ \exp\left[\frac{q(V_{BE} - V_{CE})}{kT}\right] - 1 \right\} \tag{3.104}$$

式中，

$$I_{CE0} = (1 + \beta) I_{CB0} \tag{3.105}$$

I_{CE0} 为在基极开路的条件下，集电极和发射极之间的反向电流，称为穿透电流。式 (3.104) 为晶体管的共射输出特性方程，其特性曲线如图 3-21 所示。

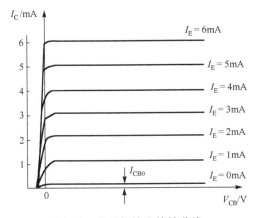

图 3-20 共基极输出特性曲线

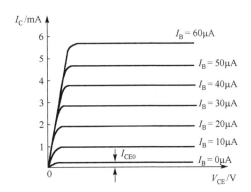

图 3-21 共发射极输出特性曲线

按照式 (3.104)，当 V_{CE} 大于 V_{BE} 几个 kT/q 后，以 I_B 为参量绘出的晶体管输出特性曲线为水平直线。然而，实际测量得到的曲线如图 3-22 所示。其特点是，随着 V_{CE} 的增大，曲线略微上翘。若将各 I_B 对应的曲线反向延长，各延长线近似交于电压轴上一点，记为 $-V_A$，则 V_A 称为厄尔利 (Early) 电压。这种效应称为厄尔利效应或基区宽度调制效应。

基区宽度调制效应的物理解释，如图 3-23 所示。当 V_{CE} 增大即集电结的反向偏压增大时，集电结空间电荷区向集电区扩展的同时，也向基区扩展，导致有效的中性基区宽度变窄。中性基区宽度缩短以后，基区非平衡载流子的浓度梯度增大，使扩散电流增大。此外，从基区渡越时间的角度看，中性基区宽度缩短意味着基区渡越距离缩短，结果也使集电极电流增大。这就是共射输出特性曲线随着 V_{CE} 的增大而上翘的原因。固定基极电流，将 V_{CE} 由 V_{CE1} 变到 V_{CE2}，相应地集电极电流由 I_{C1} 变到 I_{C2}，可得

$$V_A = \frac{V_{CE2} - V_{CE1}}{I_{C2} - I_{C1}} I_{C2} - V_{CE2} \tag{3.106}$$

对于集成电路晶体管，V_A 为 $50 \sim 100V$。

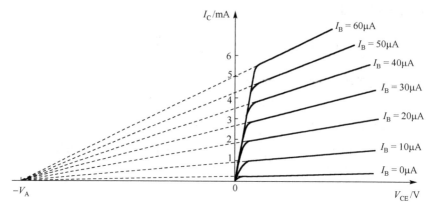

图 3-22　共发射极输出特性曲线

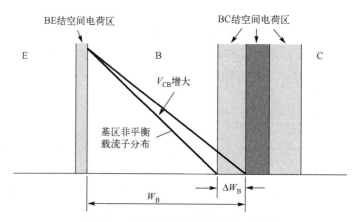

图 3-23　基区宽度调制效应的物理模型

3.4.2　晶体管的击穿电压

1. 穿通电压

当基区宽度较小、基区杂质浓度较低时，随着 BC 结反向电压的增大，BC 结空间电荷区将扩展到整个基区而与 BE 结的空间电荷区相连接。这种条件下，从发射区注入基区的电子直接被 BC 结电场扫入集电区，集电极电流不再受基极电流的控制。而且，集电极电流的大小只受发射区和集电区体电阻的限制，外电路将出现很大的电流，这种情形称为双极型晶体管的穿通击穿。穿通击穿可以用图 3-24 的能带图来说明。当 BC 结反偏电压为 V_{R1} 时，E、C 间隔着较高较宽的势垒，载流子的输运受基区特性的控制，起正常晶体管的作用。当 BC 结反偏电压为 V_{R2} 时，BE 结势垒降低、变窄，有大量电子注入 BC 结空间电荷区，将在外电路形成很大的集电极电流。

根据 pn 结空间电荷区宽度与空间电荷区电势差的关系，可计算穿通电压 V_{pt} 的大小。由图 3-25 可知，设晶体管的冶金基区宽度为 x_B，忽略 BE 结空间电荷区向冶金基区的扩展，则当 BC 结空间电荷区扩展到整个冶金基区时，晶体管穿通。设基区杂质浓度为 N_B，集电区杂质浓度为 N_C，可得

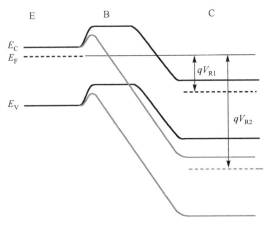

图 3-24　双极型晶体管的穿通效应

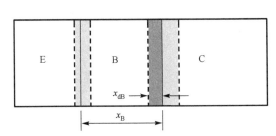

图 3-25　穿通电压计算示意图

$$x_{dB} = x_B = \sqrt{\frac{2\varepsilon\varepsilon_0(V_{bi} + V_{pt})}{q} \frac{N_C}{N_B} \frac{1}{N_C + N_B}} \tag{3.107}$$

一般穿通电压 V_{pt} 比 BC 结的接触电势差 V_{bi} 大得多，因此

$$V_{pt} = \frac{x_B^2}{2\varepsilon\varepsilon_0} \frac{N_B(N_C + N_B)}{N_C} \tag{3.108}$$

2. 击穿电压 BV_{CB0} 和 BV_{CE0}

除穿通电压以外，晶体管的击穿电压参数还有发射结击穿电压 BV_{EB0}，集电结击穿电压 BV_{CB0} 和集电极与发射极之间的击穿电压 BV_{CE0}。参数符号中的"0"表示测量某一击穿电压时，未涉及的一个电极置于开路状态。

当击穿机理为雪崩击穿时，击穿电压 BV_{EB0} 和 BV_{CB0} 可由 pn 结击穿的知识求出。因为发射结两边的杂质浓度较高，所以，BV_{EB0} 通常在 10V 以下。集电结两边的杂质浓度较低，BV_{CB0} 比 BV_{EB0} 高得多，通常为几十伏或更高。图 3-26（a）是 BV_{CB0} 的测量原理图，它就是 BC 结的反向击穿电压。

图 3-26（b）是 BV_{CE0} 的测量原理图。BV_{CE0} 不是单个 pn 结的击穿电压，计算稍微复杂一些，它不仅与 BV_{CB0} 有关，而且与电流放大系数 β 有关。

对于 pn 结，第 2 章的雪崩倍增因子可用式（3.109）来表示，

$$M = \left(1 - \left|\frac{V}{V_B}\right|^n\right)^{-1} \tag{3.109}$$

式中，V 为 pn 结外加电压；V_B 为 pn 结的击穿电压，常数 n 对于硅 pn 结取值 $2\sim4$。若 BC 结的雪崩倍增因子为 M，在基极开路的条件下，无倍增效应时，

$$I_{CE0} = \alpha I_{CE0} + I_{CB0} \tag{3.110}$$

有倍增效应时，

$$I_{CE0} = M(\alpha I_{CE0} + I_{CB0}) \tag{3.111}$$

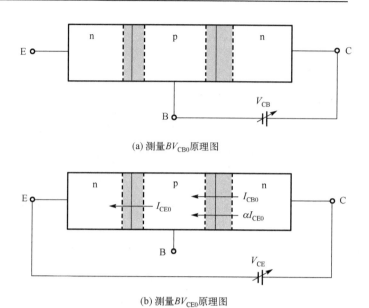

(a) 测量BV_{CB0}原理图

(b) 测量BV_{CE0}原理图

图 3-26　晶体管的击穿电压 BV_{CB0} 和 BV_{CE0} 的测量原理图

由此得到

$$I_{CE0} = \frac{MI_{CB0}}{1-\alpha M} \tag{3.112}$$

显然，当 $\alpha M = 1$ 时，$I_{CE0} \to \infty$，发生 CE 击穿，即 BC 结电压 V_{CB} 满足式 (3.113)：

$$\frac{\alpha}{1-\left|\dfrac{V_{CB}}{V_{CB0}}\right|^n} = 1 \tag{3.113}$$

由此可得

$$BV_{CE0} \approx V_{CB} = BV_{CB0}\beta^{-1/n} \tag{3.114}$$

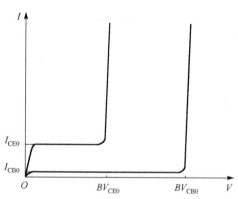

图 3-27　BV_{CB0} 和 BV_{CE0} 击穿特性曲线

通常，电流放大系数比 1 大得多，因此，CE 间击穿电压比 CB 间击穿电压小。此外，还要注意的是，CE 间的反向电流 I_{CE0} 比 CB 间的反向电流 I_{CB0} 大得多。图 3-27 所示为击穿特性曲线。设晶体管的电流放大系数 $\beta = 100$，要求 BV_{CE0} 大于 30V，取 $n=3$，则要求 BV_{CB0} 大于 139V。据此可设计晶体管集电区的杂质浓度和厚度。

3. 二次击穿

功率晶体管的共发射极击穿特性曲线如图 3-28 所示。当 V_{CE} 增大到一定值时，集电极电流很快上升至 B 点，在 B 点短暂停留后，晶体管由高压小电流状态(B 点)跃变到低压大电流状态的 C 点。这就是功率晶体管的二次击穿现象。若外电路无限流措施，则晶体管工作在低压大电流的 CD 段，将很快因过热而烧毁。二次击穿是功率晶体管损坏的重要原因。

　　为避免二次击穿，必须弄清二次击穿的机理。目前较为公认的二次击穿机理是电流集中二次击穿即热不稳定二次击穿和雪崩注入二次击穿两种。热不稳定二次击穿模型对发射结正偏下的二次击穿的解释较为合理，而雪崩注入二次击穿模型对发射结零偏及反偏下的二次击穿的解释较为合理。

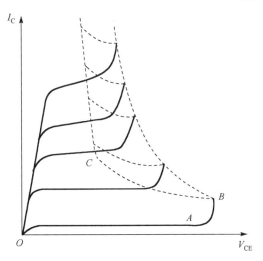

图 3-28　功率晶体管共射极击穿特性曲线

　　1) 热不稳定二次击穿

　　热不稳定二次击穿是由电流密度的不均匀分布所致。电流分布不均匀的原因有电流集边效应（将在 3.4.4 节讨论）、结面材料的不均匀性和结面的结构缺陷等。

　　热不稳定二次击穿过程是电流局部集中导致结面局部温度升高，使得集电极电流增大，结面局部温度进一步升高。如果外电路没有限流措施，必将出现晶体管发热功率大于其耗散功率的状态，进入集电极电流增大→发热功率增大→结温升高的恶性循环。当局部结温升高至本征温度时，pn 结作用消失，集电结短路，出现低压大电流的二次击穿现象。这时如果有限流措施，则二次击穿中断后，晶体管还有可能恢复正常工作。如果无限流措施，温度进一步升高的结果将使结面局部熔化，或金属电极熔断，造成晶体管的永久性损坏。

　　要防止电流集中型二次击穿，就必须改善电流分布的均匀性。为此，除改善材料的均匀性、尽量避免工艺引入的缺陷外，在多发射极结构大功率晶体管的设计中，引入发射极镇流电阻是较为有效的措施。

　　图 3-29 所示为梳状结构的多发射极晶体管的平面图和等效电路。若无发射极镇流电阻，发射极条间电流分配的不均匀性，很容易导致热不稳定二次击穿的发生。利用发射极镇流电阻的负反馈作用，可以大大改善条间电流的均匀性和稳定性。镇流电阻越大，负反馈作用越强，稳流和均流效果越好。但镇流电阻过大，其上消耗的功率增大，晶体管的电流放大系数下降。常用的镇流电阻有金属膜电阻、扩散电阻和多晶硅电阻等。

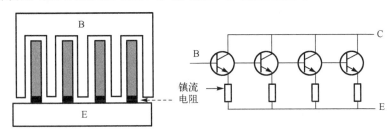

图 3-29　有发射极镇流电阻的多发射极晶体管的平面结构和等效电路

　　2) 雪崩注入二次击穿

　　雪崩注入二次击穿指基极电流等于或小于零的条件下发生的二次击穿。以突变结近似集电结，根据泊松方程可导出 n⁻区的电场分布为

$$-E(x) = -\frac{q}{\varepsilon\varepsilon_0}(N_C - n)x + E_{\max} \tag{3.115}$$

当 $I_B \leqslant 0$ 时，$n \ll N_C$，电场分布的斜率不随外加电压 V_{CE} 而变，如图 3-30 中曲线①所示。V_{CE} 增大，电场分布曲线平移，最大电场强度 E_{max} 和空间电荷区宽度同时增大，如图 3-30 中的曲线①②所示。当 V_{CE} 增大到一定值时，n^- 区将全部被耗尽。此后，空间电荷区向 n^+ 区扩展，但 n^+ 区的杂质浓度远高于 n^- 区的杂质浓度，空间电荷区向 n^+ 的扩展可以忽略不计，即空间电荷区宽度等于 n^- 区厚度，并保持不变。V_{CE} 再增大，电场分布曲线继续向上平移，如图中③所示。V_{CE} 增大到一定值时，最大电场强度终将达到雪崩击穿的临界电场强度 E_C。于是，在集电结冶金界面附近发生雪崩倍增效应。这时，雪崩倍增产生的空穴进入基区，使发射结电流增大，因雪崩倍增的电子通过 n^- 区需要一定的时间，n^- 区的电子浓度增大，电场分布曲线斜率下降，如图中④所示。这时，集电结发生一次击穿，对应的外加电压就是击穿电压 BV_{CE0}。

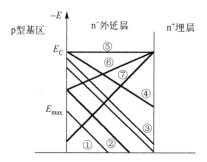
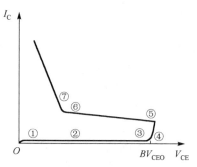

(a) 击穿过程中外延层电场分布曲线的变化   (b) 击穿过程中的电流–电压关系

图 3-30   雪崩注入二次击穿示意图

发生一次击穿后，最大电场强度近似不变，$E_{max} = E_C$。进一步增大 V_{CE}，电场分布曲线的斜率下降，雪崩区扩大，集电极电流进一步增大。当 n^- 区电子浓度增大到 $n = N_C$ 时，整个 n^- 区变为雪崩区，如图中⑤所示。

进一步略微增大 V_{CE}，$n > N_C$，电场分布曲线斜率变号。因最大电场强度近似不变，导致 $E(x)$ 曲线下的面积减小，即集电结电压下降，这就是二次击穿中的负阻效应，如图中⑥所示。

负阻效应开始后，最大电场即雪崩区移到了 n^- 区的靠 $n^- n^+$ 界面一侧，雪崩倍增的电子直接被集电极收集，而空穴却要经过 n^- 向基区漂移，中和掉 n^- 区的部分电子，从而使电场分布趋于稳定，如图中⑦所示。

防止雪崩注入二次击穿的主要措施是增加外延层即 n^- 区厚度，但这样做会增大集电区串联电阻 r_{cs}，可在 $n^- n^+$ 加入一中间杂质浓度的缓冲层以兼顾两方面的要求。

3.4.3   纵向基区扩展效应

设集电结两边的杂质分布是均匀的，且基区杂质浓度 N_B 比外延集电区 (n^- 区) 杂质浓度 N_C 高得多。取集电结冶金界面为坐标原点，则有

$$\rho(x) = -q(N_B + n) \quad (x < 0) \tag{3.116a}$$

$$\rho(x) = q(N_C - n) \quad (x > 0) \tag{3.116b}$$

式中，n 为注入集电结空间电荷区电子浓度。式 (3.116a) 及式 (3.116b) 表明，注入电子使基区侧等效的负空间电荷密度增加，使集电区侧等效的正空间电荷密度减小，在集电结外加电压不变的条件下，基区侧空间电荷区宽度变窄，集电区侧空间电荷区变宽。其效应是等效的基

区宽度纵向扩展。不过，基区杂质浓度 N_B 比外延集电极 n^- 区杂质浓度 N_C 高得多的条件下，这种扩展是很小的。

现在讨论集电结 n^- 区中空间电荷区的电场分布随注入水平的变化。当集电结空间电荷区电场很强时，电子以饱和漂移速度 v 通过空间电荷区，由 $J = qnv$ 可知，在一定电流密度下，n 为常数。由泊松方程

$$\frac{\mathrm{d}E}{\mathrm{d}x} = -\frac{q(N_B + n)}{\varepsilon\varepsilon_0} \quad (x < 0) \tag{3.117a}$$

$$\frac{\mathrm{d}E}{\mathrm{d}x} = \frac{q(N_C - n)}{\varepsilon\varepsilon_0} \quad (x > 0) \tag{3.117b}$$

由于 $N_B \gg N_C$，空间电荷区主要向 n^- 区扩展，而向基区的扩展可以忽略不计。由式 (3.117b) 可得

$$-E = -\frac{q}{\varepsilon\varepsilon_0}(N_C - n)x + E_{\max} \tag{3.118}$$

式中，

$$E_{\max} = \frac{q}{\varepsilon\varepsilon_0}(N_C - n)x_m \tag{3.119}$$

x_m 为空间电荷区宽度。电场分布函数对整个空间电荷区积分，应等于集电极与基极间的总电压，所以

$$\int_0^{x_m} E\mathrm{d}x = V_{bi} + V_{CB} \approx V_{CB} \tag{3.120}$$

式中，V_{CB} 为集电极与基极间的外加电压。如图 3-31 所示，式 (3.120) 中的积分对应于电场分布曲线下的三角形面积。外加电压不变，曲线下的三角形面积也不变。

小注入时，进入 n^- 区的电子浓度很低，电场分布曲线的斜率较大，如图 3-31 中的①所示。进入 n^- 区的电子浓度 n 随注入的增大而增大，由式 (3.118) 和式 (3.119) 可知，最大电场强度 $E_{\max}$ 降低，电场分布曲线的斜率降低，曲线下的三角形面积不变，电场分布曲线如图中②所示。当注入进一步增加时，在保持曲线与横轴间的面积不变的条件下，电场分布曲线进一步趋于平缓。继续增大注入，空间电荷区将最终扩展到整个 n^- 区，如图中③所示。然后，空间电荷区进入 n^+ 区，但因 n^+ 区杂质浓度远高于 n^- 区，空间电荷区在 n^+ 的扩展极薄，可以忽略不计。进一步增大注入，当 $n = N_C$ 时，电场分布曲线的斜率为零，如图中的④所示。此后，进一步增大注入使电场分布曲线的斜率变正，如图中的⑤所示。这时，n^- 区由正空间电荷区（电离施主带正电），变为负空间电荷区（进入 n^- 区的电子浓度高于电离施主浓度，使 n^- 区变为像电离受主一样的负电荷区），集电结的电学界面实际上已经由 pn^- 界面转移到 n^-n^+ 界面。

进一步增大 n，电场分布曲线的斜率进一步增大，当电流密度达到某一定值 J_{cr} 时，空间电荷区边界收缩至集电结冶金界面处，如图 3-31 中的⑥所示。

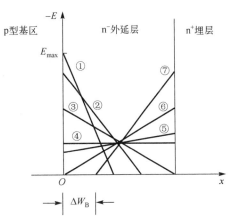

图 3-31　n^- 区电场分布随注入强度的变化

进一步增大注入电流密度，n⁻区内的空间电荷区将向 n⁻n⁺界面收缩，有效基区宽度由 W_B 变为 $W_B+\Delta W_B$，如图中的⑦所示。这就是大注入条件下的纵向基区扩展效应。

有效基区宽度增大，基区渡越时间延长，使晶体管的电流放大系数变小，特征频率降低，因此纵向基区扩展效应使晶体管的高频大电流特性变坏。为此，应根据晶体管的特性参数选择合适的工作条件，避免纵向基区扩展效应的出现。

设 n⁻集电区厚度为 W_C，可以得到，发生强电场纵向基区扩展效应的临界电流为[10]204

$$J_{Cr} = qv_{max}\left(\frac{2\varepsilon\varepsilon_0 V_{CB}}{qW_C^2} + N_C\right) \tag{3.121}$$

3.4.4 发射极电流集边效应

当晶体管工作在正向有源状态时，由于基极电流在本征基区上的横向压降，近基极侧压降低，远离基极侧压降越来越大，造成发射结偏压随位置而变，近基极侧偏压大，远离基极侧偏压小，这就是晶体管的基区自偏压效应。pn 结注入与偏压呈指数关系即电流随偏压呈指数关系变化，导致发射极电流密度将随着离开基极侧的距离增大而迅速减小。因此，发射结电流将向近基极侧集中，这就是发射结(极)电流集边效应，如图 3-32 所示。如果基极电流 I_B 很小，发射极电流集边效应可以忽略不计。但是，当基极电流 I_B 较大时，如果横向压降大于 kT/q，发射极电流集边效应对晶体管的工作产生显著的影响。下面首先导出基极电流以及发射极电流横向分布的表达式，然后讨论集边效应对晶体管工作特性的影响。

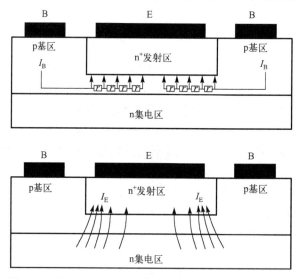

图 3-32 基区自偏压效应和发射极电流集边效应示意图

1. 基极电流和发射极电流的横向分布[12]144

以长条状、单基极条、单发射极条晶体管为例进行分析。如图 3-33 所示，设发射极和基极条长均为 L，本征基区方块电阻为 $R_{\square B1}$，坐标原点选在发射结靠基极侧边界处，横轴为 y 轴，考虑本征基区内 y 至 $y+dy$ 间的电阻，应有

$$dR = R_{\square B1}\frac{dy}{L} \tag{3.122}$$

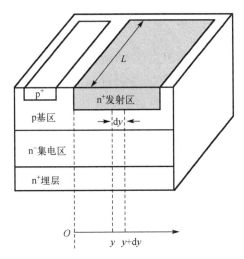

图 3-33　单基极条单发射极条电流集边效应的计算

基极电流在 $\mathrm{d}y$ 上的压降为

$$\mathrm{d}V = I_\mathrm{B} R_{\square \mathrm{B1}} \frac{\mathrm{d}y}{L} \tag{3.123}$$

由于，$J_\mathrm{E} \propto \exp\left(\dfrac{qV_\mathrm{BE}}{kT}\right)$，对应于偏压变化 $\mathrm{d}V$，发射极电流的变化为

$$\mathrm{d}J_\mathrm{E} = J_\mathrm{E} \frac{q}{kT} \mathrm{d}V \tag{3.124}$$

在长为 L，宽为 $\mathrm{d}y$ 的截面上的发射极电流为

$$\mathrm{d}I_\mathrm{E} = J_\mathrm{E} L \mathrm{d}y \tag{3.125}$$

在长为 L，宽为 $\mathrm{d}y$ 的截面上的基极电流为

$$\mathrm{d}I_\mathrm{B} \approx \frac{\mathrm{d}I_\mathrm{E}}{\beta} = \frac{J_\mathrm{E} L \mathrm{d}y}{\beta} \tag{3.126}$$

式 (3.126) 可改写为

$$J_\mathrm{E} = \frac{\beta}{L} \frac{\mathrm{d}I_\mathrm{B}}{\mathrm{d}y} \tag{3.127}$$

即

$$\frac{\mathrm{d}J_\mathrm{E}}{\mathrm{d}y} = \frac{\beta}{L} \frac{\mathrm{d}^2 I_\mathrm{B}}{\mathrm{d}y^2} \tag{3.128}$$

将式 (3.123) 代入式 (3.124)，并将结果中的 J_E 用式 (3.127) 代之，可得

$$\frac{\mathrm{d}J_\mathrm{E}}{\mathrm{d}y} = \frac{qR_{\square \mathrm{B1}}}{kTL} \frac{\beta}{L} \frac{\mathrm{d}I_\mathrm{B}}{\mathrm{d}y} I_\mathrm{B} \tag{3.129}$$

由此得到 I_B 应当满足的微分方程

$$\frac{qR_{\square \mathrm{B1}}}{kTL} I_\mathrm{B} \frac{\mathrm{d}I_\mathrm{B}}{\mathrm{d}y} = \frac{\mathrm{d}^2 I_\mathrm{B}}{\mathrm{d}y^2} \tag{3.130}$$

从 $y \to \infty$ 积分，并考虑到 $\dfrac{\mathrm{d}I_\mathrm{B}}{\mathrm{d}y}(\infty)=0$，$I_\mathrm{B}(\infty)=0$，可得

$$\frac{\mathrm{d}I_\mathrm{B}}{\mathrm{d}y}=-\frac{qR_{\square\mathrm{B1}}}{2kTL}I_\mathrm{B}^2 \tag{3.131}$$

从 $0 \to y$ 再积分一次，可得

$$I_\mathrm{B}=I_\mathrm{B}(0)\left[1+I_\mathrm{B}(0)\frac{qR_{\square\mathrm{B1}}}{2kTL}y\right]^{-1} \tag{3.132}$$

式中，$I_\mathrm{B}(0)$ 为发射结靠近基极侧边界处的基极电流。将 I_B 的结果代入式(3.127)，得到发射极电流密度的分布

$$J_\mathrm{E}=J_\mathrm{E}(0)\left[1+I_\mathrm{B}(0)\frac{qR_{\square\mathrm{B1}}}{2kTL}y\right]^{-2} \tag{3.133}$$

式中，

$$J_\mathrm{E}(0)=\frac{\beta}{L}\frac{qR_{\square\mathrm{B1}}}{2kTL}I_\mathrm{B}^2(0) \tag{3.134}$$

$J_E(0)$ 为近基极侧的发射结电流密度。令

$$y_0=\left[I_\mathrm{B}(0)\frac{qR_{\square\mathrm{B1}}}{2kTL}\right]^{-1} \tag{3.135}$$

y_0 具有长度的量纲。例如，$R_{\square\mathrm{B1}}$=10kΩ，$I_\mathrm{B}(0)$=0.1mA，L=10μm，则 y_0=0.5μm。用 y_0 可把式(3.132)和式(3.133)表示为更简洁的形式

$$I_\mathrm{B}=I_\mathrm{B}(0)\left(1+\frac{y}{y_0}\right)^{-1} \tag{3.136}$$

$$J_\mathrm{E}=J_\mathrm{E}(0)\left(1+\frac{y}{y_0}\right)^{-2} \tag{3.137}$$

由式(3.137)可见，当 $y=y_0$ 时，发射结电流密度已经降到近基极侧边界值的 1/4，因此可近似认为，发射极电流只在近基极侧的 y_0 范围内流动。以 y_0 代替式(3.123)中的 $\mathrm{d}y$，并以 $I_\mathrm{B}(0)/2$ 代替 I_B，则 y_0 距离内的横向压降正好是 kT/q，y_0 称为集边宽度。集边宽度在晶体管发射极图形的设计中具有十分重要的意义。粗略地讲，对于单基极条结构，发射极条宽大于 y_0 的部分是多余的；对于双基极条结构，条宽大于 $2y_0$ 的部分是多余的。过宽的发射极，不仅不能提高电流容量，反而会带来结电容增大、特征频率降低等负面影响。

2. 晶体管电流容量的设计

由于发射极电流集边效应，提高晶体管电流容量的措施不是增大发射区的面积，而是增大发射极条长，采用如图3-29所示的梳状结构。为防止大注入效应的发生，必须把集边宽度内发射极的电流密度限制在一定的范围。设发生大注入效应的临界电流密度为 J_C，则单位发射极条长的电流容量为

$$I_0 \leqslant J_\mathrm{C}y_0 \tag{3.138}$$

可由大注入效应和电流集边效应计算出。若发射极面对基极的总条长(发射极有效条长)为 L_E，则晶体管容许的最大工作电流为

$$I_{Emax} \approx I_{Cmax} = I_0 L_E \tag{3.139}$$

在进行晶体管电流容量的设计时，关键是求出单位发射极条长的电流容量。理论上推导 I_0 虽然是可行的，但过程较为烦琐。通常，在留有一定裕量的前提下，根据晶体管的工作条件，采用以下经验数据。

(1)线性放大：$I_0 \leqslant 0.05\text{mA}/\mu\text{m}$；

(2)一般放大：$0.05\text{mA}/\mu\text{m} \leqslant I_0 \leqslant 0.15\text{mA}/\mu\text{m}$；

(3)开关电路：$I_0 \geqslant 0.4\text{mA}/\mu\text{m}$。

此外，为防止发射结偏压的不均匀，发射极引线也不能过长。通常要求金属引线的最大压降不要超过 kT/q。这一要求限制了梳状结构晶体管单个发射极、基极的条长。

3.4.5　晶体管的安全工作区

1. 晶体管的最大耗散功率

晶体管的重要特点之一是其参数对于温度的变化很敏感，主要参数随温度的变化率见表 3-1，其外特性的主要表现是工作电流 I_C 随温度升高而增大。

表 3-1　硅 npn 晶体管参数随温度的变化

β	V_{BE}	$R_{\square B}$	BV_{EB0}	C_{DE} (扩散电容)	f_T
0.5%/℃	−2mV/℃	+0.2%/℃	0~+3mV/℃	T^m, 0.3<m<0.7	T^{-1}

晶体管在工作时要消耗一定的功率，消耗的功率导致结温升高。产生的热量通过辐射和热传导的方式向周围环境散发，如果晶体管消耗的功率不大，向周围环境的传热较好，晶体管的结温会最终稳定在某一数值下，晶体管的工作不会显著地受影响；反之，若晶体管消耗的功率过大，产生的热量又不能及时散发出去，当结温超过一定值时，晶体管将不能正常工作，甚至造成晶体管的永久性损坏。

晶体管的耗散功率为

$$P_C = I_E V_{BE} + I_C V_{CB} + I_C^2 r_{CS} + I_B^2 r_b \approx I_C V_{CE} \tag{3.140}$$

晶体管的热传导功率为

$$P_T = \frac{T_j - T_a}{R_T} \tag{3.141}$$

式中，T_j、T_a 分别为晶体管的结温和环境温度；R_T 为热阻，是材料的函数，热阻的计算公式为

$$R_T = \frac{L}{kA} \tag{3.142}$$

式中，L 为传热路径的长度；A 为传热的横截面；k 为热导率。

由于晶体管最高结温的限制，晶体管的最大耗散功率为

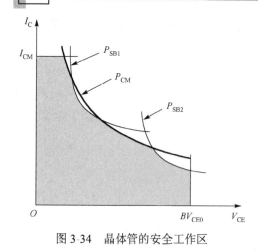

图 3-34　晶体管的安全工作区

$$P_{CM} = \frac{T_{jm} - T_a}{R_T} \qquad (3.143)$$

式中，T_{jm} 为允许的最高结温，对于硅晶体管，允许的最高结温为 150～200℃；对于锗晶体管，允许的最高结温为 85～100℃。

2. 晶体管的安全工作区定义

晶体管的安全工作区是由最大集电极电流 I_{CM}、击穿电压 BV_{CE0}、最大耗散功率 P_{CM}、电流集中型二次击穿临界功率 P_{SB1} 和雪崩注入型二次击穿临界功率 P_{SB2} 所限定的区域，如图 3-34 所示。

3.5　双极型晶体管的频率特性

3.5.1　双极型晶体管频率特性概述

晶体管的频率特性表现为，在一定的输入信号作用下，输出响应的幅度和相位随输入信号频率的变化而变化。晶体管传输特性随信号频率而变的原因是由晶体管的结构所决定的。晶体管的两个 pn 结势垒电容的充放电需要一定的时间，限制了传输信号的上限频率。pn 结电容对信号的分流作用使传输信号受损失，频率 ω 越高，分流越大，因此限定了有效传输的信号频率的上限。从晶体管中载流子的输运过程来看，载流子从发射极输运到集电极需要一定的时间，限制了晶体管的使用频率上限。总的来看，晶体管的频率特性可用一个包括寄生电容充放电时间和载流子输运延迟时间在内的总延迟时间 τ_{ec} 来表征。

从晶体管的外特性来看，频率特性可用电流放大系数随频率的变化，即 $\alpha(\omega)$、$\beta(\omega)$ 来表征，3.3 节所述的直流电流放大系数分别用 α_0 和 β_0 来表示，以示区别。并由此定义晶体管的频率特性参数。

(1)f_α：晶体管的共基极截止频率，$|\alpha(\omega)| = \alpha_0/\sqrt{2}$ 时对应的频率；

(2)f_β：晶体管的共发射极截止频率，$|\beta(\omega)| = \beta_0/\sqrt{2}$ 时对应的频率；

(3)f_T：晶体管的特征频率，$|\beta(\omega)| =1$ 时对应的频率；

(4)f_m：晶体管的最高振荡频率，晶体管的功率增益等于 1 时对应的频率。

晶体管频率特性参数之间的相对关系示于图 3-35 中。

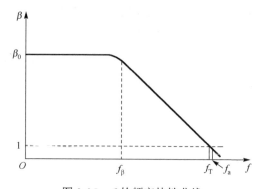

图 3-35　β 的频率特性曲线

本小节的任务就是要找出晶体管的频率特性参数与晶体管的结构参数和材料参数之间的关系，关键是要求出总延迟时间 τ_{ec}，采用的分析方法是物理图像较为直观的电荷控制分析法。

3.5.2　延迟时间的计算

处于正向放大工作状态的晶体管，当外加信号电压变化时，两个 pn 结的耗尽区电荷和积累在基区的非平衡电荷都将跟着变化，从发射区向基区注入电子到集电区收集电子形成集电极电流的过程中，电子的输运经历了发射结耗尽层电容的充放电延迟、基区扩散电容的充放电延迟(基区渡越时间延迟)、集电结耗尽层渡越时间延迟和集电结耗尽层电容充放电延迟等过程，如图 3-36 所示。

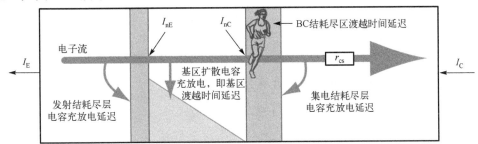

图 3-36　npn 晶体管内电子输运过程中的延迟示意图

1. 基区渡越时间 τ_{b}

当基区非平衡载流子分布以线性分布近似时，基区渡越时间已由式(3.8)～式(3.11)推出，即均匀基区晶体管的基区渡越时间为

$$\tau_{\mathrm{b}} = \frac{W_{\mathrm{B}}^2}{2D_{\mathrm{nB}}} \tag{3.11}$$

杂质分布以指数分布近似的非均匀基区晶体管的基区渡越时间为

$$\tau_{\mathrm{b}} = \frac{W_{\mathrm{B}}^2}{\eta D_{\mathrm{nB}}} \tag{3.64}$$

类似于 pn 结扩散电容的概念，晶体管基区电荷随外加交流信号的变化可以用基区扩散电容 C_{De} 来描述，如图 3-37 所示。基区渡越时间 τ_{b} 也可以理解为注入电流 I_{ne} 通过发射结交流等效电阻 r_{e} 对扩散电容充放电所需要的时间，其等效电路如图 3-38(a)所示。根据等效电路，$\tau_{\mathrm{b}} = r_{\mathrm{e}}C_{\mathrm{De}}$。需要指出的是，扩散电容的概念只在低频下适用，扩散电容的大小可参照第 2 章短基区 pn 结扩散电容的计算公式。在求解晶体管的频率特性参数时，往往直接采用渡越时间的计算公式。

2. 发射结势垒电容充放电时间常数 τ_{e}

发射结存在势垒电容 C_{je}，故发射极电流中还应有一部分用于对 C_{je} 的充放电，图 3-38(a)的等效电路可扩充为图 3-38(b)的形式。根据这一等效电路，可得

$$\alpha_{\mathrm{T}}(\omega) = \frac{I_{\mathrm{nc}}}{I_{\mathrm{ne}}} = \frac{\alpha_{\mathrm{T}}^0}{1 + \mathrm{j}\omega(\tau_{\mathrm{b}} + \tau_{\mathrm{e}})} \tag{3.144}$$

式中，

$$\tau_{\mathrm{e}} = r_{\mathrm{e}}(C_{\mathrm{je}} + C_{\mathrm{p}}) \tag{3.145}$$

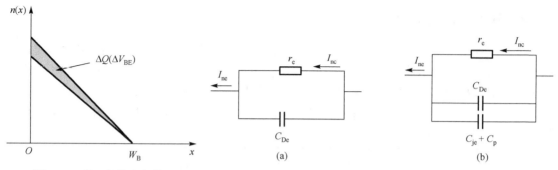

图 3-37　基区扩散电容模型　　　　图 3-38　基区渡越时间等效电路和考虑发射极势垒电容
（含其他寄生电容）后的等效电路

r_e 可由晶体管的静态工作电流 I_E 求出，计算公式为

$$r_e = \frac{kT}{q}\frac{1}{I_E} \tag{3.146}$$

C_{je} 可由第 2 章的知识求出；C_p 为发射极的寄生电容。需要指出的是，等效电路中的 C_{De} 一般理解为表示基区渡越时间 τ_b 对频率特性的影响的一个等效元件。

3. 集电结耗尽层延迟时间 τ_d

晶体管的集电结在工作中处于反偏，因其两边的杂质浓度较低，故空间电荷区较宽。当空间电荷区电场足够强时，到达集电结基区侧空间电荷区边界的少子电子将以饱和速度 v_{max} 通过集电结空间电荷区，记集电结空间电荷区宽度为 x_c，则少子通过空间电荷区的时间为

$$\tau_d = \frac{x_c}{v_{max}} \tag{3.147}$$

对于硅晶体管，$v_{max} \approx 8\times10^6\text{cm/s}$。

4. 集电极电容经集电区串联电阻的充放电延迟 τ_c

集电区杂质浓度较低，具有一定的体电阻 r_{cs}，通过这一电阻对集电极电容的充放电延迟可以表示为

$$\tau_c = r_{cs}(C_{jc} + C_s) \tag{3.148}$$

式中，C_{jc} 为反偏 BC 结的耗尽层电容；C_s 为集电极的其他寄生电容，对于集成电路晶体管，主要是集电区与衬底之间的寄生电容。

3.5.3　晶体管的电流放大系数的频率特性

1. 共基极短路电流放大系数及截止频率 f_α

考虑基区渡越延迟、发射结和集电结势垒电容充放电延迟以及集电结空间电荷区渡越延迟，载流子从发射极输运到集电极的过程中，经历的总延迟为

$$\tau_{ec} = \tau_e + \tau_b + \tau_d + \tau_c \tag{3.149}$$

晶体管延迟可等效为图 3-39，总延迟可等效为 RC 充放电延迟。

晶体管的共基极电流放大系数为

$$\alpha(\omega) = \frac{1}{1+j\omega RC} = \frac{\alpha_0}{1+j\omega(\tau_e + \tau_b + \tau_d + \tau_c)} \quad (3.150)$$

式中，α_0 为直流共基极电流放大系数。

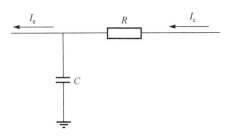

图 3-39 双极型晶体管总延迟等效电路

由式 (3.150) 可知，随着频率的升高，共基极短路电流放大系数的幅度降低，相移增大。定义 $\alpha(\omega)$ 的幅值等于 $a_0 / \sqrt{2}$ 时的频率为共基极短路电流放大系数的截止频率，记为 ω_α 或 f_α，则

$$\alpha(\omega) = \frac{\alpha_0}{1+j\omega / \omega_\alpha} \quad (3.151)$$

$$\alpha(f) = \frac{\alpha_0}{1+jf / f_\alpha} \quad (3.152)$$

式中，

$$\omega_\alpha = \frac{1}{\tau_{ec}}, \quad f_\alpha = \frac{1}{2\pi\tau_{ec}} \quad (3.153)$$

计算表明，在总延迟时间中，当基区宽度为微米量级时，基区渡越时间占的比重最大，基区宽度对晶体管的频率特性起决定性作用。对于基区宽度小于 500nm 的晶体管，必须考虑延迟时间 τ_e、τ_d 和 τ_c 对频率特性的影响。

2. 共发射极短路电流放大系数及截止频率

由于 $I_e = I_c + I_b$，因此，

$$\beta(\omega) = \frac{\alpha(\omega)}{1-\alpha(\omega)}$$

将式 (3.151) 代入，可得

$$\beta(\omega) = \frac{\beta_0}{1+j\omega\beta_0\tau_{ec}} \quad (3.154)$$

式中，β_0 为直流共发射极电流放大系数。可见，随着频率的升高，共发射极短路电流放大系数的幅度降低，相移增大。定义 $\beta(\omega)$ 的幅值等于 $\beta_0 / \sqrt{2}$ 时的频率为共发射极短路电流放大系数的截止频率，记为 ω_β 或 f_β，则

$$\beta(\omega) = \frac{\beta_0}{1+j\omega / \omega_\beta} = \frac{\beta_0}{1+jf / f_\beta} \quad (3.155)$$

式中，

$$\omega_\beta = \frac{1}{\beta_0\tau_{ec}}, \quad f_\beta = \frac{1}{2\pi\beta_0\tau_{ec}} \quad (3.156)$$

由式 (3.156) 可以看出，

(1) 当 $f \ll f_\beta$ 时，$|\beta(\omega)| = \beta_0$，相移趋于零；

(2) 当 $f = f_\beta$ 时，$|\beta(\omega)| = \beta_0 / \sqrt{2}$，相移等于 $-45°$；

(3) 当 $f \gg f_\beta$ 时，$|\beta(\omega)| f = \beta_0 f_\beta$，相移趋于 $-90°$。

$\beta(\omega)$随频率的变化图像如图 3-40 所示。

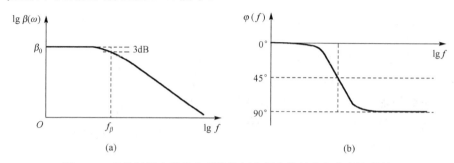

图 3-40 共发射极电流放大系数的幅度频率特性和相位频率特性

3. 特征频率 f_T

定义 $|\beta(\omega)|=1$ 时的频率为特征频率 f_T，根据上述讨论，可得

$$f_T = \beta_0 f_\beta = f_\alpha \tag{3.157}$$

近似地认为，只要 $f \gg f_\beta$，就有

$$f_T = |\beta(\omega)| f \tag{3.158}$$

式 (3.158) 提供了一种在较低频率下测量晶体管特征频率的方法。

3.5.4 晶体管的高频等效电路和最高振荡频率

1. 晶体管的基极电阻

在前面的分析中，只考虑了集电区的体电阻，对于发射区和基区，实际上假定了空间电荷区外半导体的体电阻为零。对于外延平面型晶体管，因发射区杂质浓度较高，发射结结深较浅，这一假定是近似成立的。对于基区，杂质浓度比发射区低，基极电流的路程较长，特别是基极电流要流经发射结下的狭窄区域，因此基极电阻应当加以考虑，特别是在高频下，基极电阻成为影响晶体管特性的关键因素之一。

图 3-41 所示为一个双基极晶体管的平面图和剖面图。从图 3-41 (b) 可以看出，基极电阻可以分为四部分。

(1) r_{con}：基极的金属接触电阻；

(2) r_{b3}：基极接触正对的半导体区域的电阻；

(3) r_{b2}：基极接触与发射结边缘之间的电阻；

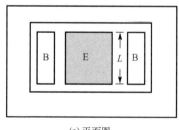

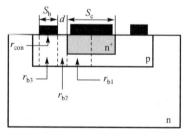

(a) 平面图   (b) 剖面图

图 3-41 双基极晶体管的平面图、剖面图及基极电阻构成

(4) r_{b1}：发射结结面下的基区电阻。

其中，r_{b2} 上的基极电流密度可近似认为是均匀的，而在 r_{b3} 和 r_{b1} 上的基极电流密度是非均匀的。设基极接触面积为 S_{con}，金属半导体欧姆接触系数为 C_Ω，则

$$r_{con} = \frac{C_\Omega}{S_{con}} \tag{3.159}$$

式中，C_Ω 由材料和工艺条件确定，单位为 $\Omega \cdot cm^2$。设基极条和发射极条之间的距离为 d，条长为 L，则

$$r_{b2} = \frac{d}{2L} R_{\square B2} \tag{3.160}$$

式中，$R_{\square B2}$ 为该区域的方块电阻。若为单基极条结构，则 r_{b2} 加倍。

发射结结面下的基区部分通常称为晶体管的工作基区、本征基区或内基区，相应地，r_{b2} 和 r_{b3} 所对应的部分称为非本征基区或外基区。当基极电流流过狭窄的本征基区时，在其上产生电压降，近基极侧压降低，远离基极侧压降越来越大，造成发射结偏压近基极侧大，远离基极侧小。由于 pn 结电流随偏压呈指数关系变化，因此，基极电流密度和发射极电流密度将随着离开基极侧的距离增大而迅速减小，本征基区电阻是一个分布参数。利用平均功率法，基区消耗的总功率等于基极电流在一个等效的本征基区电阻上消耗的功率，由此可得，本征基区电阻的集总参数表达式。对于双基极条结构，用图 3-42 所示的线性分布来近似基极电流分布，即

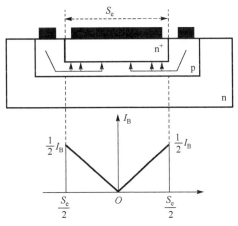

图 3-42　双基极晶体管基区电流的近似分布

$$i_B(x) = \frac{I_B}{S_e} x \tag{3.161}$$

式中，S_e 为发射极条宽。设本征基区方块电阻为 $R_{\square B1}$，则本征基区 dx 段的元电阻为

$$dr = R_{\square B1} \frac{dx}{L}$$

dx 段消耗的元功率为

$$dP = i_B^2(x) R_{\square B1} \frac{dx}{L}$$

从 0 到 $S_e/2$ 积分并乘 2，即本征基区消耗的总功率

$$P = 2 \int_0^{s_e/2} dp = \frac{I_B^2 R_{\square B1} S_e}{12L}$$

由此得到本征基区电阻

$$r_{b1} = \frac{R_{\square B1} S_e}{12L} \tag{3.162}$$

遵循 r_{b1} 同样的推导思路和过程，可以得到 r_{b3} 的表达式为

$$r_{b3} = \frac{R_{\square B3} S_b}{12L} \tag{3.163}$$

式中，S_b 为基极接触条宽，$R_{\square B3}$ 为基极接触条正对基区的方块电阻，其值比 $R_{\square B1}$ 小得多。基极总电阻为

$$r_b = r_{con} + r_{b3} + r_{b2} + r_{b1} \tag{3.164}$$

2. 集电极-发射极间动态电阻 r_0

对于发射结，引入发射结动态电阻(或称交流电阻)r_e 来帮助描述发射结的动态特性。在共射组态下，可以引入集电结输出动态电阻 r_0 来帮助描述集电结的动态特性，其定义为

$$r_0 = \frac{dV_{CE}}{dI_C} \tag{3.165}$$

若不考虑基区宽度调变效应(厄尔利效应)，当 V_{CE} 较大时，共射输出特性曲线是水平的，表明 r_0 趋于无穷大，C、E 间为一理想的恒流源。在高频条件下，晶体管的 C、E 间可用一个恒流源与极间电容的并联来等效。考虑基区宽度调变效应以后，共射输出特性曲线略微上翘，电流源动态电阻为有限值，其大小为

$$r_0 = \left(\frac{V_A + V_{CE}}{I_C} \right) \tag{3.166}$$

3. 集电结动态电阻 r_μ

这一电阻值反映 C、E 间电压变化对基极电流的影响。由于基区宽度调变效应，当存在 C、E 间电压增量 ΔV_{CE} 时，基区非平衡电荷分布梯度增大，中性基区宽度变窄，基区非平衡电荷减少，基区复合减少，基极电流减小，即有一负的基极电流增量 ΔI_B，于是可得

$$r_\mu = \frac{dV_{CE}}{dI_B} = \frac{dV_{CE}}{dI_C} \frac{dI_C}{dI_B}$$

所以

$$r_\mu \approx \beta_0 r_0$$

4. 高频小信号等效电路

双极型晶体管的高频等效电路，可直接根据器件的物理结构画出。图 3-43 所示为外延平面晶体管的剖面结构图，E′、B′、C′ 分别表示本征发射区、本征基区和本征集电区。

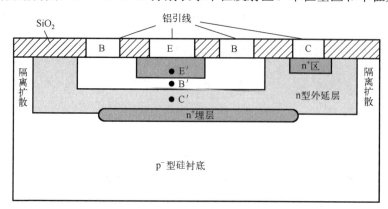

图 3-43　采用 pn 结隔离工艺的外延平面晶体管的剖面结构图

根据此结构图,可以画出其等效电路如图 3-44 所示,r_b 为基极电阻;r_{ex} 为发射极欧姆接触电阻,通常可以忽略;r_{cs} 主要为集电区体电阻(也包括集电极欧姆接触电阻);C_s 为集电区-衬底电容,主要为隔离结电容;C_π 为发射结扩散电容;r_π 为发射结交流电阻;C_{je} 为发射结耗尽层电容;r_μ 为集电结等效电阻;C_μ 为集电结耗尽层电容;$g_m V_{b'e'}$ 为等效电流源的电流;r_0 为电流源内阻。

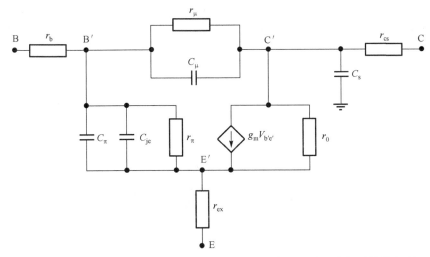

图 3-44　采用 pn 结隔离工艺的外延平面晶体管的高频等效电路(π型等效电路)

根据图 3-44 的共发射极等效电路,经适当变换,且当输出阻抗与负载阻抗匹配时,晶体管的最大输出功率为[12]122

$$P_{max} = \left| \frac{\beta(\omega)I_b}{2} \right|^2 \frac{1}{2\pi f_T C_\mu} \tag{3.167}$$

最大功率增益为

$$G_{max} = \frac{f_T}{8\pi f^2 r_b C_\mu} \tag{3.168}$$

式(3.168)说明,工作频率升高,晶体管的功率增益下降,频率每增大一倍,功率增益下降 6dB。令 $M = G_{max} f^2$,则

$$M = \frac{f_T}{8\pi r_b C_\mu} \tag{3.169}$$

式中,M 为晶体管的增益带宽乘积或高频优值。对一个已经制作完成的晶体管,M 为常数。M 值越大的晶体管,其高频特性越好。

晶体管的功率增益等于 1 时对应的信号频率称为晶体管的最高振荡频率,以 f_m 表示。

$$f_m = \left(\frac{f_T}{8\pi r_b C_\mu} \right)^{1/2} \tag{3.170}$$

由此可见,晶体管的基极电阻对晶体管的频率特性有重要影响。

3.6 双极型晶体管的开关特性

3.6.1 晶体管工作区域的划分及其饱和工作状态

3.3 节和 3.5 节,分析了晶体管发射结正偏、集电结反偏状态即放大工作状态的一些特性。根据发射结和集电结不同偏置状态的组合,晶体管可以处于四种不同的工作状态,如图 3-45(a) 所示。

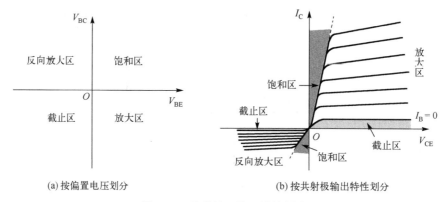

(a) 按偏置电压划分 (b) 按共射极输出特性划分

图 3-45 晶体管工作区域的划分

当 $V_{BE} > 0$,$V_{BC} \leqslant 0$ 时,晶体管处于放大工作状态。在放大工作状态下,集电极电流与基极电流的关系是: $I_C = \beta I_B$。

当 $V_{BE} < 0$,$V_{BC} < 0$ 时,晶体管的集电极电流为极小的反向漏电流。这种状态称为晶体管的截止状态。

当 $V_{BE} \leqslant 0$,$V_{BC} > 0$ 时,晶体管处于反向放大状态。在反向放大状态下,$I_C = \beta_R I_B$,因反向电流放大系数比正向时小得多,晶体管的工作电流很小。

当 $V_{BE} > 0$,$V_{BC} > 0$ 时,晶体管的工作状态称为饱和工作状态。

晶体管的四种工作区域也可从如图 3-45(b) 的共射输出特性曲线来定义。正向和反向状态下,$I_B = 0$ 之间的区域就是晶体管的截止工作区。$V_{CE} = V_{BE}$ 就是饱和区与放大区的分界线。可以看出,两种划分法略有差异。

晶体管处于饱和工作状态时 CE 间的压降称为晶体管的饱和压降,根据式 (3.95) 和式 (3.96),可以得到

$$V_{CES} = V_{BES} - V_{BCS} = \frac{kT}{q} \ln \left[\frac{1 + (1 - \alpha_R) \dfrac{I_{CS}}{I_B}}{\alpha_R \left(1 - \dfrac{I_{CS}}{\beta I_B} \right)} \right] \tag{3.171}$$

式中,晶体管的各极电流的方向取流出晶体管为正。V_{CES} 的理论值在 0.1V 以下,称为本征饱和压降。实际上

$$V_{CES} = V_{CES}(本征) + I_C r_{cs} \tag{3.172}$$

由于集电区体电阻上的压降，其值为 0.1～0.3V。

工作在饱和状态的晶体管，可以看作正向晶体管和倒向晶体管两种工作状态相叠加的结果。对于正向晶体管，$V_{BE} > 0$，$V_{BC} = 0$，其非平衡电荷分布如图 3-46(a) 所示。对于倒向晶体管，$V_{BE} = 0$，$V_{BC} > 0$，其非平衡电荷分布如图 3-46(b) 所示。将正向晶体管和倒向晶体管的电荷分布相叠加，就得到饱和状态下晶体管的非平衡电荷分布，如图 3-46(c) 所示。

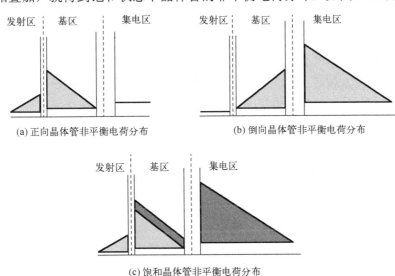

(a) 正向晶体管非平衡电荷分布　　　　(b) 倒向晶体管非平衡电荷分布

(c) 饱和晶体管非平衡电荷分布

图 3-46　晶体管饱和状态非平衡电荷分布等效于正向及倒向晶体管分布的叠加

晶体管的集电极电流

$$I_C(正向) > I_C(反向)$$

两电流的方向相反，叠加的结果

$$I_C(饱和) < I_C(正向)$$

然而，正向晶体管与倒向晶体管的基极电流方向是一致的，所以

$$I_B(饱和) = I_B(正向) + I_B(反向)$$

由此得到，在饱和工作状态下

$$I_C < \beta I_B \tag{3.173}$$

这就是从端电流判断晶体管是否饱和的依据。从晶体管的共射输出特性看，饱和区对应于特性曲线的弯曲区，在此区域，不同基极电流相应的曲线密集或重合在一起，显然满足式 (3.173)。

考虑图 3-47 的开关电路，电源电压通常比晶体管的饱和压降大得多，则集电极电流为

$$I_{CS} \approx \frac{E_C}{R_L} \tag{3.174}$$

使晶体管进入临界饱和所需要的基极驱动电流大小为

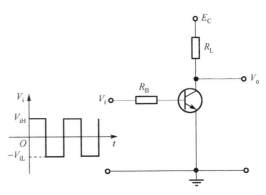

图 3-47　晶体管开关电路原理图

$$I_{BS} = \frac{I_{CS}}{\beta} \tag{3.175}$$

若增大 I_B，则 $\beta I_B > I_C$，晶体管进入所谓深饱和状态。定义饱和深度

$$S = \frac{I_B}{I_{BS}} = \frac{\beta I_B}{I_{CS}} \tag{3.176}$$

深饱和时，$S > 1$。开关电路中，晶体管通常工作在深饱和状态，以便降低饱和压降和饱和态功耗。

晶体管饱和越深，意味着集电结正偏电压越大，集电结向基区注入的电子(npn 晶体管)和向集电区注入的空穴越多，基区和集电区的非平衡电荷就越多。超出临界饱和时基区和集电区非平衡电荷的部分，称为超量存储电荷。由于基区很窄，超量存储电荷主要集中在集电区，如图 3-46(c)所示。超量存储电荷的负面作用是使晶体管从饱和向截止的转换过程延长，电路的开关速度降低。

3.6.2　晶体管的开关过程

基本晶体管开关电路如图 3-47 所示，其输入输出波形如图 3-48 所示。由波形图可见，输出响应对于输入有一定的过渡时间。过渡过程越长，晶体管可正常工作的脉冲重复频率越低。过渡过程的快慢以四个时间常数来描述，即延迟时间 t_d、上升时间 t_r、存储时间 t_s 和下降时间 t_f。

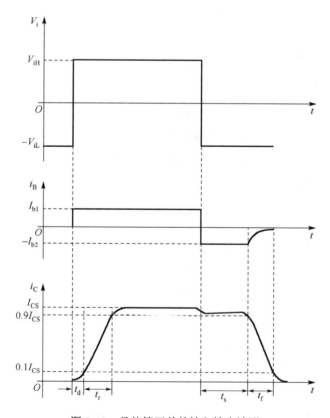

图 3-48　晶体管开关的输入输出波形

1. 延迟过程和延迟时间 t_d

对照图 3-47，输入电压 V_i 正跳前，晶体管两个结上加的电压为

$$V_{BE} = -V_{iL}$$

$$V_{BC} = -V_{iL} - E_C$$

V_i 正跳后，发射结耗尽层变窄，势垒降低，V_{BE} 上升。但直到 V_{BE} 上升到发射结的导通电压 V_T 时，发射结不会有显著地注入，集电极瞬时总电流 $i_C \approx 0$。这一过程中，发射结的电压变化为

$$\Delta V_{BE} = V_{iL} + V_T$$

发射结有势垒电容 C_{Te}，且基极电流为有限值，对电容充电(耗尽层变窄)需要一定的时间，这是产生延迟的主要原因。

当发射结从截止变化到导通边缘时，集电结电压也发生了变化，变化量为

$$\Delta V_{BC} = V_{iL} + V_T$$

集电结势垒电容 C_{Tc} 也要充电，耗掉一部分基极电流。

总之，延迟过程的物理实质就是发射结发生显著注入前，基极电流对发射结和集电结势垒电容的充电过程。

V_i 正跳后，基极电流为

$$i_B = \frac{V_{iH} - V_{BE}}{R_B} \approx \frac{V_{iH}}{R_B} \equiv I_{b1} \tag{3.177}$$

延迟时间 t_d 满足的方程为

$$I_{b1} t_d = (V_{iL} + V_T)(\bar{C}_{Te} + \bar{C}_{Tc}) \tag{3.178}$$

式中，$\bar{C}_{Te}$ 和 $\bar{C}_{Tc}$ 为 C_{Te} 和 C_{Tc} 的平均值，发射结电压在零偏附近变化，其势垒电容的平均值用零偏时的值来近似

$$\bar{C}_{Te} \approx C_{Te}(0) \tag{3.179}$$

集电结电容的平均值则用反偏电压为 E_C 时的电容值来近似，即

$$\bar{C}_{Tc} \approx C_{Tc}(-E_C) \tag{3.180}$$

由式 (3.178) 可知，延迟时间为

$$t_d = \frac{C_{Te}(0) + C_{Tc}(-E_C)}{I_{b1}}(V_{iL} + V_T) \tag{3.181}$$

2. 上升过程和上升时间 t_r

延迟过程结束时，晶体管发射结开始注入，集电极电流开始上升，直到 I_C 上升到 I_{CS}，晶体管进入临界饱和工作时，输出为稳定的低电平，上升过程才结束。在上升过程中，晶体管工作在放大区。

在 I_C 上升到 I_{CS} 的过程中，要在基区积累非平衡电荷，并在基区形成一定的梯度分布，同时由基极电流提供等量的多子电荷。记发射极瞬时总电流为 i_E，集电极瞬时总电流为 i_C，基区电荷为 Q_b，则基区电荷的改变量为

$$\Delta Q_{\rm b} = \Delta i_{\rm E}\tau_{\rm b} \approx \Delta i_{\rm C}\tau_{\rm b} \quad \text{即} \quad {\rm d}Q_{\rm b} = \tau_{\rm b}{\rm d}i_{\rm C} \tag{3.182}$$

在 $i_{\rm C}$ 增加的过程中，发射结电压将略微上升，发射结势垒电容将继续充电。记此电荷为 Q_e，则发射结空间电荷的改变量为

$$\Delta Q_{\rm e} = \Delta i_{\rm E}r_{\rm e}C_{\rm Te} = \Delta i_{\rm E}\tau_{\rm eb} \approx \Delta i_{\rm C}\tau_{\rm eb} \quad \text{即} \quad {\rm d}Q_{\rm e} = \tau_{\rm eb}{\rm d}i_{\rm C} \tag{3.183}$$

同理，在集电极电流上升过程中，集电结势垒电容充电，电荷的改变量为

$$\quad {\rm d}Q_{\rm c} = (r_{\rm cs} + R_{\rm L})C_{\rm Tc}{\rm d}i_{\rm C} = (\tau_{\rm c} + R_{\rm L}C_{\rm Tc}){\rm d}i_{\rm C} \tag{3.184}$$

上升过程中，因复合耗去的基极电流为 $i_{\rm C}/\beta$。

根据以上分析可知，上升过程的物理实质，就是继续对晶体管的发射结扩散电容以及对发射结和集电结势垒电容的充电过程。对应于集电极电流的改变，充电过程中所需的空穴电荷的改变量由基极电流提供。充电过程中发射结电压变化很小，近似认为基极电流为常数。由此得到微分方程

$$I_{\rm b1} = \frac{{\rm d}Q_{\rm b}}{{\rm d}t} + \frac{{\rm d}Q_{\rm e}}{{\rm d}t} + \frac{{\rm d}Q_{\rm c}}{{\rm d}t} + \frac{i_{\rm C}}{\beta} \tag{3.185}$$

即

$$I_{\rm b1} = (\tau_{\rm b} + \tau_{\rm eb} + \tau_{\rm c} + R_{\rm L}C_{\rm Tc})\frac{{\rm d}i_{\rm C}}{{\rm d}t} + \frac{i_{\rm C}}{\beta} \tag{3.186}$$

当 $t=0$ 时，$i_{\rm C}=0$；当 $t=t_{\rm r}$ 时，$i_{\rm C}=I_{\rm CS}$，解得

$$t_{\rm r} = (\tau_{\rm b} + \tau_{\rm eb} + \tau_{\rm c} + R_{\rm L}\overline{C}_{\rm Tc})\beta\ln\left(\frac{I_{\rm b1}}{I_{\rm b1} - I_{\rm CS}/\beta}\right) \tag{3.187}$$

上升过程中，集电结电压从 $E_{\rm C}\!-\!V_{\rm T}$ 变化到零，集电结势垒电容的平均值近似为

$$\overline{C}_{\rm Tc} = 1.7C_{\rm Tc}(-E_{\rm C})$$

由于

$$\tau_{\rm b} + \tau_{\rm eb} + \tau_{\rm c} \approx \frac{1}{2\pi f_{\rm T}}$$

因此，

$$t_{\rm r} = \left[\frac{1}{2\pi f_{\rm T}} + 1.7R_{\rm L}C_{\rm Tc}(-E_{\rm C})\right]\beta\ln\left(\frac{I_{\rm b1}}{I_{\rm b1} - I_{\rm CS}/\beta}\right) \tag{3.188}$$

可见，要缩短上升过程，晶体管的特征频率要高，集电结电容要小。此外，增大基极驱动电流也可以缩短上升过程，但过大的 $I_{\rm b1}$ 不仅不能显著地缩短上升时间，还会带来超量存储电荷太多的负面作用。

3. 超量存储电荷的消散过程与存储时间 $t_{\rm s}$

上升过程结束后，直至输入电压 $V_{\rm i}$ 负跳时刻止，基极驱动电流 $I_{\rm b1}$ 维持不变，集电极电流 $i_{\rm C}$ 略微上升，集电结电压 $V_{\rm BC}$ 也将略微上升，晶体管从上升过程结束时的临界饱和状态进入深饱和状态。由于 $I_{\rm b1}>I_{\rm CS}/\beta$，过驱动电流在基区和集电区产生了超量存储电荷 $Q_{\rm exb}$ 和 $Q_{\rm exc}$，将图 3-46(c) 重画如图 3-49 所示。因基区很薄，基区超量存储电荷与集电区相比要少得多，所以

$$Q_{ex} = Q_{exb} + Q_{exc} \approx Q_{exc} \tag{3.189}$$

以 τ_C 表示集电区内超量存储电荷的少子寿命，则有

$$Q_{ex} = \tau_C \left(I_{b1} - \frac{I_{CS}}{\beta} \right) \tag{3.190}$$

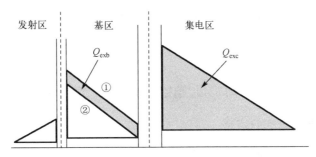

图 3-49　饱和工作状态下的基区和集电区超量存储电荷

输入负跳后，$V_i = -V_{iL}$，但发射结不会立即反偏。原因在于：第一，发射结耗尽区由窄变宽需要一定的时间，也就是说，发射结势垒电容两端电压不能突变；第二，基区积累的非平衡电荷不会立即消失，即发射结扩散电容两端电压不能突变。这样，在输入负跳后的一段时间内，发射结仍维持正偏，基极回路将出现较大的反向电流，称为基极反抽电流，记为 I_{b2}，则由图 3-47，可得

$$I_{b2} = \frac{V_{iL} + V_{BE}}{R_B} \tag{3.191}$$

在 I_{b2} 作用下，超量存储电荷 Q_{ex} 因反抽和复合而消失的过程就是存储过程的物理实质。因 $Q_{ex} \approx Q_{exc}$，存储过程就是集电区超量存储电荷的消失过程。

只要 Q_{exc} 不消失殆尽，集电结就维持正偏，集电极电流近似维持不变，其大小由外电路确定，约为 E_C/R_L，这意味着存储过程中基区电荷分布不变，只是从图 3-49 中①平移至②的位置。

集电极电流不变，也意味着要提供给基区大小为 I_{CS}/β 的电流，以补充复合损失。基极电流已经反向，这一电流只能由集电区抽出的空穴来承当。由此可知，集电区超量存储电荷消失的途径有三个：因集电区的复合而减少、被外电路抽走以及补充基区复合损失，对应的微分方程为

$$\frac{dQ_{ex}}{dt} = -\frac{Q_{ex}}{\tau_C} - \left(I_{b2} + \frac{I_{CS}}{\beta} \right) \tag{3.192}$$

解微分方程，并利用初始条件式(3.190)，当 Q_{ex} 降到零时，存储过程结束，可得

$$t_s = \tau_C \ln \left(1 + \frac{I_{b1} - I_{CS}/\beta}{I_{b2} + I_{CS}/\beta} \right) \tag{3.193}$$

可见，正向驱动电流越大，饱和深度越深，存储时间越长；反抽电流越大，存储过程越短；集电区少子寿命越长，存储时间越长。其中，少子寿命 τ_C 位于对数符号之外，对存储过程的长短起着关键作用。

4. 下降过程和下降时间 t_f

下降过程是上升过程的逆过程。下降过程中，晶体管内电荷的变化表现在两方面：第一，发射结和集电结空间电荷区变宽，势垒升高，发射结和集电结势垒电容要放电；第二，积累在基区的非平衡电荷应全部消失。这两方面的变化，都是通过基极的反抽作用来实现的。近似认为反抽过程中基极反抽电流不变，类似于上升过程的分析，可得

$$t_f = \left[\frac{1}{2\pi f_T} + 1.7 R_L C_{Tc} (-E_C) \right] \beta \ln \left(\frac{I_{b2} + I_{CS} / \beta}{I_{b2}} \right) \tag{3.194}$$

显然，晶体管的特征频率越高，下降过程越短；反抽电流越大，下降过程越短。

5. 提高晶体管开关速度的措施

根据以上对各延迟过程的分析，要提高晶体管的开关速度，可采取以下措施：①减小发射结和集电结的势垒电容，提高晶体管的特征频率，以缩短上升时间和下降时间。这一点与提高晶体管频率特性的要求是一致的。②降低集电区的少子寿命，以降低超量存储电荷量，缩短存储过程。可采取的方法是在集电区掺入复合中心杂质，如金等。③超量存储电荷主要存储在集电区的低掺杂外延层，即 n⁻层上。减薄外延层厚度，可以有效地降低超量存储电荷[8]。④降低超量存储电荷的另一措施是防止晶体管进入深饱和。采用如图 3-50 所示的肖特基拀位二极管，可以达此目的。肖特基拀位二极管由金属-半导体接触形成，其导通电压为 0.4~0.5V，防止了集电结电压的进一步升高，避免了晶体管的深饱和工作状态。

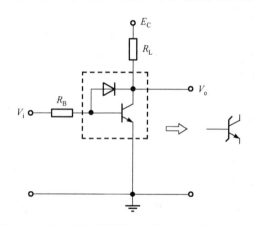

图 3-50   加有肖特基拀位二极管的晶体管开关电路

习   题

3.1 双极型晶体管与两个反向串联的 pn 结之间有何本质区别？试画图说明。

3.2 晶体管是一种电荷控制器件。请说明在共发射极运用条件下，基极电流是怎样控制输出集电极电流的变化的。

3.3 结合图 3-7，请说明放大状态下，pnp 晶体管内载流子的输运过程。

3.4 以 npn 均匀基区晶体管为例，画出各种偏置条件下发射区、基区和集电区内载流子浓度分布示意图。

(1)发射结正偏，集电结反偏。

(2)发射结反偏，集电结反偏。

(3)发射结反偏，集电结正偏。

(4)发射结正偏，集电结正偏。

3.5 以 npn 硅平面晶体管为例，在放大偏置条件下，从发射极欧姆接触处进入的电子流，在晶体管的发射区、发射结空间电荷区、基区、集电极势垒区和集电区的传输过程中，以什么运动形式(扩散或漂移)为主？

3.6　三个 npn 晶体管的基区杂质浓度和基区宽度见表 3-2，其他材料参数和结构参数相同，就下列特性参数判断，哪一个晶体管具有最大值，并简述理由。

(1) 发射结注入效率。

(2) 基区输运系数。

(3) 穿通电压。

(4) 相同 BC 结反向偏压下的 BC 结耗尽层电容。

(5) 共发射极电流增益。

表 3-2　晶体管的基区杂质浓度和基区宽度

器件	基区杂质浓度	基区宽度
A	$N_B = N_{B0}$	$x_B = x_{B0}$
B	$N_B = 2N_{B0}$	$x_B = x_{B0}$
C	$N_B = N_{B0}$	$x_B = 2x_{B0}$

3.7　已知均匀基区 npn 晶体管基区宽度为 2μm，基区电子扩散系数为 8cm²/s，基区电子寿命为 0.25μs，计算晶体管在小注入及大注入条件下的基区输运系数。若发射结注入效率为 1，β 值为多少？

3.8　工作在正向放大状态的硅双极型晶体管发射结正偏电压为 0.6V，发射极电流为 5mA，集电极电流为 4.9mA，中性基区宽度为 0.2μm，基区杂质浓度为 4×10^{16}cm⁻³。基区少数载流子寿命为 1μs。计算晶体管的发射结注入效率。

3.9　硅 npn 晶体管的材料参数和结构参数如下。

(1) 发射区：$N_E = 4 \times 10^{18}$cm⁻³；$\tau_p = 0.2$μs；$\mu_p = 100$cm²/(V·s)；$W_E = 0.5$μm。

(2) 基区：$N_B = 4 \times 10^{16}$cm⁻³；$\tau_n = 3$μs；$\mu_n = 1000$cm²/(V·s)；$W_B = 0.25$μm。

(3) 集电区：$N_C = 10^{15}$cm⁻³；$\tau_p = 4$μs；$\mu_p = 200$cm²/(V·s)。

计算晶体管的发射结注入效率 γ、基区输运系数 α_T；$V_{BE} = 0.55$V，计算复合系数 δ，并由此计算晶体管的共发射极电流放大系数 β。

3.10　硅 npn 晶体管的材料参数和结构参数如下。

(1) 发射区：$N_E = 5 \times 10^{18}$cm⁻³；$\tau_p = 0.2$μs；$\mu_p = 100$cm²/(V·s)。

(2) 基区：$N_B = 3 \times 10^{16}$cm⁻³；$\tau_n = 4$μs；$\mu_n = 1000$cm²/(V·s)。

(3) 集电区：$N_C = 10^{15}$cm⁻³；$\tau_p = 5$μs；$\mu_p = 200$cm²/(V·s)。

分别计算 $W_B = 0.1$、0.4、0.6、0.8、1、2、4μm 时的基区输运系数。

3.11　硅 npn 晶体管的材料参数和结构参数如下。

(1) 发射区：$N_E = 1 \times 10^{18}$cm⁻³；$\tau_p = 0.2$μs；$\mu_p = 100$cm²/(V·s)。

(2) 基区：$N_B = 2 \times 10^{16}$cm⁻³；$\tau_n = 4$μs；$\mu_n = 1000$cm²/(V·s)。

(3) 集电区：$N_C = 10^{15}$cm⁻³；$\tau_p = 5$μs；$\mu_p = 200$cm²/(V·s)。

分别计算 $V_{BE} = 0.1$、0.2、0.3、0.4、0.5、0.6V 时的复合系数，并对结果进行讨论。

3.12　用两次扩散工艺制作的晶体管，集电结结深 $x_{jc} = 3$μm，发射结结深 $x_{je} = 2$μm，发射结基区侧空间电荷边界处杂质浓度 $N_B(0) = 4 \times 10^{17}$cm⁻³，集电结基区侧空间电荷边界处的杂质浓度 $N_B(W_b) = 4 \times 10^{15}$cm⁻³。

(1) 求基区杂质分布以指数分布近似时的基区自建电场。

(2) 计算基区中 $x/W_B = 0.2$ 处，扩散电流分量与漂移电流分量之比。

3.13　已知 npn 非均匀基区晶体管的有关参数为 $x_{jc} = 5$μm，$x_{je} = 3$μm，电子扩散系数 $D_n = 8$cm²/s，$\tau_n = 1$μs，本征基区方块电阻 $R_{□B1} = 2500\Omega/□$，$R_{□E} = 5\Omega/□$，$\eta = 6$，计算其电流放大系数 α、β。

3.14　讨论发射区重掺杂时的禁带变窄效应对晶体管电流增益的影响。

3.15　硅 pn 结因重掺杂禁带宽度变化为 100meV，在其他参数不变的条件下，发射结注入效率变化了多少？

3.16　当晶体管的发射结结深很浅时，晶体管的电流增益会下降，请说明原因，必要时画图说明。

3.17　实测晶体管的共发射极输出特性曲线随着 V_{CE} 的增大而略向上倾斜，这是由什么原因引起的？当 V_{CE} 由 0.5V 增大到 15V 时，集电极电流 I_C 由 10mA 增大到 10.5mA，试估算该晶体管的厄尔利电压。

3.18　设发射区和基区杂质均匀分布，请说明 Ebers-Moll 模型中发射结反向电流 I_{ES} 与相同杂质分布的 pn 结的反向饱和电流的异同。

3.19　请分别说明晶体管的反向电流 I_{ES}、I_{CS}、I_{EB0}、I_{CB0} 及 I_{CE0} 的物理意义。

3.20　着重从载流子在基区输运的物理过程这一角度，试说明为什么输入信号的频率越高，基区输运系数的模值越低，相移越大。

3.21　从晶体管频率特性的角度看，载流子从发射极输运到集电极的过程中，经历了哪些延迟过程？各延迟时间的物理意义是什么？

3.22　npn 晶体管的设计参数如下。

(1) 发射结结深 x_{je}=0.2μm。

(2) 基区宽度 W_B=0.15μm。

(3) 集电结耗尽层宽度 x_c=0.8μm。

(4) 电子饱和速度 v_{max}=8.0×10^{6}cm/s。

(5) 发射区空穴扩散系数 D_E=3.0cm^2/s。

(6) 基区电子扩散系数 D_B=8.0cm^2/s。

(7) 发射结势垒电容 C_{je}=2.5pF。

(8) 集电结势垒电容 C_{jc}=1.0pF。

(9) 共发射极短路电流放大系数 β_0=40。

(10) 发射极电流 I_E=2mA。

(11) 发射结面积 A_E=100μm^2。

(12) 集电结面积 A_C=300μm^2。

(13) 集电区体电阻 r_{cs}=20Ω。

(14) 基极总电阻 r_b=12Ω。

计算晶体管的特征频率 f_T 和高频优值。

3.23　测量一高频晶体管，当频率为 10MHz 时，β 为 50；当频率为 50MHz 时，β 仍为 50；当频率为 500MHz 时，β 为 15。计算晶体管的特征频率 f_T 和共射电流放大系数截止频率 f_β。

3.24　要提高晶体管的工作频率，从制作晶体管的材料参数和工艺参数两方面看，主要措施有哪些？

3.25　硅双扩散法制作的晶体管，基区发射结侧的杂质浓度 $N_B(0)$=2×10^{17}cm^{-3}，基区集电结侧的杂质浓度 $N_B(W_B)$=7×10^{15}cm^{-3}。若要求此晶体管的特征频率达到 200MHz，计算允许的最大基区宽度。

3.26　请比较缓变基区自建电场和大注入自建电场的异同点。

3.27　设基区杂质浓度为 N_B=10^{16}cm^{-3}，集电区杂质浓度为 N_C=2×10^{15}cm^{-3}，集电结外加反向电压为 20V，大注入条件下进入集电结空间电荷区的电子浓度为 5×10^{15}cm^{-3}，计算空间电荷调制效应引起的纵向基区扩展量。

3.28　根据集电极 n$^-$ 区电场分布曲线的斜率随注入强度的变化，试说明强电场下的纵向基区扩展效应。

3.29　请推导出强电场基区扩展效应的临界电流密度表达式 J_{Cr}。

3.30 硅高反压大功率晶体管的集电区电阻率为 50Ω·cm，集电区厚度 120μm，求 V_{CB}=300V 时的最大集电极电流密度。

3.31 梳状结构晶体管的发射极由 10 个并联的发射极条组成，晶体管的电流容量为 10A。为改善晶体管的热稳定性，应当在每个发射极条上至少串联多大的电阻？

3.32 设计一个电流容量为 50A 用作线性放大的大功率晶体管，发射极条长至少应为多少？设发射极集边宽度为 3μm，要求金属电极条长 L_m 不大于金属电极宽度 d_E 的 15 倍，至少应采用多少个并联的发射极条（基极条）来实现？每个发射极条上至少应串联多大的镇流电阻？

3.33 设计一个电流容量为 10A 用作线性放大的大功率晶体管，要求 C、E 耐压大于 50V，请确定其纵横向尺寸参数和材料参数。

3.34 硅晶体管的标称耗散功率为 20W，总热阻为 5℃/W，满负荷条件下允许的最高环境温度是多少？

3.35 硅晶体管的标称耗散功率为 20W，铝散热板厚 2mm，长宽各 1cm，铝散热板与空气的组合热导率为 0.02W/(cm·℃)，忽略其他部分的热阻，满负荷条件下允许的最高环境温度是多少？设铝散热板的厚度不变，若要使此晶体管在 100℃的环境温度下安全工作，散热板的尺寸应为多少？

3.36 请列举防止热不稳定二次击穿和雪崩注入二次击穿的措施，说明采取这些措施的理由。

3.37 请说明晶体管作为开关应用时，各开关过程的物理实质。

3.38 请简述提高晶体管开关速度的主要措施及理由。

3.39 请简述晶体管穿通后的特性。某晶体管的基区杂质浓度 N_B=10^{16}cm^{-3}，集电区的杂质浓度 N_C=5×10^{15}cm^{-3}，基区宽度 W_B=0.3μm，集电区宽度 W_C=10μm，计算晶体管的击穿电压？

3.40 低频下，晶体管的发射极扩散电容 C_{De} 可以用基区非平衡电荷 Q_b 对于发射结电压 V_{BE} 的导数来表示。请证明：对于缓变基区晶体管

$$C_{De} = \frac{1}{r_e} \frac{\eta - 1 + e^{-\eta}}{\eta^2} \frac{W_B^2}{D_{nB}}$$

3.41 请证明：对于均匀基区 npn 晶体管，在临界大注入条件即注入发射结基区侧空间电荷区边界处电子浓度 $n(0)$ 等于基区平衡多子浓度 $N_B(0)$ 条件下，基区渡越时间为

$$\tau_b = \frac{3}{8} \frac{W_B^2}{D_{nB}}$$

3.42 请画出晶体管开关过程中，各开关时间的起止时刻耗尽区电荷以及中性发射区(n$^+$区)、中性基区(p 区)和中性集电区(n$^-$区)非平衡电荷的分布示意图。

第 **4** 章
场效应晶体管

场效应晶体管是与双极型晶体管工作原理不同的另一类半导体器件，场效应晶体管主要包括结型场效应晶体管（JFET）、肖特基势垒栅场效应晶体管（MESFET）和金属-氧化物-半导体场效应晶体管（MOSFET）。按材料分类，又可分为硅材料场效应晶体管、化合物半导体晶体管和各种异质结结构的场效应晶体管。场效应晶体管，特别是 MOSFET，是半导体集成电路中最重要最基本的半导体器件。

4.1 结型场效应晶体管

4.1.1 结型场效应晶体管的工作原理

结型场效应晶体管的结构模型，如图 4-1 所示。在一块 n 型半导体的上下两面作两个 p^+n 结，就得到一个结型场效应晶体管（JFET）。两个 p^+ 区连在一起，就是 JFET 的栅极，n 型半导体的两端分别为源极和漏极。源漏之间为 n 型导电区，因此这样的场效应晶体管称为 n 沟道 JFET。图中，a 为沟道半厚度，Z 为沟道宽度，L 为沟道长度。

另一类结型场效应晶体管的栅极采用了肖特基势垒结构，如图 4-2 所示，称为肖特基势垒栅场效应晶体管（MESFET）。MESFET 多采用 GaAs 材料。

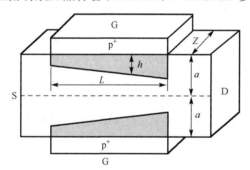

图 4-1 结型场效应晶体管结构示意图

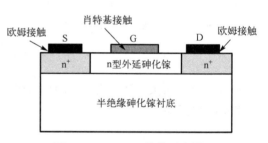

图 4-2 MESFET 结构示意图

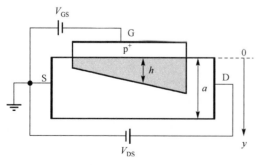

图 4-3 结型场应晶体管的偏置状态

结型场应晶体管的偏置如图 4-3 所示，源和衬底短接，$V_{GS} \leqslant 0$，$V_{DS} \geqslant 0$。当 V_{GS} 变化时，p^+n 结的空间电荷区厚度发生变化，于是 D、S 间的沟道厚度发生变化，当 G、S 间的反向电压足够高时，D、S 间的导电沟道将被完全阻断，这种状态称为沟道被夹断，对应的沟道半厚度上的总电势差用 V_{p0} 表示（有的教材称为夹断电压）

$$V_{p0} = \frac{qN_D}{2\varepsilon\varepsilon_0}a^2 \qquad (4.1)$$

沟道夹断时需要加的栅源电压为

$$V_p = V_{bi} - V_{p0}$$

式中，V_{bi} 为 p^+n 结的接触电势差。夹断沟道由电离施主构成，是一个高阻的耗尽区，漏源间近似为绝缘状态。

现在固定栅源电压为零，讨论漏源之间电流随漏源电压变化的情况。当 V_{DS} 很小时，将产生电流 I_D，但 I_D 很小，V_{DS} 在沟道区的压降可以忽略不计，导电沟道几乎是均匀的，这时的导电沟道就像一个线性电阻一样。沟道电导为

$$G_0 = 2q\mu n(a - x_0)\frac{Z}{L} \approx 2q\mu N_D \frac{Za}{L} \tag{4.2}$$

式中，N_D 为沟道杂质浓度；x_0 为平衡态 p^+n 结沟道区的空间电荷区宽度。近似有

$$I_D = G_0 V_{DS} \tag{4.3}$$

如图 4-4 中 $I_D(V_{DS})$ 平面上曲线 OA 段所示。

当 V_{DS} 进一步增大时，I_D 进一步增大，从源端到漏端，沟道压降逐渐加大，施加于栅-沟道间的电压逐渐增大，空间电荷区宽度逐渐加宽，导电沟道厚度逐渐变窄，使 I_D 的变化速率随 V_{DS} 增加而减小，如图 4-4 中曲线 AB 段所示。

当 V_{DS} 进一步增大时，漏端耗尽层厚度越来越大，最终将使漏端沟道被夹断。若进一步增大 V_{DS}，沟道夹断点将向源端移动。沟道夹断以后，沟道电阻急剧增大，V_{DS} 增加的部分绝大部分降落在沟道夹断区，I_D 基本上不再随 V_{DS} 而变，JFET 进入饱和工作区，如图 4-4 中曲线 BC 段所示。沟道夹断点向源端移动时，载流子输运路程缩短，I_D 略微增大。当 V_{DS} 进一步增大时，漏端电场越来越强，最终将在漏端发生雪崩击穿。

V_{GS} 不等于零时，导电沟道比 $V_{GS} = 0$ 时更

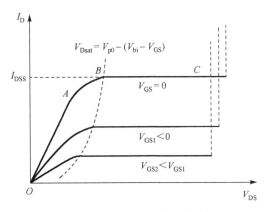

图 4-4　JFET 的输出特性曲线

窄，沟道电导更小，相同 V_{DS} 下，I_D 更小。栅源反偏电压越大，I_D 越小，由此得到图 4-4 中的特性曲线簇。

记漏端沟道相碰时的 V_{DS} 为 V_{Dsat}，称为饱和漏源电压，则

$$V_{Dsat} = V_{p0} - (V_{bi} - V_{GS}) \tag{4.4}$$

4.1.2　JFET 的电流-电压方程

如图 4-5 所示，对于均匀沟道杂质分布，沟道中任一点 x 处的沟道微分电阻可以表示为

$$dR = \frac{\rho dx}{A} = \frac{dx}{q\mu N_D[a - h(x)]Z} \tag{4.5}$$

式中，N_D 为沟道杂质浓度；$h(x)$ 为 x 处的耗尽区厚度。设漏极电流为 I_D，微分电阻上的电压降为

$$dV = I_D dR = \frac{I_D dx}{q\mu N_D Z[a - h(x)]} \tag{4.6}$$

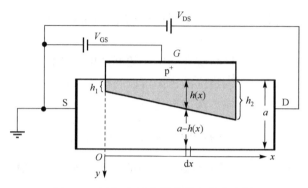

图 4-5　电流-电压方程推导参考参考图

沿沟道方向(x 方向)的电场比沟道耗尽区沿 y 方向电场的变化小得多，即沟道宽度的变化很缓慢时，可近似认为 E_x 为常数，沟道电势等于耗尽区边界的电势，其等势面与 x 方向垂直。这就是缓变沟道近似。在缓变沟道近似下，设 x 处对于源端的电势差为 $V(x)$，由突变结耗尽区宽度与外加电压的关系，得到 x 处的耗尽层厚度为

$$h(x) = \left\{ \frac{2\varepsilon\varepsilon_0[V(x) + V_{bi} - V_{GS}]}{qN_D} \right\}^{1/2} \tag{4.7}$$

由此可得

$$dV(x) = \frac{qN_D}{\varepsilon\varepsilon_0} h(x)dh \tag{4.8}$$

代回式(4.6)，可得

$$I_D dx = \frac{\mu(qN_D)^2 Z}{\varepsilon\varepsilon_0}[ah(x)dh(x) - h^2(x)dh(x)] \tag{4.9}$$

记 h_1、h_2 分别为源端和漏端耗尽层厚度，式(4.9)两边分别积分，即 x 从 0 积到 L，对应地，沟道耗尽层厚度从 h_1 变化到 h_2，可得

$$I_D = \frac{\mu(qN_D)^2 Z}{\varepsilon\varepsilon_0 L}\left[\frac{a}{2}(h_2^2 - h_1^2) - \frac{1}{3}(h_2^3 - h_1^3)\right] \tag{4.10}$$

式中，

$$h_1 = \left[\frac{2\varepsilon\varepsilon_0(V_{bi} - V_{GS})}{qN_D}\right]^{1/2} \tag{4.11}$$

$$h_2 = \left[\frac{2\varepsilon\varepsilon_0(V_{DS} + V_{bi} - V_{GS})}{qN_D}\right]^{1/2} \tag{4.12}$$

将式(4.11)及式(4.12)代入式(4.10)，可得

$$I_D = \frac{\mu(qN_D)^2 Za^3}{2\varepsilon\varepsilon_0 L}\left[\frac{V_{DS}}{V_{p0}} - \frac{2}{3}\left(\frac{V_{DS} + V_{bi} - V_{GS}}{V_{p0}}\right)^{3/2} + \frac{2}{3}\left(\frac{V_{bi} - V_{GS}}{V_{p0}}\right)^{3/2}\right]$$

利用关系式

$$\frac{\mu_{\mathrm{n}} q N_{\mathrm{D}} Z a}{L} \frac{q N_{\mathrm{D}} a^2}{2\varepsilon\varepsilon_0} = G_0 V_{\mathrm{p0}}$$

式中，G_0 为冶金沟道电导，可得漏极电流表达式为

$$I_{\mathrm{D}} = G_0 \left\{ V_{\mathrm{DS}} - \frac{2}{3} V_{\mathrm{p0}}^{-1/2} [(V_{\mathrm{DS}} + V_{\mathrm{bi}} - V_{\mathrm{GS}})^{3/2} - (V_{\mathrm{bi}} - V_{\mathrm{GS}})^{3/2}] \right\} \tag{4.13}$$

当 $V_{\mathrm{DS}} = V_{\mathrm{Dsat}}$ 时，$V_{\mathrm{DS}} + V_{\mathrm{bi}} - V_{\mathrm{GS}} = V_{\mathrm{p0}}$，漏端夹断，漏电流饱和，由式(4.13)得饱和区电流电压关系为

$$I_{\mathrm{Dsat}} = \frac{1}{3} G_0 V_{\mathrm{p0}} \left[1 - 3\left(\frac{V_{\mathrm{bi}} - V_{\mathrm{GS}}}{V_{\mathrm{p0}}}\right) + 2\left(\frac{V_{\mathrm{bi}} - V_{\mathrm{GS}}}{V_{\mathrm{p0}}}\right)^{3/2} \right] \tag{4.14}$$

对于任意沟道杂质分布，在缓变沟道近似下，也可导出其电流电压关系。沟道电荷面密度可表示为

$$Q(Y) = \int_0^y \rho(y)\mathrm{d}y \tag{4.15}$$

或

$$Q(h) = \int_0^h \rho(y)\mathrm{d}y \tag{4.16}$$

式中，$\rho(y)$ 为沟道电荷体密度；h 为栅-沟道反向偏压决定的耗尽层厚度。根据泊松方程可知，y 方向电场为

$$E(y) = -\frac{\mathrm{d}V}{\mathrm{d}y} = \frac{1}{\varepsilon\varepsilon_0} \int_0^y \rho(y)\mathrm{d}y + 常数 \tag{4.17}$$

利用边界条件 $y = h$，$E(y) = 0$，可得

$$\frac{\mathrm{d}V}{\mathrm{d}y} = \frac{1}{\varepsilon\varepsilon_0} \left[\int_0^h \rho(y)\mathrm{d}y - \int_0^y \rho(y)\mathrm{d}y \right] \tag{4.18}$$

即

$$\frac{\mathrm{d}V}{\mathrm{d}y} = \frac{1}{\varepsilon\varepsilon_0} [Q(h) - Q(y)] \tag{4.19}$$

两边从 0 到 h 积分，并利用分步积分公式，可得

$$V(h) = \frac{1}{\varepsilon\varepsilon_0} \int_0^h y\rho(y)\mathrm{d}y \tag{4.20}$$

式中，V_{p0} 为沟道夹断时的耗尽层电压降，它包括扩散电势和外加电压两部分，则

$$V_{\mathrm{p0}} = \frac{1}{\varepsilon\varepsilon_0} \int_0^a y\rho(y)\mathrm{d}y \tag{4.21}$$

漏源电流应为

$$I_{\mathrm{D}} = 2Z\mu \frac{\mathrm{d}V}{\mathrm{d}x} \int_h^a \rho(y)\mathrm{d}y$$

　　类似于均匀沟道的处理方法，将上式右边对电压的微分 dV 换为对沟道耗尽层厚度的微分 dh，可得

$$I_D = \frac{2Z\mu}{\varepsilon\varepsilon_0 L} \int_{h_1}^{h_2} [Q(a) - Q(h)] h\rho(h)dh \tag{4.22}$$

式中，h_1 和 h_2 分别为源端和漏端耗尽区厚度，式(4.22)可以改写为

$$I_D = \frac{G_0}{\varepsilon\varepsilon_0} \int_{h_1}^{h_2} \left[1 - \frac{Q(h)}{Q(a)}\right] h\rho(h)dh \tag{4.23}$$

根据杂质浓度 $N(y)$ 可知 $\rho(y)$，就可以根据以上各式求出 V_{p0}、I_D 或 I_{Dsat}。

　　在沟道杂质总量不变的条件下，采用以下幂指数分布来近似各种可能的沟道杂质分布：

$$N(y) = (m+1)N_0 \left(\frac{y}{a}\right)^m \tag{4.24}$$

$$N(y) = (m+1)N_0 \left(1 - \frac{y}{a}\right)^m \tag{4.25}$$

式中，N_0 为平均杂质浓度或均匀分布时的杂质浓度。式(4.24)代表了沟道中心杂质浓度较高的一类分布，式(4.25)代表了栅极侧杂质浓度较高的另一类分布。两分布函数的图像如图 4-6 所示。$m = 0$ 即均匀分布，$m = 1$ 即线性分布，$m = 2$ 即抛物分布等。当 $m \to \infty$ 时，式(4.24)变为近沟道中心的 δ 分布，而式(4.25)变为近栅极的 δ 分布。

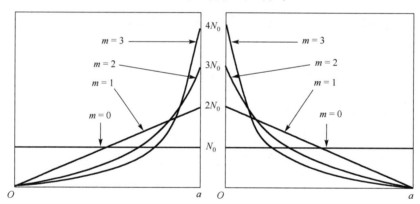

图 4-6　沟道杂质总量不变条件下的两类杂质浓度分布

　　令 $m=0$、1 及令 $m \to \infty$，将式(4.24)代入式(4.23)，可以得到相应的电流电压关系。均匀分布非饱和区

$$I_D = G_0 \left\{ V_{DS} - \frac{2}{3} V_{p0}^{-1/2} [(V_{DS} + V_{bi} - V_{GS})^{3/2} - (V_{bi} - V_{GS})^{3/2}] \right\} \tag{4.26}$$

与式(4.13)的结果相同。均匀分布饱和区

$$I_{Dsat} = \frac{1}{3} G_0 V_{p0} \left[1 - 3\left(\frac{V_{bi} - V_{GS}}{V_{p0}}\right) + 2\left(\frac{V_{bi} - V_{GS}}{V_{p0}}\right)^{3/2} \right] \tag{4.27}$$

与式(4.14)的结果相同。线性分布饱和区

$$I_{\text{Dsat}} = \frac{8}{15} G_0 V_{\text{p0}} \left[1 - \frac{5}{2} \left(\frac{V_{\text{bi}} - V_{\text{GS}}}{V_{\text{p0}}} \right) + \frac{3}{2} \left(\frac{V_{\text{bi}} - V_{\text{GS}}}{V_{\text{p0}}} \right)^{5/3} \right] \tag{4.28}$$

δ 分布饱和区

$$I_{\text{Dsat}} = G_0 V_{\text{p0}} \left(1 - \frac{V_{\text{bi}} - V_{\text{GS}}}{V_{\text{p0}}} \right)^2 \tag{4.29}$$

式中，

$$V_{\text{p0}} = \frac{q N_0 a^2}{2 \varepsilon \varepsilon_0}$$

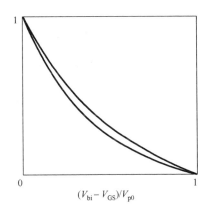

图 4-7　JFET 归一化转移特性

为相同掺杂总量下均匀分布时的夹断电压，V_{bi} 是栅 pn 结的扩散电势。将式 (4.24) 代入式 (4.21)，可得 V_{p0} 的表达式为

$$V_{\text{p0}} = \frac{m+1}{m+2} \frac{q N_0}{\varepsilon \varepsilon_0} a^2 \tag{4.30}$$

图 4-7 将式 (4.27) 和式 (4.29) 的曲线绘出，而式 (4.28) 的曲线则落在两曲线之间。实际上，任何其他分布的曲线都落在此狭窄区域内。但是，必须注意，这里采用了归一化的坐标，I_{DSS} 对于不同的分布具有不同的值。

4.1.3　JFET 的直流参数和频率参数

1. 直流参数

1）截止电压 V_{p}

$V_{\text{DS}}=0$ 时，JFET 的沟道夹断所需的外加栅源电压称为截止电压，即

$$V_{\text{p}} = V_{\text{bi}} - V_{\text{p0}} \tag{4.31}$$

对于均匀分布

$$V_{\text{p0}} = \frac{q N_{\text{D}}}{2 \varepsilon \varepsilon_0} a^2 \tag{4.32}$$

式中，V_{p0} 总为正值；V_{p} 对于 n 沟道 JFET 为负值。

2）漏极饱和电流 I_{DSS}

对于均匀沟道杂质分布

$$I_{\text{DSS}} = \frac{G_0 V_{\text{p}}}{3} = \frac{2 q \mu N_{\text{D}} Z a V_{\text{p}}}{3L} \tag{4.33}$$

3）导通电阻（或称最小沟道电阻）R_{on}

$V_{\text{GS}}=0$，且 V_{DS} 很小时的导通电阻，即 JFET 输出特性曲线起始部分斜率的倒数。对于均匀沟道杂质分布

$$R_{\mathrm{on}} = \frac{1}{G_0} = \frac{L}{2q\mu NZa} \tag{4.34}$$

4）漏源击穿电压 BV_{DS}

JFET 漏端耗尽区电场最强，击穿将首先发生在漏端耗尽区。漏端耗尽区总电压为 $V_{\mathrm{DS}}-V_{\mathrm{GS}}$。通常，当漏端栅 pn 结击穿时，漏端发生了雪崩效应，漏源之间也发生了击穿。用 BV_{GD} 表示漏端栅 pn 结的击穿电压，则有

$$BV_{\mathrm{GD}} = BV_{\mathrm{DS}} - V_{\mathrm{GS}}$$

即

$$BV_{\mathrm{DS}} = BV_{\mathrm{GD}} + V_{\mathrm{GS}} \tag{4.35}$$

式中，$V_{\mathrm{GS}} < 0$，故栅 pn 结的反偏压越大，漏源击穿电压 BV_{DS} 越低，图 4-4 的输出特性也可以看出这一点。

5）栅极截止电流 I_{GS} 和栅源输入电阻

JFET 输入端为一反向 pn 结，理想情形下，输入阻抗无穷大。实际上，由于 pn 结的反向漏电流，输入阻抗为有限值。性能良好的栅 pn 结，I_{GS} 为 $10^{-9} \sim 10^{-12} \mathrm{A/cm}^2$，$R_{\mathrm{GS}}$ 在数百兆欧量级以上。

根据 pn 结的知识，I_{GS} 主要由三部分组成：pn 结的反向饱和电流、反向产生电流和表面漏电。其中，表面漏电是主要的。另一个引起 I_{GS} 的原因是弱电离碰撞。当漏端电场较强时，通过漏端的载流子可以获得足够的能量，通过碰撞产生电子-空穴对，对于 n 沟道 JFET，产生的空穴成为栅电流 I_{GS} 的一部分。

2. 交流参数

1）跨导 g_{m}

$$g_{\mathrm{m}} = \frac{\mathrm{d}I_{\mathrm{D}}}{\mathrm{d}V_{\mathrm{GS}}}\bigg|_{V_{\mathrm{DS}}=\text{常数}} \tag{4.36}$$

对于均匀分布，由式(4.27)可得饱和区跨导为

$$g_{\mathrm{m}} = G_0\left[1 - \left(\frac{V_{\mathrm{bi}} - V_{\mathrm{GS}}}{V_{\mathrm{p0}}}\right)^{1/2}\right] \tag{4.37}$$

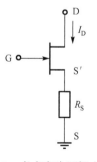

图 4-8　考虑寄生源极电阻后的等效电路

当考虑源端至源电极欧姆接触间的电阻 R_{S} 时，JFET 的跨导下降，由图 4-8 的等效电路可得

$$g'_{\mathrm{ms}} = \frac{\mathrm{d}I_D}{\mathrm{d}V_{\mathrm{GS}}}\bigg|_{V_{\mathrm{DS}}=\text{常数}}$$

即

$$g_{\mathrm{ms}} = \frac{\mathrm{d}I_{\mathrm{D}}}{\mathrm{d}(V_{\mathrm{GS}} + I_{\mathrm{D}}R_{\mathrm{S}})}\bigg|_{V_{\mathrm{DS}}=\text{常数}}$$

最后，可得

$$g'_{\mathrm{ms}} = \frac{g_{\mathrm{ms}}}{1 + g_{\mathrm{ms}}R_{\mathrm{S}}} \tag{4.38}$$

2）漏源电导 g_{ds}

$$g_{ds} = \frac{\mathrm{d}I_D}{\mathrm{d}V_{DS}}\bigg|_{V_{GS}=常数} \tag{4.39}$$

漏源电导表示漏源电压对漏源电流的控制作用。从图 4-4 可以看出，在非饱和区，当 V_{DS} 较小时，沟道可近似为一线性电阻。随着 V_{DS} 的增大，曲线开始弯曲，电导降低。由此可见，在非饱和区，JFET 等效于一个压控电阻。对于均匀沟道杂质分布，根据式(4.26)可得

$$g_{ds} = G_0\left[1 - \left(\frac{V_{DS} + V_{bi} - V_{GS}}{V_{p0}}\right)^{1/2}\right] \tag{4.40}$$

在饱和区，当输出特性为理想的饱和特性时，$g_{ds} = 0$。但实际上由于沟道长度调制效应，输出特性曲线略微向上倾斜，漏源电导 g_{ds} 为有限值。考虑漏极和源极的串联电阻后，总的漏源电导变为

$$g'_{ds} = \frac{g_{ds}}{1 + g_{ds}R_S + g_{ds}R_D} \tag{4.41}$$

或写为

$$\frac{1}{g'_{ds}} = \frac{1}{g_{ds}} + R_S + R_D$$

3）JFET 的寄生电容

结型场效应晶体管的电容包括栅极电容 C_g、栅漏电容 C_{gd} 和栅源电容 C_{gs}。栅极电容定义为

$$C_g = -\frac{\mathrm{d}Q_d}{\mathrm{d}V_{GS}}\bigg|_{V_{DS}=常数} \tag{4.42}$$

或

$$C_g = \frac{\mathrm{d}Q_c}{\mathrm{d}V_{GS}}\bigg|_{V_{DS}=常数} \tag{4.43}$$

式中，Q_d 为耗尽层电荷；Q_c 为沟道电荷。式(4.42)及式(4.43)说明，栅极电容表示漏源交流短路的条件下，栅源电压变化时，耗尽区宽窄发生变化，导致耗尽区电荷变化(沟道电荷发生相应的变化)而产生的电容效应。

栅源电压变化使耗尽区变窄时，n 沟道耗尽区的电离施主所带的正电荷必须被负电荷中和掉，故有电子从漏端和源端向耗尽区流动。栅电容的另一"极板"——p^+区的空间电荷区将取走同样多的负电荷从而形成栅电流 ΔI_G，如图 4-9 所示。由此可见，栅极电容可以看作栅源电容与栅漏电容的并联，即

$$C_g = C_{gs} + C_{gd} \tag{4.44}$$

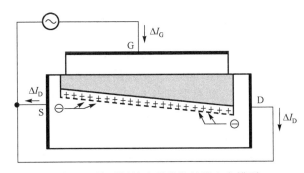

图 4-9　结型场效应晶体管的栅电容模型

式中,

$$C_{gs} = \frac{dQ_c}{dV_{GS}}\bigg|_{V_{DS}=常数}$$

$$C_{gd} = \frac{dQ_c}{dV_{GD}}\bigg|_{V_{GS}=常数}$$

在线性区, V_{DS} 很小, 它对耗尽层电荷的影响可以忽略。设耗尽层厚度为 y_n, 对于单栅极结构, 栅极电容

$$C_g = \frac{\varepsilon\varepsilon_0}{y_n} ZL \tag{4.45}$$

$$C_{gs} = C_{gd} = \frac{1}{2}\frac{\varepsilon\varepsilon_0}{y_n} ZL \tag{4.46}$$

在饱和区, 漏端沟道已经夹断, G、D 间电压变化对耗尽层电荷无影响, 故

$$C_{gd} = 0$$

若 V_{GS} 比较小, 平均耗尽层厚度近似为 $a/2$, 对于单栅极结构, 栅电容近似为

$$C_g = C_{gs} = 2\frac{\varepsilon\varepsilon_0}{a} ZL \tag{4.47}$$

3. 等效电路和截止频率

图 4-10 所示为平面 JFET 结构示意图。图中画出了由欧姆接触电阻和半导体体电阻形成的漏端和源端电阻。根据其物理结构, 可直接画出平面 JFET 的等效电路, 如图 4-11 所示。

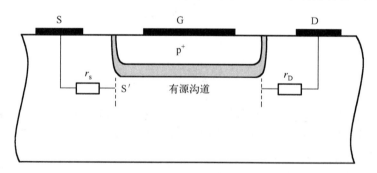

图 4-10 平面 JFET 结构示意图

图 4-11 中, $V_{g's'}$ 为内栅源电压或本征栅源电压, 由于 r_s 上的电压降, 其与外加栅源电压是有差异的; r_{gs} 和 C_{gs} 分别为栅源电阻和电容; r_{gd} 和 C_{gd} 分别为栅漏电阻和电容; r_{ds} 为漏极输出电阻, 它就是受控源 $g_m V_{g's'}$ 的内阻, 由于沟道长度调制效应, 其值不是无穷大而是有限值; C_{ds} 为漏源间寄生电容; C_s 为漏端与衬底间电容。

对于低频小信号, 图 4-11 可以简化为图 4-12。对于高频小信号, 为使分析简化并得到有物理意义的半定量的结果, 将图 4-11 简化为图 4-13。

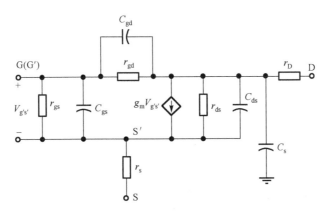

图 4-11　根据平面结构画出的 JFET 等效电路

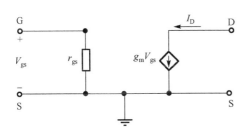

图 4-12　平面 JFET 简化低频等效电路

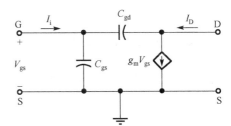

图 4-13　平面 JFET 简化高频等效电路

如图 4-13 所示，在输出交流短路条件下，

$$I_i = j\omega(C_{gs} + C_{gd})V_{gs} \tag{4.48}$$

定义 JFET 的输入电流 I_i 与输出电流 I_d 幅值相等时的频率为截止频率，即

$$2\pi f_t(C_{gs} + C_{gd})V_{gs} = g_m V_{gs}$$

由此可得

$$f_t = \frac{g_m}{2\pi(C_{gs} + C_{gd})} = \frac{g_m}{2\pi C_g} \tag{4.49}$$

考虑饱和工作状态下的截止频率。由式(4.27)可得

$$g_{ms} = G_0\left[1 - \left(\frac{V_{bi} - V_{GS}}{V_{p0}}\right)^{1/2}\right]$$

当栅源电压较小时，近似有

$$g_{ms} \approx G_0 = \frac{q\mu N_D Za}{L}$$

将上式和式(4.47)代入式(4.49)，得到饱和工作状态下 JFET 的最高工作频率

$$f_t = \frac{q\mu N_D a^2}{4\pi\varepsilon\varepsilon_0 L^2} \tag{4.50}$$

由此可见，要提高 JFET 的工作频率，主要措施是缩短沟道长度，提高沟道载流子的迁移率。

JFET 的截止频率，也可从沟道渡越时间的角度去分析。刚进入饱和区时，漏端电压等于电压 V_{p0}，若沟道长度为 L，则沟道平均电场强度约为 V_{p0}/L，设沟道载流子迁移率为 μ，则载流子的平均漂移速度

$$\bar{v} = \frac{\mu V_{p0}}{L} \tag{4.51}$$

载流子的沟道渡越时间为

$$\tau_t = \frac{L^2}{\mu V_{p0}} \tag{4.52}$$

由此可得 JFET 的最高工作频率即截止频率为

$$f_t = \frac{1}{2\pi\tau_t} = \frac{\mu V_{p0}}{2\pi L^2} = \frac{q\mu N_D a^2}{4\pi\varepsilon\varepsilon_0 L^2} \tag{4.53}$$

这一结果与式(4.50)相同。

4.1.4 JFET 的短沟道效应

前面对 JFET 的电流电压关系的讨论中有两个基本假定：①沟道载流子迁移率为常数；②漏端沟道夹断导致漏电流饱和。由此得到的结果对于长沟道器件 $(L \gg a)$ 是基本符合的。但对于短沟道 JFET，实验结果与理论有较大偏差。

硅中载流子漂移速度与电场强度的关系如图 4-14 所示。当电场强度较低时，载流子漂移速度随电场的增大而增大，迁移率近似为常数。当电场较强时，载流子的迁移率随电场的增大而减小。当电场强度超过某一临界电场 E_c(约为 5×10^4 V/cm)时，载流子漂移速度达到饱和值(约为 10^7 cm/s)。这就是迁移率的电场调制效应。电场强度与载流子漂移速度之间的一般关系可近似为(x 为沟道方向)

$$v = \frac{\mu E_x}{1 + \mu E_x / v_{\max}} \tag{4.55}$$

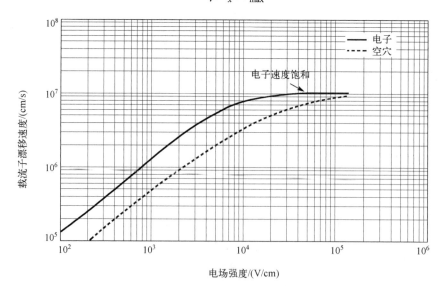

图 4-14 硅中载流子漂移速度与电场强度的关系

式中，μ 为弱电场时的迁移率；E_x 为沟道方向的电场；v_{max} 为载流子的饱和漂移速度。

考虑电场对迁移率的影响后，JFET 的漏极电流为

$$I_D = \frac{I_D(弱电场)}{1 + \dfrac{\mu V_{p0}}{v_{max} L}} \tag{4.56}$$

式中，分母大于 1。由此可见，对于相同的器件结构参数和材料参数，迁移率的电场调制效应使漏极电流减小。分母与 V_{GS} 无关，说明迁移率的电场调制效应使器件的跨导减小。

迁移率的电场调制效应的重要结果是导致 JFET 的非夹断饱和工作状态。对于短沟道高夹断电压器件，漏源电压小于夹断电压时，沟道电场可能已经很强，载流子的漂移速度已经达到饱和速度。这时，漏电流因速度饱和而饱和。换言之，漏电流饱和时漏端沟道并未夹断。

载流子漂移速度饱和时，漏电流由式(4.57)求出

$$I_D = q v_{max} n(x) A(x) \tag{4.57}$$

式中，$n(x)$ 为沟道中载流子浓度；$A(x)$ 为导电沟道截面积。

对于极短沟道的 JFET，可以近似认为整个沟道内载流子均以饱和速度漂移，从而使漏极电流饱和。根据电流连续原理，导电沟道截面在整个沟道应为定值。设沟道厚度为 b，沟道宽度为 Z，沟道杂质浓度为 N，则

$$I_D = q v_{max} N Z b \tag{4.58}$$

式(4.58)已经被 GaAs 器件的测试结果所证实。

4.2　绝缘栅场效应晶体管

4.2.1　半导体表面的特性和理想 MOS 结构

界面就是器件。第 2 章学习的 pn 结是界面，第 3 章学习的双极型晶体管是两个 pn 结界面，第 5 章将学习的肖特基器件是金属-半导体界面。金属-绝缘体-半导体(MIS)结构是本小节要讨论的另一种十分重要的半导体界面结构。

在各种 MIS 结构中，研究得较为深入是金属-氧化物-半导体(MOS)结构，常称为 MOS 二极管，如图 4-15 所示。其中，金属层的引出电极称为栅极，MOS 二极管的另一电极由半导体硅衬底引出。栅电压的正负指栅电压相对于硅衬底电压的正负。

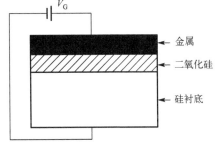

图 4-15　金属-氧化物-半导体(MOS)二极管

1. 平衡态和非平衡态理想 MOS 结构的能带图

以 p 型硅衬底上的 MOS 结构为例，理想的 MOS 结构的能带图，如图 4-16 所示。理想的 MOS 结构具有以下特点。

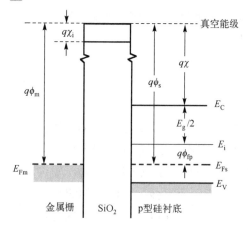

图 4-16 理想 MOS 二极管能带图($V_G=0$)

(1)零偏条件下，金属与半导体的功函数差为零，即

$$\phi_{ms} = \phi_m - \phi_s = \phi_m - \left(\chi + \frac{E_g}{2q} + \phi_f \right) = 0 \quad (4.59)$$

式中，ϕ_m 为金属功函数；ϕ_s 为半导体功函数；χ 为半导体的电子亲和势；E_g 为半导体的禁带宽度；能带图中，χ_i 为绝缘层(此处为 SiO_2)的电子亲和势，而 $\phi_m - \chi_i$ 则为金属与绝缘体之间的势垒高度；ϕ_f 为费米能级与本征费米能级之差，称为费米势，即

$$\phi_f = \frac{E_i - E_{Fs}}{q} \quad (4.60)$$

对于 p 型半导体，$\phi_f > 0$；对于 n 型半导体，$\phi_f < 0$。

(2)在任何直流偏置条件下，绝缘层内无电荷且绝缘层完全不导电。

(3)绝缘体与半导体界面不存在任何界面态。

理想 MOS 二极管能带图如图 4-16 所示，$\phi_m - \chi_i$ 以及 $\phi_s - \chi_i$ 分别称为修正的金属功函数和修正的半导体功函数，后文分别简称为金属功函数和半导体功函数，且仍然分别用符号 ϕ_m 和 ϕ_s 表示。

当栅压 $V_G < 0$ 时，相对于平衡态能带图，金属费米能级相对于衬底费米能级上移 qV_G。栅压产生的电场将半导体表面的电子推向体内，同时把半导体体内的空穴吸引到表面区域，p 型硅衬底表面的空穴浓度高于体内，半导体表面能带向上弯曲，即在半导体表面出现了多数载流子的积累，其能带图如图 4-17 所示。

当栅压 $V_G > 0$ 且栅压较小时，相对于平衡态能带图，金属费米能级相对于衬底费米能级下移 qV_G。栅电压产生的电场把半导体表面的空穴推向体内，使得表面区域的空穴浓度低于体内，半导体表面能带向下弯曲，近似认为，在半导体表面出现了多数载流子的耗尽状态，其能带图如图 4-18 所示。在突变空间电荷区近似下，设电离受主形成的空间电荷区宽度为 x_d，则半导体表面电荷的面密度为

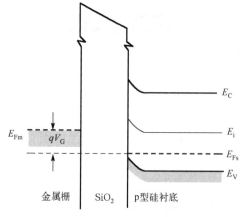

图 4-17 MOS 结构半导体表面积累状态的能带图

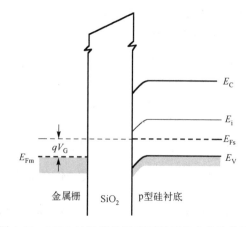

图 4-18 MOS 结构半导体表面耗尽状态的能带图

$$Q_d = -qN_A x_d \tag{4.61}$$

式中，N_A 为受主浓度，此处假定衬底杂质分布是均匀的。

若进一步增大栅极电压，更多的空穴被推向体内，耗尽区宽度扩大，半导体表面能带进一步向下弯曲。当栅压增大到一定值时，受表面电场的吸引，半导体表面薄层内出现电子。当表面处的本征费米能级降低到费米能级以下时，表面处的电子浓度超过空穴浓度，在半导体表面的电子薄层区域，导电的多数载流子是电子而不再是空穴。这种情形称为半导体表面的"反型"，即半导体表面的导电类型由 p 型"转换"成了 n 型。能带图如图 4-19 所示。在半导体表面，本征费米能级低于费米能级，按照载流子的玻尔兹曼分布，电子浓度大于空穴浓度。但是，如果 E_i 比 E_F 低得并不多，表面反型层内的电子浓度是微不足道的，这种情形称为"弱反型"。只有当 E_i 比 E_F 低得较多时，反型层内才会有较大的电子浓度，也才会有足够的导电能力。随着栅压的增加，半导体表面的电子浓度等于体内的受主浓度时，定义为 MOS 结构的"临界强反型"状态。通常近似认为，半体表面临界强反型时才具有导电能力，否则没有导电能力。

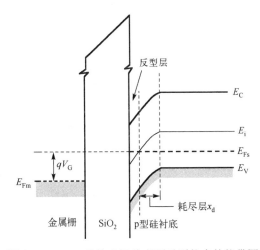

图 4-19 MOS 结构半导体表面反型状态的能带图

一旦达到临界强反型条件，进一步增大栅压时，表面能带向下弯曲量的微小增加，将导致反型层电子浓度较大的增加，而半导体表面耗尽区的宽度几乎不再变化，即反型层的电子电荷的屏蔽作用，电场不再进一步深入到半导体内。这时，半导体表面的面电荷密度为

$$Q_s = Q_n - qN_A x_{dmax} \tag{4.62}$$

式中，Q_n 为反型层电子电荷面密度；x_{dmax} 为最大耗尽层厚度。强反型条件下，MOS 二极管是由金属-二氧化硅-反型层-耗尽层-衬底中性区构成的五层结构。

类似分析，可画出 n 型衬底上的理想 MOS 结构的能带图，如图 4-20 所示。

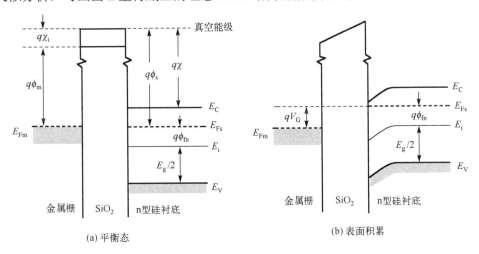

(a) 平衡态   (b) 表面积累

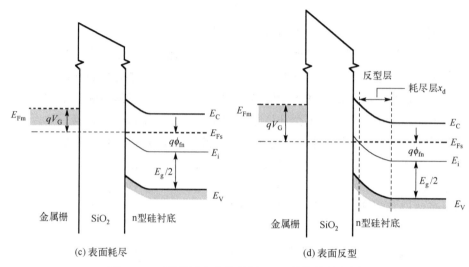

(c) 表面耗尽   (d) 表面反型

图 4-20 n 型硅衬底上的理想 MOS 结构的能带图

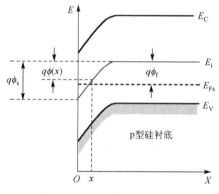

图 4-21 半导体表面能带图

2. 理想 MOS 结构的电荷、电场和电势分布

p 型硅衬底 MOS 结构半导体表面的能带图如图 4-21 所示。定义半导体的费米势 ϕ_f 为半导体内电中性区本征费米能级与费米能级之差，即

$$q\phi_f = E_i - E_F \tag{4.63}$$

因此，对于 p 型半导体

$$\phi_{fp} = \frac{kT}{q}\ln\left(\frac{N_A}{n_i}\right) \tag{4.64}$$

对于 n 型半导体

$$\phi_{fn} = -\frac{kT}{q}\ln\left(\frac{N_D}{n_i}\right) \tag{4.65}$$

现在引入表面势 ϕ_s 来描述表面能带弯曲的情况。在半导体表面，表面势以表面本征费米能级相对于体内本征费米能级的弯曲量除以 q 来表示，即

$$\phi_s = \frac{E_i(\text{体内}) - E_i(\text{表面})}{q} \tag{4.66}$$

能带弯曲区任一点的电势为

$$\phi(x) = \frac{E_i(\text{体内}) - E_i(x)}{q} \tag{4.67}$$

根据这一定义，对于理想 MOS 结构，负栅压产生的表面势小于零，正栅压产生的表面势大于零，零栅压时，表面势等于零。当偏压固定时，理想 MOS 二极管无电流，半导体处于热平衡状态，费米能级 E_F 保持平直。p 型硅衬底 MOS 结构表面的电子和空穴浓度可由玻尔兹曼统计分布分别表示为

$$n_s = n_{p0} \exp\left(\frac{q\phi_s}{kT}\right) \tag{4.68}$$

$$p_s = p_{p0} \exp\left(-\frac{q\phi_s}{kT}\right) \tag{4.69}$$

据此可知 p 型半导体表面有以下几种情况。

(1) $\phi_s < 0$ 时，$p_s > p_{p0}$，半导体表面空穴积累，能带向上弯曲；

(2) $\phi_s = 0$ 时，$p_s = p_{p0}$，能带平直；

(3) $0 < \phi_s < \phi_{fp}$ 时，$p_s < p_{p0}$，在耗尽层近似下，半导体表面空穴耗尽，能带向下弯曲；

(4) $\phi_s = \phi_{fp}$ 时，$p_s = n_s = n_i$，半导体表面处于本征状态；

(5) $\phi_s > \phi_{fp}$ 时，半导体表面本征费米能级弯曲至费米能级 E_F 之下，表面开始反型；

(6) $\phi_s = 2\phi_{fp}$ 时，$n_s = p_{p0}$，表面进入临界强反型状态。

能带弯曲区域的电势分布与电荷分布的关系由泊松方程确定。一维泊松方程为

$$\frac{d^2\phi}{dx^2} = -\frac{\rho(x)}{\varepsilon\varepsilon_0} \tag{4.70}$$

式中，空间电荷密度的一般表达式为

$$\rho(x) = q(N_D^+ + p - N_A^- - n) \tag{4.71}$$

式中，N_D^+、N_A^- 分别为电离施主和受主浓度。在半导体中性区，电中性条件成立，则

$$N_D^+ + p_{p0} - N_A^- - n_{p0} = 0 \tag{4.72}$$

在半导体表面附近能带弯曲区的载流子浓度分布可用能带弯曲区的电势分别表示为

$$n = n_{p0} \exp\left[\frac{q\phi(x)}{kT}\right] \tag{4.73}$$

$$p = p_{p0} \exp\left[-\frac{q\phi(x)}{kT}\right] \tag{4.74}$$

故泊松方程变为

$$\frac{d^2\phi}{dx^2} = -\frac{q}{\varepsilon\varepsilon_0}\left\{ p_{p0}\left[\exp\left(-\frac{q\phi(x)}{kT}\right) - 1\right] - n_{p0}\left[\exp\left(\frac{q\phi(x)}{kT}\right) - 1\right]\right\} \tag{4.75}$$

利用边界条件，在半导体中性区，$d\phi/dx = 0$。两边同乘 $d\phi$，由体内积分到表面，即

$$\int_0^{d\phi/dx}\left(\frac{d\phi}{dx}\right) d\left(\frac{d\phi}{dx}\right) = -\frac{q}{\varepsilon\varepsilon_0}\int_0^{\phi}\left\{ p_{p0}\left[\exp\left(-\frac{q\phi(x)}{kT}\right) - 1\right] - n_{p0}\left[\exp\left(\frac{q\phi(x)}{kT}\right) - 1\right]\right\} d\phi$$

得到表面区域的电场分布

$$E(x) = \pm\frac{2kT}{qL_D}\left\{\left[\exp\left(-\frac{q\phi(x)}{kT}\right) + \frac{q\phi(x)}{kT} - 1\right] + \frac{n_{p0}}{p_{p0}}\left[\exp\left(\frac{q\phi}{kT}\right) - \frac{q\phi}{kT} - 1\right]\right\}^{1/2} \tag{4.76}$$

$\phi > 0$ 时取正号，$\phi < 0$ 时取负号。式中，

$$L_D = \left(\frac{2\varepsilon\varepsilon_0 kT}{q^2 p_{p0}}\right)^{1/2}$$

称为半导体的非本征德拜长度。将式(4.76)中的 ϕ 换为 ϕ_s，就得到表面处 $(x=0)$ 的电场强度，即

$$E_s = \pm \frac{2kT}{qL_D}\left\{\left[\exp\left(-\frac{q\phi_s}{kT}\right) + \frac{q\phi_s}{kT} - 1\right] + \frac{n_{p0}}{p_{p0}}\left[\exp\left(\frac{q\phi_s}{kT}\right) - \frac{q\phi_s}{kT} - 1\right]\right\}^{1/2} \tag{4.77}$$

根据高斯定理

$$\iint\limits_S D\mathrm{d}s = Q$$

式中，D 为电位移矢量；S 为包含表面能带弯曲区的闭合区域；Q 为闭合区域内的净电荷。并规定电场强度指向半导体内部时为正，由此可得，MOS 结构半导体表面单位面积上的电荷密度(面电荷密度)为

$$Q_s = -\varepsilon\varepsilon_0 E_s$$

把式(4.77)的结果代入上式，可得

$$Q_s = \mp \frac{2\varepsilon\varepsilon_0 kT}{qL_D}\left\{\left[\exp\left(-\frac{q\phi_s}{kT}\right) + \frac{q\phi_s}{kT} - 1\right] + \frac{n_{p0}}{p_{p0}}\left[\exp\left(\frac{q\phi_s}{kT}\right) - \frac{q\phi_s}{kT} - 1\right]\right\}^{1/2} \tag{4.78}$$

使用式(4.78)时，须注意，当金属电极为正，即 $V_s > 0$ 时，Q_s 用负号；反之，Q_s 用正号。

图 4-22 给出室温下，$N_A = 4 \times 10^{15}\,\mathrm{cm}^{-3}$ 的 p 型半导体中，半导体表面电荷面密度 Q_s 与表面电势 ϕ_s 的函数关系。

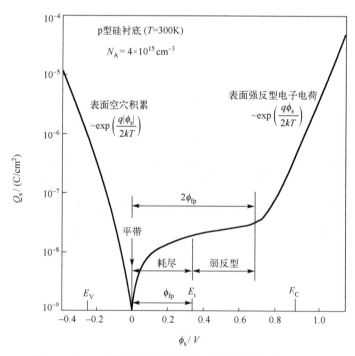

图 4-22　MOS 结构表面电荷密度随表面电势的关系曲线

设金属栅上的电荷为 Q_G，MOS 结构的电中性条件是

$$Q_G = -Q_s = -(Q_n + Q_d) \tag{4.79}$$

半导体表面的电场和电势分布可以由泊松方程的结果画出，如图 4-23 所示。现在加以定性说明。在半导体中性区内，$E = 0$。在半导体的耗尽区，电荷密度为常数，因此电场分布是线性的。在耗尽区与反型层的交界面，电场强度等于 $qN_A x_{dmax} / (\varepsilon\varepsilon_0)$。在反型条件下，反型层电荷 $|Q_n| > 0$，由高斯定理可知，表面电场强度 E_s 必定大于耗尽层与反型层界面的电场强度。但因反型层很薄（约 10nm 量级），故在图 4-23 中未画出反型层的电场分布。氧化层中没有任何电荷，故电场恒定不变，因 SiO_2 的电容率小于半导体的电容率，故氧化层的电场强度 $E_{ox} > E_s$。在金属氧化层界面电场突变至零。

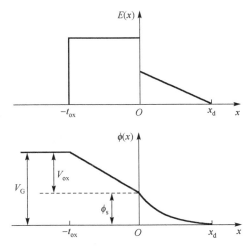

图 4-23　MOS 结构的电场分布（上图）及电势分布（下图）

在绝缘层，因电场恒定，所以电势线性下降。在半导体表面区电场线性下降，因此相应的电势按抛物线规律下降。半导体表面反型前，由泊松方程得到耗尽区的电势分布为

$$\phi(x) = \phi_s \left(1 - \frac{x}{x_d}\right)^2 \tag{4.80}$$

式中，ϕ_s 为表面势；x_d 为耗尽区宽度。ϕ_s 可表示为

$$\phi_s = \frac{qN_A x_d^2}{2\varepsilon\varepsilon_0} \tag{4.81}$$

根据强反型条件，当 $\phi_s = 2\phi_f$ 时，半导体表面进入强反型状态，耗尽区宽度达到最大值 x_{dmax}，由式（4.81）和式（4.64）可得

$$x_{dmax} = \left(\frac{4\varepsilon\varepsilon_0 \phi_{fp}}{qN_A}\right)^{1/2} \tag{4.82}$$

3. 典型 MOS 结构的电容电压特性

在理想 MOS 结构条件下，外加栅压一部分降落在氧化层上，另一部分降落在半导体表面的能带弯曲区域，如图 4-24 所示。

$$V_G = V_{ox} + \phi_s \tag{4.83}$$

式中，氧化层压降可表示为

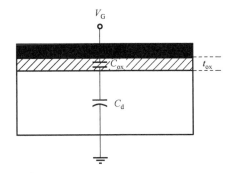

图 4-24　MOS 结构的电容组成

$$V_{ox} = -\frac{Q_s}{C_{ox}} \tag{4.84}$$

式中，C_{ox} 为栅氧化层单位面积电容，$C_{ox} = \varepsilon_{ox}\varepsilon_0 / t_{ox}$，$\varepsilon_{ox}$ 为栅氧化层介电常数；t_{ox} 为栅氧化层厚度。

MOS 结构的总电容 C 由氧化层电容和半导体表面空间电荷区的微分电容 C_d 串联组成，如图 4-24 所示，即

$$C = \frac{C_{ox}C_d}{C_{ox} + C_d} \tag{4.85}$$

式中，微分电容 C_d 定义为

$$C_d = \frac{dQ_s}{d\phi_s} \tag{4.86}$$

由式 (4.78) 求微分可得

$$C_d = \frac{\varepsilon\varepsilon_0}{L_D} \frac{\left[1 - \exp\left(-\frac{q\phi_s}{kT}\right)\right] + \frac{n_{p0}}{p_{p0}}\left[\exp\left(\frac{q\phi_s}{kT}\right) - 1\right]}{\left\{\left[\exp\left(-\frac{q\phi_s}{kT}\right) + \frac{q\phi_s}{kT} - 1\right] + \frac{n_{p0}}{p_{p0}}\left[\exp\left(\frac{q\phi_s}{kT}\right) - \frac{q\phi_s}{kT} - 1\right]\right\}^{1/2}} \tag{4.87}$$

当 $\phi_s = 0$ 时，MOS 结构的能带平直，对应的微分电容由式 (4.87) 求极限得到

$$C_d(\text{平带}) = \sqrt{2}\frac{\varepsilon\varepsilon_0}{L_D} \tag{4.88}$$

MOS 结构的平带电容 C_{FB}，等于氧化层电容与半导体表面平带条件下微分电容的串联，即

$$C_{FB} = \frac{\varepsilon_{ox}\varepsilon_0}{t_{ox} + \frac{1}{\sqrt{2}}\left(\frac{\varepsilon_{ox}}{\varepsilon}\right)L_D} \tag{4.89}$$

因 ϕ_s 随栅压 V_G 而变，微分电容 C_d 也随 V_G 而变，MOS 结构的总电容也随栅压而变。图 4-25 是典型 MOS 结构的电容-电压关系曲线。

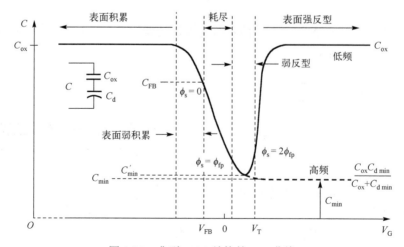

图 4-25　典型 MOS 结构的 C-V 曲线

当栅压为较大的负值时，半导体表面处于积累状态，半导体的作用类似一个导体，MOS 结构的总电容等于氧化层电容。当栅压为较低的负值时，积累层电荷变化的电容效应必须考虑，与氧化层电容串联的结果，总电容减小。栅压等于平带电压时的电容值就是平带电容 C_{FB}。从图 4-25 中可以看出，平带电容值小于氧化层电容。当栅压大于平带电压后，半导体表面开始耗尽，半导体表面空间电荷区的宽度随栅压的增大而展宽，微分电容 C_d 随着减小，因此总电容随栅压的增大而减小。当栅压增大到一定值时，半导体表面出现反型层，当半导体表面进入临界强反型状态时，空间电荷区宽度达最大值，MOS 结构的电容最小值的表达式为

$$\frac{1}{C_{min}} = \frac{1}{C_{ox}} + \frac{1}{C_{dmin}}$$

即

$$\frac{1}{C_{min}} = \frac{t_{ox}}{\varepsilon_{ox}\varepsilon_0} + \frac{x_{dmax}}{\varepsilon\varepsilon_0} \tag{4.90}$$

半导体表面临界强反型以后，栅压的微小增大，导致反型层电荷的迅速增加，外加电场被反型层所屏蔽，MOS 结构的总电容就是氧化层电容。但如果外加栅压为高频电压(如数千赫兹)，由于反型层中的载流子的产生与复合跟不上高频交流电压的变化，反型层电荷对电容没有贡献，空间电荷区电容仍由耗尽层的电荷变化所决定，在 C-V 特性曲线上表现为 MOS 电容的进一步降低，如图 4-25 中的虚线所示。

非理想的 MOS 结构，其 C-V 特性将偏离上述的理想特性，主要表现为平带电压的移动以及曲线斜率的变化。用 MOS 结构的 C-V 特性研究半导体表面的性质，已经成为研究和检测半导体表面状态的有力手段之一。

4.2.2　MOSFET 结构及其工作原理

如图 4-26 所示，在电阻率为数 $\Omega\cdot cm$ 的 p 型硅衬底上制作两个 n^+p 结，在两个 n^+p 结之间以二氧化硅(或其他绝缘介质)作绝缘膜制作 MOS 结构，就得到一个金属–二氧化硅–半导体场效应晶体管，简称 MOSFET。两个 n^+ 区引出的电极分别称为源极(用字母 S 表示)和漏极(用字母 D 表示)，MOS 结构金属栅上引出电极作为栅极 G。虽然 MOSFET 的 M 代表的是金属，但在现代集成电路中，栅极多由重掺杂的多晶硅充当。漏极 D 与源极 S 之间栅下的距离称为 MOSFET 的沟道长度，用字母 L 表示，栅下垂直于 DS 的距离称为 MOSFET 的沟道宽度，用字母 W 表示。MOSFET 的典型偏置状态如图 4-27 所示。

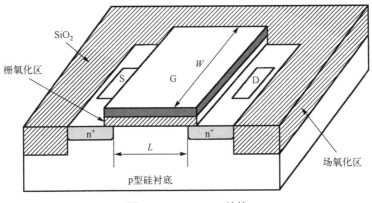

图 4-26　MOSFET 结构

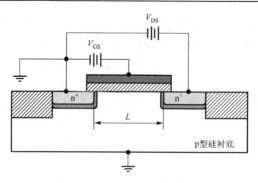

图 4-27   MOSFET 偏置状态

当栅源之间的偏置电压 $V_{GS} = 0$ 时，无论在 D、S 间加上什么极性的电压，D、S 间均被反偏的 pn 结所隔离，D、S 间没有电流，或只有极其微小的反向漏电流。

当栅源之间的偏置电压 $V_{GS} > 0$，但 V_{GS} 较小时，在栅下产生了一个指向 p 型硅衬底的电场，栅下衬底表面的空穴被推向体内，半导体表面出现了由电离受主形成的耗尽区。由于电离受主是不可动的负电荷，漏源之间仍不导电，如图 4-28(a) 所示，其能带图如图 4-28(b) 所示。

V_{GS} 进一步增大，半导体表面电场进一步增强，表面空间电荷区进一步向体内扩展。当 V_{GS} 增大到一定值时，半导体表面开始反型，栅下半导体表面薄层内出现导电电子。但是，在半导体表面进入临界强反型状态之前，反型层内的电子浓度是微不足道的，可近似认为 D、S 间仍不导电。当 V_{GS} 增大到栅下的半导体表面临界强反型时，栅下反型层内电子浓度已经足够高，在栅下形成了 n 型导电沟道，这一导电沟道把漏极和源极的两个 n^+ 区连接起来，如图 4-28(c) 和 (d) 所示。半导体表面开始强反型(临界强反型)时所需要加的栅源电压 V_{GS} 称为 MOSFET 的阈值电压，常用 V_T 表示。沟道开启以后，若继续增大 V_{GS}，沟道中电子浓度按指数规律增大，沟道的导电能力迅速增大。

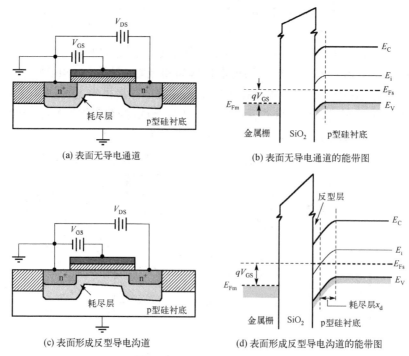

(a) 表面无导电通道   (b) 表面无导电通道的能带图

(c) 表面形成反型导电沟道   (d) 表面形成反型导电沟道的能带图

图 4-28   MOSFET 工作原理

固定漏源电压 V_{DS}、漏源电流 I_D 随 V_{GS} 的变化关系，称为 MOSFET 的转移特性。根据上面的分析，MOSFET 的转移特性如图 4-29 所示。

以 $V_{GS} \geqslant V_T$ 为参量，漏源电流 I_D 随 V_{DS} 的变化关系，称为 MOSFET 的输出特性。MOSFET 的输出特性如图 4-30 所示，MOSFET 漏源间导电沟道随 V_{DS} 的变化如图 4-31 所示。

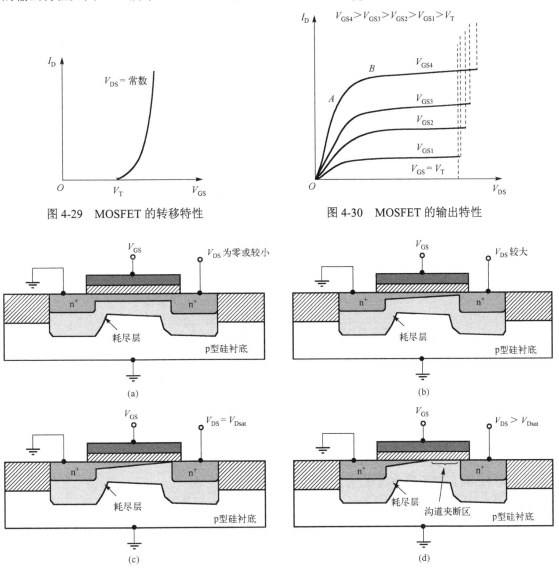

图 4-29　MOSFET 的转移特性　　　　　图 4-30　MOSFET 的输出特性

图 4-31　固定 V_{GS}（$\geqslant V_T$），随着 V_{DS} 增大，漏源间导电沟道的变化

当 V_{DS} 很小时，沟道的压降可以忽略不计，可近似认为栅-沟道间电位处处相等，于是可近似认为沟道厚度也处处相等，如图 4-31(a) 所示。这时，反型沟道就像一个线性电阻一样，故 I_D 与 V_{DS} 呈线性关系，如图 4-30 中 OA 段所示。沟道电阻的大小等于 OA 直线斜率的倒数。当 V_{DS} 继续增大时，从 D 流向 S 的电流增大，沟道压降增大，使得从源端到漏端栅与沟道间的电势差逐渐减小，沟道厚度逐渐减小，如图 4-31(b) 所示。沟道电阻增大，使 I_D 随 V_{DS} 的增长变慢，输出特性曲线逐渐弯曲，如图 4-30 中 AB 段所示。

当 V_{DS} 增大到某一定值 V_{Dsat} 时，漏端沟道消失，只剩下耗尽层，如图 4-31(c)所示。这种状态称为漏端沟道被夹断。漏端沟道夹断后，在漏源导电沟道之间出现了高阻的耗尽区。若继续增大 V_{DS}，增加的部分几乎全部降落在耗尽区上，未夹断区的压降近似不变，从而使漏源电流 I_D 近似不变，即出现了 I_D 的饱和，如图 4-30 的水平段所示。从源端到漏端漂移的载流子，运动到漏端耗尽区边界时，被耗尽区的强电场扫入漏极，类似于双极型晶体管中集电结耗尽区载流子的输运情形。由于 $V_{DS} = V_{Dsat}$ 时，漏源电流开始饱和，称 V_{Dsat} 为漏源饱和电压。

沟道夹断以后，V_{DS} 进一步增大，夹断区向源端扩展，使有效导电沟道长度缩短，如图 4-31(d)所示，载流子的漂移距离缩短，漏电流将略增大，这就是输出特性曲线饱和区略上翘的原因。这一现象称为 MOSFET 的沟道长度调制效应。

进一步增大 V_{DS}，当 V_{DS} 等于某电压值 BV_{DS} 时，I_D 急剧增大，漏端 pn 结发生雪崩击穿。BV_{DS} 称为 MOSFET 的击穿电压。

在 $V_{GS} \geq V_T$ 的条件下，V_{GS} 越大，反型沟道中的载流子浓度越高，对应的漏源电流 I_D 越大。选用不同的 V_{GS}，就可以得到一簇输出特性曲线，如图 4-30 所示。

4.2.3 MOSFET 的阈值电压

1. 理想 MOSFET 的阈值电压

MOS 结构满足 4.2.1 节定义的理想条件的 MOSFET 称为理想 MOSFET。对于理想 MOSFET，阈值电压 V_T 由两部分组成，一部分为临界强反型时半导体表面的电压降 $\phi_{s,i}$，另一部分为栅氧化层压降 V_{ox}，即

$$V_T = \phi_{s,i} + V_{ox}$$

根据式(4.64)可知，半导体表面临界强反型时的表面势为

$$\phi_{s,i} = 2\phi_{fp} = 2\frac{kT}{q}\ln\left(\frac{N_A}{n_i}\right) \tag{4.91}$$

氧化层压降，可用氧化层电容来表示，即

$$V_{ox} = \frac{Q_M}{C_{ox}} = -\frac{Q_s}{C_{ox}} \tag{4.92}$$

式中，Q_M 为金属栅上的电荷面密度；C_{ox} 为单位面积氧化层电容；Q_s 为半导体表面电荷面密度。Q_s 由反型层电荷 Q_n 和耗尽层电荷 Q_d 两部分组成。

$$Q_s = Q_n + Q_d \tag{4.93}$$

临界强反型条件下，反型层厚度很薄，Q_n 跟 Q_d 相比通常可忽略不计，于是

$$Q_s \approx Q_d \tag{4.94}$$

临界强反型后，反型层电子浓度随栅压的增大而指数增大，对耗尽层起了屏蔽作用，电场不再深入半导体内，可近似认为临界强反型后耗尽层厚度不再变化，所以，对于 n 沟 MOSFET 有

$$Q_d = -qN_A x_{dmax} \tag{4.95}$$

于是，理想 MOSFET 的阈电压可表示为

$$V_T = \phi_{s,i} + V_{ox} = 2\phi_{fp} - \frac{Q_d}{C_{ox}}$$

即

$$V_T = 2\frac{kT}{q}\ln\left(\frac{N_A}{n_i}\right) + \frac{qN_A x_{dmax}}{C_{ox}} \qquad (4.96)$$

2. 金属半导体功函数差对 V_T 的影响

一般来说，不同材料的功函数不同，如图 4-32(a) 所示。对于铝栅 MOSFET，杂质浓度为 10^{15}cm^{-3} 的 p 型硅的功函数为 4.09eV，铝的功函数为 3.2eV。铝的费米能级比 p 型硅衬底的高，形成 MOS 结构时，必然导致硅表面能带向下弯曲，如图 4-32(b) 所示。功函数差的大小为

$$\phi_{ms} = \phi_m - \phi_s \qquad (4.97)$$

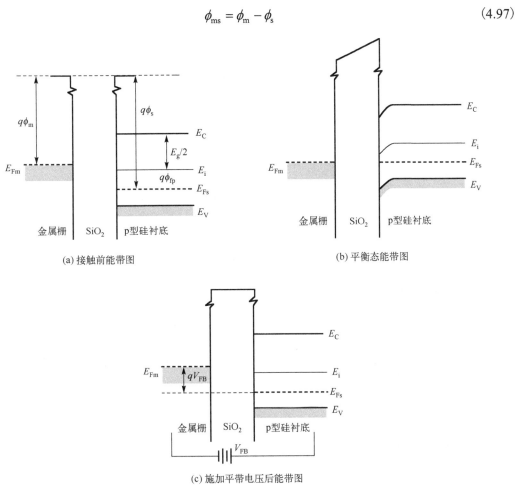

(a) 接触前能带图

(b) 平衡态能带图

(c) 施加平带电压后能带图

图 4-32 金属栅极-衬底间功函数差对阈值电压的影响

式中，ϕ_m 和 ϕ_s 分别为金属和半导体的功函数。显然，对于 n 沟 (p 型硅衬底) MOSFET，$\phi_{ms} < 0$，要使能带恢复平直，应当在栅极和衬底之间加一个小于零的电压，这个电压称为平带电压，以 V_{FB} 表示，即

$$V_{FB} = \phi_{ms} \tag{4.98}$$

由于金属栅极-半导体功函数差，阈值电压修正为

$$V_T = \phi_{s,i} + V_{ox} + V_{FB} \tag{4.99a}$$

对于 n 沟 MOSFET，有

$$V_T = 2\frac{kT}{q}\ln\left(\frac{N_A}{n_i}\right) + \frac{qN_A x_{dmax}}{C_{ox}} + \phi_{ms} \tag{4.99b}$$

金属-半导体功函数差的数据可由手册或图表获得。如果栅极为 n⁺或 p⁺多晶硅，也可以通过计算得到栅极-半导体功函数差，如图 4-33 所示，对于 n⁺多晶硅-n 型衬底 MOSFET，功函数差为

$$\phi_{ms} = -\left(\frac{E_g}{2q} - |\phi_{fn}|\right) \tag{4.100a}$$

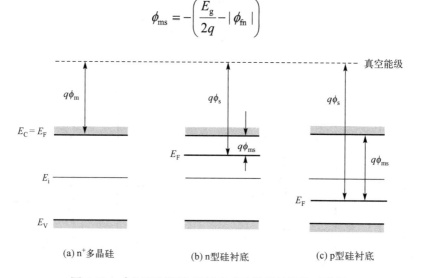

(a) n⁺多晶硅   (b) n型硅衬底   (c) p型硅衬底

图 4-33 n⁺多晶硅栅极-硅衬底功函数差的计算示意图

对于 n⁺多晶硅-p 型硅衬底 MOSFET，功函数差为

$$\phi_{ms} = -\left(\frac{E_g}{2q} + \phi_{fp}\right) \tag{4.100b}$$

p⁺多晶硅栅极-硅衬底功函数差的计算示意图，如图 4-34 所示。对于 p⁺多晶硅-n 型硅衬底 MOSFET，功函数差为

$$\phi_{ms} = \frac{E_g}{2q} + |\phi_{fn}| \tag{4.101a}$$

对于 p⁺多晶硅-p 型硅衬底 MOSFET，功函数差为

$$\phi_{ms} = \frac{E_g}{2q} - \phi_{fp} \tag{4.101b}$$

上述计算表明，当栅极为 n⁺多晶硅时，栅极-衬底功函数差为负值，当栅极为 p⁺多晶硅时，栅极-衬底功函数差是正值。这表明，栅极多晶硅导电类型的选择可以改变 MOSFET 阈值电压的大小。

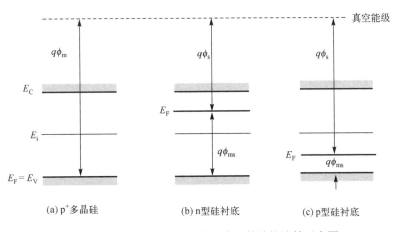

图 4-34　p^+ 多晶硅栅极-硅衬底功函数差的计算示意图

3. 氧化层及界面电荷对 V_T 的影响

在 Si-SiO$_2$ 系统中，存在四种电荷，如图 4-35 所示。

(1) 界面态电荷：即位于 Si-SiO$_2$ 界面的悬挂键，是由于晶格结构的周期性在表面处中断而产生的；

(2) SiO$_2$ 中的可动离子：如 Na$^+$、K$^+$ 等碱金属离子；

(3) 固定氧化层电荷：通常认为，这类电荷是由界面附近过剩的 Si 离子形成的；

(4) 电离陷阱电荷：由 X 射线等高能离子激发的电子–空穴对，电子被电场拉走，空穴被陷在 SiO$_2$ 中，形成陷阱电荷。电离陷阱电荷也可由热电子注入而产生。

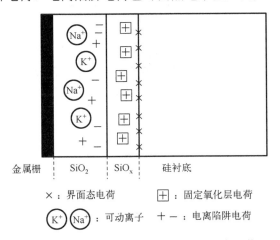

图 4-35　硅-二氧化硅的氧化层及界面态电荷

将以上四种电荷用位于 Si-SiO$_2$ 界面 SiO$_2$ 内的薄层电荷来等效，其电荷面密度记为 Q_{ox}。通常，$Q_{ox} > 0$，其存在使 MOS 结构的能带弯曲。对于 n 沟 MOSFET，Q_{ox} 在表面感生的负电荷使半导体表面能带向下弯曲，表面耗尽或反型。为使表面能带恢复平直，必须加一个负栅压，即平带电压，其大小为

$$V_{FB} = -\frac{Q_{ox}}{C_{ox}}$$

同时考虑功函数差与氧化层电荷时的影响，总的平带电压为

$$V_{FB} = \phi_{ms} - \frac{Q_{ox}}{C_{ox}} \tag{4.102}$$

综上所述，n 沟 MOSFET 的阈值电压为

$$V_T = 2\frac{kT}{q}\ln\left(\frac{N_A}{n_i}\right) + \frac{qN_A x_{dmax}}{C_{ox}} + \phi_{ms} - \frac{Q_{ox}}{C_{ox}} \tag{4.103}$$

同理可得，p 沟 MOSFET（n 型硅衬底）的阈值电压为

$$V_T = -2\frac{kT}{q}\ln\left(\frac{N_D}{n_i}\right) - \frac{qN_D x_{dmax}}{C_{ox}} + \phi_{ms} - \frac{Q_{ox}}{C_{ox}} \tag{4.104}$$

4. 衬底偏置效应

MOSFET 栅下的半导体表面反型以后，反型沟道与衬底的耗尽层导电类型相反，等效于一个 pn 结，这就是所谓感应 pn 结。衬底偏置指源极与衬底之间施加的电压 V_B，如图 4-36 所示。V_B 的极性应使感应 pn 结处于反偏。对于 p 型硅衬底，源极接电源正极，衬底接电源负极，$V_B > 0$。感应 pn 结加上衬底偏置以后，耗尽层总电势差由 $2\phi_{fp}$ 增大到 $2\phi_{fp} + V_B$，耗尽层进一步向衬底扩展，耗尽层总电荷增多，变为

$$Q_d = -qN_A\left[\frac{2\varepsilon\varepsilon_0}{qN_A}(2\phi_{fp} + V_B)\right]^{1/2} \tag{4.105}$$

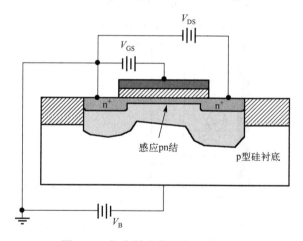

图 4-36　加有衬底偏置的 MOSFET

式中，中括号一项为加上衬底偏置后的总耗尽层厚度。与 $V_B = 0$ 的情形相比，衬底偏置使阈值电压发生移动，其移动量为

$$\Delta V_T = \frac{1}{C_{ox}}(2qN_A\varepsilon\varepsilon_0)^{1/2}[(2\phi_{fp} + V_B)^{1/2} - (2\phi_{fp})^{1/2}] \tag{4.106a}$$

式中，$\frac{1}{C_{ox}}(2qN_A\varepsilon\varepsilon_0)^{1/2}$ 通常用 SPICE 模型参数 γ 表示，即式（4.106a）可表示为

$$\Delta V_T = \gamma[(2\phi_{fp} + V_B)^{1/2} - (2\phi_{fp})^{1/2}] \tag{4.106b}$$

以上分析表明，衬底偏置效应使阈值电压向正方向移动，衬底杂质浓度越高，阈值电压的移动量越大。对于 p 沟 MOSFET 可做类似的讨论。

5. MOSFET 的类型

根据衬底材料的不同以及氧化层电荷特性和栅极特性的不同，可得到四种不同类型的 MOSFET 转移特性和输出特性。根据这些特性，将 MOSFET 分为 n 沟道增强型、n 沟道耗尽型、p 沟道增强型和 p 沟道耗尽型。各类 MOSFET 的转移特性和输出特性，如图 4-37 所示。

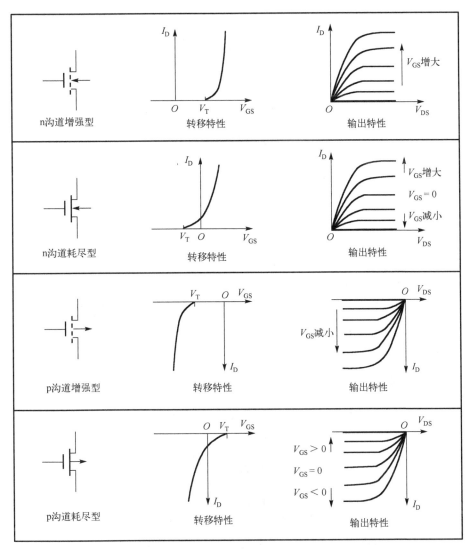

图 4-37 MOSFET 的四种类型

4.2.4 MOSFET 的电流电压关系

对于如图 4-38 所示的 MOSFET 结构，在进行数学分析时采用简化的一维模型，包括如下假设。

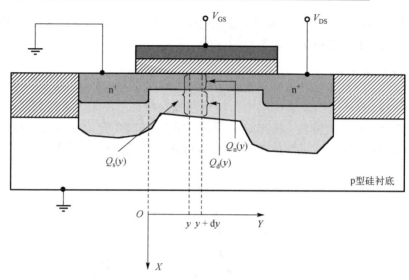

图 4-38　MOSFET 输出特性数学分析模型

(1) 只考虑沟道中的载流子漂移电流，不考虑扩散电流，即认为沟道载流子浓度分布是均匀的；

(2) 缓变沟道近似认为垂直于沟道方向的电场的变化率远大于沟道方向的电场变化率，即

$$\frac{\mathrm{d}E}{\mathrm{d}x} \gg \frac{\mathrm{d}E}{\mathrm{d}y} \tag{4.107}$$

这意味着沟道厚度沿沟道方向的变化很缓慢，y 方向电场近似为常数；

(3) 沟道内的多数载流子迁移率为常数；

(4) 强反型近似，即认为仅当 $\phi_s \geqslant 2\phi_{fp}$ 时，才有导电沟道，否则，反型层不导电；

(5) 氧化层电荷 Q_{ox} 为常数；

(6) 耗尽层近似。

1. 电流电压方程的推导

考虑图 4-38 偏置条件下的 n 沟 MOSFET，I_D 流入漏极为正，设沟道中 y 处单位面积的电荷密度（即电荷面密度）为 $Q_n(y)$，则漏电流为

$$I_D = -WQ_n(y)\mu_n \frac{\mathrm{d}V}{\mathrm{d}y} \tag{4.108}$$

式中，W 为沟道宽度；$\mathrm{d}V/\mathrm{d}y$ 为沟道方向电场。

沟道电荷面密度 $Q_n(y)$ 可由半导体表面总电荷面密度 Q_s 与半导体表面耗尽区面电荷密度之差求出。由氧化层电容与"极板"上电荷之间的关系，可得

$$Q_s = -C_{ox}V_{ox} \quad 或 \quad Q_M = C_{ox}V_{ox} \tag{4.109}$$

设 V_{DS} 在沟道中 y 点引起的电压降为 $V(y)$，则栅氧化层压降为

$$V_{ox} = V_{GS} - V_{FB} - \phi_{s,i} - V(y) \tag{4.110}$$

所以，$Q_n(y) = Q_s - Q_d = -C_{ox}[V_{GS} - V_{FB} - \phi_{s,i} - V(y)] - Q_d$ 可化简为

$$Q_n(y) = -C_{ox}[V_{GS} - V_T - V(y)] \tag{4.111}$$

将式(4.111)代入式(4.108)，可得

$$I_D = W\mu_n C_{ox}[V_{GS} - V_T - V(y)]\frac{dV}{dy} \tag{4.112}$$

对式(4.112)积分 $\int_0^L I_D dy = W\mu_n C_{ox}\int_0^{V_{DS}}[V_{GS} - V_T - V(y)]dV$，可得

$$I_D = \frac{W\mu_n C_{ox}}{L}\left[(V_{GS} - V_T)V_{DS} - \frac{V_{DS}^2}{2}\right] \tag{4.113}$$

式(4.113)常简记为

$$I_D = \beta\left[(V_{GS} - V_T)V_{DS} - \frac{V_{DS}^2}{2}\right] \tag{4.114}$$

式中，$\beta = \dfrac{W\mu_n C_{ox}}{L}$。式(4.114)表明，当 V_{DS} 很小时，平方项可略，I_D 与 V_{DS} 近似呈线性关系。

V_{DS} 继续增大，反型沟道从源端到漏端越来越狭窄，I_D 随 V_{DS} 的增长变慢。当 V_{DS} 继续增大到在漏端与 V_{GS}–V_T 相等时，漏端沟道夹断。这时的电压称为漏源饱和电压，简称饱和电压，记为 V_{Dsat}，即

$$V_{Dsat} = V_{GS} - V_T \tag{4.115}$$

将式(4.115)代入式(4.114)，可得饱和漏源电流表达式为

$$I_{Dsat} = \frac{W\mu_n C_{ox}}{2L}(V_{GS} - V_T)^2 = \frac{\beta}{2}(V_{GS} - V_T)^2 \tag{4.116}$$

饱和电流与漏源电压无关。

上述结果与讨论 MOSFET 的工作原理时得到的定性结论是一致的，MOSFET 的输出特性如图 4-39 所示，$V_{DS} = V_{GS} - V_T$ 的虚线称为临界饱和线。

MOSFET 与电流-电压关系相关的一个重要参数是跨导，通常用符号 g_m 表示。跨导的定义为

$$g_m = \frac{dI_D}{dV_{GS}}\bigg|_{V_{DS}=常数} \tag{4.117}$$

跨导的大小等于转移特性曲线的斜率，反映栅压对漏极电流的控制能力。g_m 越大，控制能力越强。在非饱和区，根据式(4.114)可得

$$g_m = \beta V_{DS} \tag{4.118}$$

在饱和区，根据式(4.116)可得

$$g_m = \beta(V_{GS} - V_T) \tag{4.119}$$

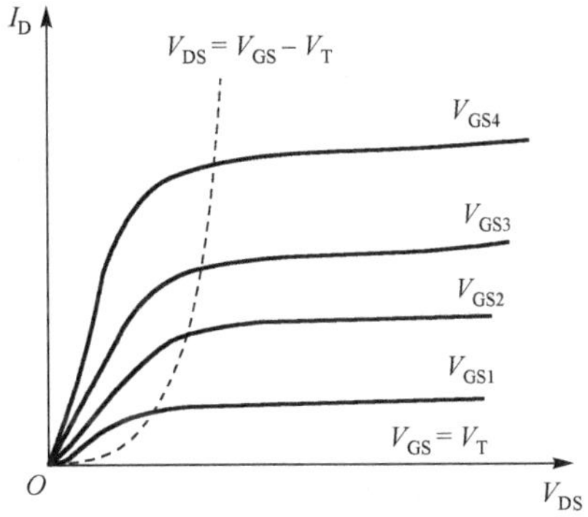

图 4-39　MOSFET 的输出特性

跨导正比于 β，即跨导正比于沟道的宽长比，反比于氧化层厚度。从器件设计的角度看，要增加 g_m，就要增加 β，即通过增加沟道宽长比、增加氧化层电容、增加沟道载流子迁移率等措施来实现。对于同一芯片上的 MOSFET，跨导的调整可通过改变器件的宽长比来实现。

2. 电流电压方程的进一步讨论

上述分析隐含了阈电压为常数的基本假定，认为 V_T 与漏源电压 V_{DS} 无关。实际上，加上 V_{DS} 后，由于沟道压降，栅下的感应 pn 结处于非平衡态，半导体表面耗尽区厚度随着沟道压降的增加而增加。越靠近漏端，感应 pn 结上的反偏压越大，耗尽区越宽，要求表面强反型时的表面势越大，故阈电压为位置的函数。

$$V_T = V_T(y) \tag{4.120}$$

耗尽层电荷也为位置的函数。对于 n 沟 MOSFET，

$$Q_d = -qN_A x_{dmax}(y) \tag{4.121}$$

即

$$Q_d = -(2qN_A\varepsilon_s)^{1/2}[2\phi_{fp} + V(y)]^{1/2} \tag{4.122}$$

阈电压修正为

$$V_T = V_{FB} + 2\phi_{fp} + \frac{1}{C_{ox}}(2qN_A\varepsilon_s)^{1/2}[2\phi_{fp} + V(y)]^{1/2} \tag{4.123}$$

反型层电荷修正为

$$Q_n(y) = -C_{ox}\left\{V_{GS} - V_{FB} - 2\phi_{fp} - \frac{1}{C_{ox}}(2qN_A\varepsilon_s)^{1/2}[2\phi_{fp} + V(y)]^{1/2} - V(y)\right\} \tag{4.124}$$

将上述结果代入式(4.108)，并采用式(4.113)的积分方法，可得

$$I_D = \beta\left[(V_{GS} - V_{FB} - 2\phi_{fp})V_{DS} - \frac{V_{DS}^2}{2} - \frac{2}{3C_{ox}}(2qN_A\varepsilon_s)^{1/2}(2\phi_{fp} + V_{DS})^{3/2} - (2\phi_{fp})^{3/2}\right] \tag{4.125}$$

将 $V_{DS} = V_{GS} - V_T|_{y=L}$ 代入式(4.116)，可得饱和区的伏安特性。式中，$V_T|_{y=L}$ 为漏端的阈电压。

阈值电压为沟道方向位置的函数也可以简单地表述为

$$V_T(y) = V_T(0) + kV(y) \tag{4.126}$$

式中，$V_T(0)$ 为源端的阈值电压，即式(4.103)或式(4.104)的结果，在以下的论述中仍用 V_T 表示。重复电流电压方程的推导过程，可得

$$I_D = \frac{W\mu_n C_{ox}}{L}\left[(V_{GS} - V_T)V_{DS} - (1+k)\frac{V_{DS}^2}{2}\right] \tag{4.127}$$

漏极电流对漏源电压求导，并令其等于零，可求出饱和漏源电压为

$$V_{Dsat} = \frac{V_{GS} - V_T}{1+k} \tag{4.128}$$

饱和漏源电流为

$$I_{Dsat} = \frac{W\mu_n C_{ox}}{2(1+k)L}(V_{GS} - V_T)^2 \tag{4.129}$$

这就是 SPICE 模型中的电流电压方程，k 值由实验确定。与把 V_T 当作常数相比，考虑阈值电压在沟道方向的变化后得到的上述伏安特性与实验结果符合得更好。但是，当 V_{DS} 较小时，两种模型的结果是非常接近的。

3. 饱和区电流的进一步讨论

1）沟道长度调制效应

按照夹断饱和理论，MOSFET 输出特性曲线在饱和区应是水平的。然而，实际的输出特性曲线略微上翘。前面已经指出，沟道夹断以后，V_{DS} 进一步增大，夹断区向源端扩展，使有效导电沟道长度缩短，载流子的漂移距离缩短，漏电流将略增大，这一现象称为 MOSFET 的沟道长度调制效应。这是饱和区输出特性曲线略上翘的原因之一。图 4-31 重绘如图 4-40 所示。由图可知

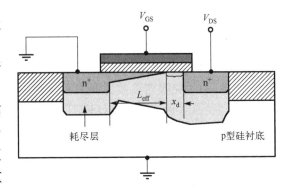

图 4-40 漏端沟道夹断，有效沟道长度缩短

$$L_{\text{eff}} = L - x_{\text{d}} \tag{4.130}$$

式中，$x_{\text{d}} \approx \left[\dfrac{2\varepsilon\varepsilon_0(V_{\text{DS}} - V_{\text{Dsat}})}{qN_{\text{A}}} \right]^{1/2}$。根据式（4.116），漏极电流变为

$$I'_{\text{Dsat}} = \frac{W\mu_{\text{n}}C_{\text{ox}}}{2L_{\text{eff}}}(V_{\text{GS}} - V_{\text{T}})^2 \tag{4.131}$$

显然，$I'_{\text{Dsat}} > I_{\text{Dsat}}$，漏源电压越大，夹断区向源端扩展越多，有效沟道长度越短，漏极电流也就越大。在 SPICE 模型中，将沟道长度效应用一个参数 λ 简单表示为

$$I_{\text{Dsat}} = \frac{W\mu_{\text{n}}C_{\text{ox}}}{2L}(V_{\text{GS}} - V_{\text{T}})^2(1 + \lambda V_{\text{DS}}) \tag{4.132}$$

式中，λ 为沟道长度的函数，其大小可通过实验确定。

2）漏区静电场对沟道的反馈作用

实验发现，当衬底电阻率较高、沟道较短时，$I_D(V_{DS})$ 的上翘比沟道长度调制效应预计的要大，原因之一就是漏区电场对沟道的静电反馈作用。

如图 4-41 所示，当 $V_{DS} > V_{Dsat}$ 后，漏端耗尽区随 V_{DS} 的增大而扩展，耗尽区宽度与沟道长度相接近，这时的漏电力线不再全部终止于衬底的空间电荷上，而是有相当一部分电力线终止于沟道区的可动电荷上，出现了漏端与沟道的静电耦合作用。当漏端电压增大时，漏电场增强，终止于沟道区的电力线增多，使沟道中的电子数增加。于是，沟道电子浓度不仅受栅压控制，而且受到漏电压的影响，导致漏电流随 V_{DS} 的增大而增大的现象。

3）漏源间的势垒降低效应（Drain Induced Barrier Lowering，DIBL 效应）

如图 4-42 所示，当衬底电阻率较高、沟道较短时，会出现漏端耗尽区与源端耗尽区相

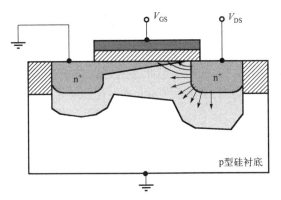

图 4-41 漏电场的静电反馈作用

接近的情况，源端耗尽区向漏端耗尽区直接注入电子，导致漏电流不饱和。在这种情形下，由于源区电子势能高于漏区电子势能，源区电子在漏端电场的作用下直接形成漏极电流的一部分，此电流与漏源电压的平方成正比，与沟道电流并联，导致漏电流不饱和。当源端势垒较低时，电流的大小主要由注入载流子在空间电荷区的输运速度所决定，即由漏源电压在空间电荷区形成的电场大小所决定，所以，这种效应又称为空间电荷限制效应。

　　DIBL 效应使亚微米和深亚微米 MOSFET 栅极电压对漏源间电流的控制作用减弱，器件性能劣化。为了克服这种效应而又不改变器件的阈值电压，可在沟道中的源漏两端插入一重掺杂的 p 型区（对于 n 沟道 MOSFET），在沟道区形成两端浓度高，中间浓度低的杂质分布。这种工艺称为口袋型掺杂（Halo/Pocket Implant），如图 4-43 所示。

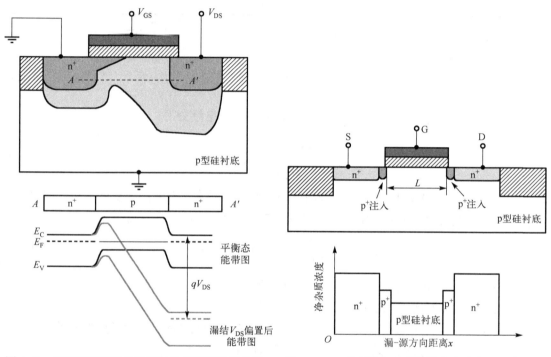

图 4-42　漏源间出现势垒降低时的耗尽区及能带图　　图 4-43　口袋型掺杂及其沟道方向净杂质浓度分布

4.2.5　MOSFET 的亚阈区导电

　　MOSFET 的亚阈区导电指半导体的表面势介于 ϕ_f 与 $2\phi_f$ 的导电状态。这时半导体表面处于弱反型状态，反型层内的载流子浓度介于本征载流子浓度与衬底多子浓度之间。4.2.1 节和 4.2.2 节的强反型假定认为这时沟道根本不导电。实际上，从弱反型状态到强反型状态是逐渐过渡的。弱反型时也能导电，只不过电流较小而已，这时的电流称为亚阈区电流，记为 I_{Dsub}，弱反型工作区称为亚阈区。

　　实验表明，亚阈区导电与强反型导电具有不同的性质，其伏安特性的显著特点是 I_{Dsub} 与 V_{GS} 呈指数关系。

　　以 n 沟 MOSFET 为例，在弱反型状态下，反型层中的电子浓度很低，故漂移电流很小，但在漏源电压 V_{DS} 的作用下，从源端到漏端的电子浓度梯度却可能很大，扩散电流（$\propto \mathrm{d}n/\mathrm{d}y$）与漂移电流相比显得更加重要。计算时，忽略漂移电流，而只考虑扩散电流，可得

$$I_{\mathrm{Dsub}} = -qAD_{\mathrm{n}}\frac{\mathrm{d}n}{\mathrm{d}y}$$

此式可近似为

$$I_{\mathrm{Dsub}} = qAD_{\mathrm{n}}\frac{n(0) - n(L)}{L} \tag{4.133}$$

式中，A 为沟道截面积；D_{n} 为电子扩散系数；$n(0)$ 和 $n(L)$ 分别为源端及漏端反型沟道中的电子浓度。根据 pn 结理论，在玻尔兹曼分布近似下，可得

$$n(0) = n_{\mathrm{p0}} \exp\left(\frac{q\phi_{\mathrm{s,sub}}}{kT}\right) \tag{4.134}$$

$$n(L) = n_{\mathrm{p0}} \exp\left[\frac{q(\phi_{\mathrm{s,sub}} - V_{\mathrm{DS}})}{kT}\right] \tag{4.135}$$

把式(4.134)、式(4.135)代入式(4.133)，可得

$$I_{\mathrm{Dsub}} = \frac{qAD_{\mathrm{n}}n_{\mathrm{p0}}}{L} \exp\left(\frac{q\phi_{\mathrm{s,sub}}}{kT}\right)\left[1 - \exp\left(-\frac{qV_{\mathrm{DS}}}{kT}\right)\right] \tag{4.136}$$

式(4.136)中，当 V_{DS} 大于几个 kT/q 后，负指数项趋于零，漏电流几乎与漏源电压无关，而近似与 V_{GS}（式(4.136)中的 $\phi_{\mathrm{s,sub}}$ 与 V_{GS} 成正比）呈指数关系，较好地说明了实验结果。

　　MOSFET 的亚阈值区导电特性的重要参数是亚阈值区电流斜率。在亚阈值区，加在栅源之间的电压小于阈值电压，即

$$V_{\mathrm{GS}} = V_{\mathrm{FB}} + \phi_{\mathrm{s,sub}} - \frac{Q_{\mathrm{d}}(\phi_{\mathrm{s,sub}})}{C_{\mathrm{ox}}} \tag{4.137}$$

式中，$\phi_{\mathrm{s,sub}}$ 为亚阈值区表面势。亚阈值区耗尽层厚度为

$$x_{\mathrm{d}} = \left(\frac{2\varepsilon\varepsilon_0\phi_{\mathrm{s,sub}}}{qN}\right)^{1/2}$$

式中，N 为半导体表面杂质浓度。栅极下半导体表面电荷密度为

$$Q_{\mathrm{d}}(\phi_{\mathrm{s,sub}}) \approx -qNx_{\mathrm{d}} = -\left(2qN\varepsilon\varepsilon_0\phi_{\mathrm{s,sub}}\right)^{1/2}$$

　　将表面电荷在阈值点附近展开并取近似，可得

$$Q_{\mathrm{d}}(\phi_{\mathrm{s,sub}}) \approx Q_{\mathrm{d}}(\phi_{\mathrm{s,i}}) + (\phi_{\mathrm{s,sub}} - \phi_{\mathrm{s,i}})\frac{\mathrm{d}Q_{\mathrm{d}}(\phi_{\mathrm{s,i}})}{\mathrm{d}\phi_{\mathrm{s,sub}}} = Q_{\mathrm{d}}(\phi_{\mathrm{s,i}}) - (\phi_{\mathrm{s,sub}} - \phi_{\mathrm{s,i}})C_{\mathrm{d}}\phi_{\mathrm{s,sub}} \tag{4.138}$$

式中，C_{d} 为半导体表面耗尽层电容；$\phi_{\mathrm{s,i}}$ 为阈值点(临界强反型)表面势。于是，亚阈值栅源电压可表示为

$$V_{\mathrm{GS}} = V_{\mathrm{FB}} + \phi_{\mathrm{s,sub}} - \frac{Q_{\mathrm{d}}(\phi_{\mathrm{s,i}})}{C_{\mathrm{ox}}} + (\phi_{\mathrm{s,sub}} - \phi_{\mathrm{s,i}})\frac{C_{\mathrm{d}}\phi_{\mathrm{s,sub}}}{C_{\mathrm{ox}}} \tag{4.139}$$

两边同时减去一个阈值电压，可得

$$V_{\mathrm{GS}} - V_{\mathrm{T}} = \phi_{\mathrm{s,sub}} - \phi_{\mathrm{s,i}} + (\phi_{\mathrm{s,sub}} - \phi_{\mathrm{s,i}})\frac{C_{\mathrm{d}}\phi_{\mathrm{s,sub}}}{C_{\mathrm{ox}}} \tag{4.140}$$

即

$$V_{GS} - V_T = (\phi_{s,sub} - \phi_{s,i})\left[1 + \frac{C_d \phi_{s,sub}}{C_{ox}}\right] = n(\phi_{s,sub} - \phi_{s,i}) \tag{4.141}$$

式中，n 为电容比值，当栅极氧化层电容比耗尽层电容大得多时，n≈1。根据式（4.141），亚阈值区半导体表面势也可表示为

$$\phi_{s,sub} = \phi_{s,i} + \frac{V_{GS} - V_T}{n} \tag{4.142}$$

当 V_{DS} 大于几个 kT/q 时，$n(L)$ 近似等于零，式（4.136）可近似为

$$I_{DS} = \frac{qAD_n n_{p0}}{L} \exp\left(\frac{q\phi_{s,i}}{kT}\right) \exp\left(\frac{V_{GS} - V_T}{nkT/q}\right) \tag{4.143}$$

据此，可将晶体管亚阈值区漏电流简记为

$$I_{DS}\big|_{V_{GS}=0} = I_{DS}\big|_{V_{GS}=V_T} \exp\left(-\frac{V_T}{S}\right) \tag{4.144}$$

式中，

$$S = n\frac{kT}{q} \tag{4.145}$$

其物理意义是亚阈值区电流随电压的衰减速率，称为亚阈值区电流斜率，其值大于等于 26mV。若电流纵坐标用常用对数，电压横坐标仍用线性标度，则亚阈值区电流-电压关系的斜率大于等于 60mV/dec。亚阈值区电流斜率越大，阈值电压越低，晶体管零偏时的漏电流越大。对于现代超大规模集成电路，零偏时的漏电流成为制约电路性能的关键因素之一。

4.2.6 MOSFET 的击穿电压

1. 栅介质的可靠性与栅介质的击穿[13-24]

栅极击穿电压的大小取决于栅介质介电强度的大小。以二氧化硅栅介质为例，其临界电场的大小为 0.5~1.0V/nm，50nm 厚栅介质的击穿电压为 30V 左右。一般认为，在正常工作条件下，栅介质不会发生击穿。值得注意的是，栅氧化层电容很小，氧化层绝缘电阻很高，栅极电荷不易泄放掉，根据关系式

$$V = \frac{Q}{C_{ox}}$$

较小的电荷（如静电感应）也会产生很高的电压，使氧化层击穿。

更为重要的是，当器件的特征尺寸缩小到深亚微米量级，对 10 纳米量级和纳米级的超薄栅介质，必须考虑隧道击穿效应。如图 4-44 所示，图 4-44(a) 表示较高栅压下通过较薄的三角形势垒发生的隧穿（Fowler-Nordheim 隧穿），图 4-44(b) 表示通过栅氧化层的直接隧穿。只要隧穿电流不太大，器件处于准击穿或软击穿状态，虽然器件性能下降，一般不会影响电路的性能。但隧穿电荷会增加栅介质的缺陷密度，随着时间的推移，缺陷达到某一临界值时，将出现栅电流密度的急剧增大，发生硬击穿。这时，如果没有外电路的限流措施，将造成栅介质的永久性失效。这就是与累计工作时间相关的退化击穿（Time Dependent Dielectric Breakdown，TDDB）。

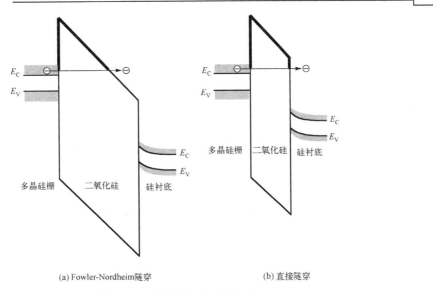

(a) Fowler-Nordheim隧穿　　　　　　(b) 直接隧穿

图 4-44　两种栅介质击穿形式

在栅介质的退化过程中，栅介质区的势垒形状变化如图 4-45 所示。在偏置条件下，从栅极进入氧化层的电子可能获得足够的能量而成为热电子，这些热电子的能量足够高时，在氧化层中碰撞电离产生电子–空穴对。在电场的作用下，空穴向栅极一侧输运，而电子向硅衬底一侧输运。然而电子和空穴在氧化层中的迁移率极低，在输运过程中被氧化层俘获，在近栅极侧出现了净的正电荷，在近衬底侧出现了净的负电荷，由于氧化层电荷分布的改变，氧化层的能带结构也发生了改变。近栅侧的正电荷使近栅侧的电场进一步增强，电子隧道穿通的势垒变薄，产生更多的热电子，氧化层俘获更多的电荷，近栅侧氧化层的电场进一步增强，这是一个正反馈过程，将加速栅介质的退化过程。

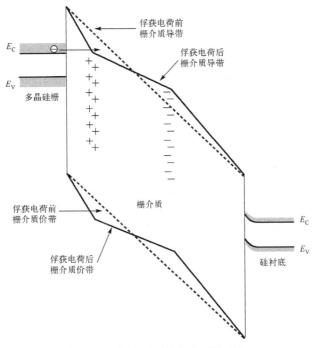

图 4-45　栅介质区的势垒形状变化

　　退化过程中缺陷密度的增加对栅介质击穿的影响可用图 4-46 来表示。在电压或电流应力的作用下，栅介质中的缺陷密度增加到某一临界值时，栅介质中形成由缺陷或陷阱连接的电流渗漏通道，栅极电流增大，渗漏通道的横截面很小，很微弱的渗漏电流可能导致局部温度升高，甚至超过介质或硅衬底熔点温度，缺陷横向扩展，导电沟道扩大，最终导致栅介质的完全击穿。

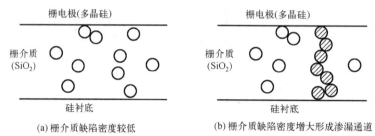

(a) 栅介质缺陷密度较低　　　　　(b) 栅介质缺陷密度增大形成渗漏通道

图 4-46　栅介质缺陷密度的增加，形成栅电极与衬底间的电流渗漏通道

　　用透射电子显微镜和原子力显微镜，观测到软击穿和硬击穿后微观结构的变化，证实了栅介质退化过程中局部高温升的推断。伴随栅介质击穿的一种有趣的结果是与电压应力极性相关的界面外延现象(Dielectric Breakdown Induced Epitaxy, DBIE)，如图 4-47 所示。由图可知，外延总是出现在阴极一侧，外延机理可解释为电子注入导致的电迁徙现象和微区熔融状态的外延现象。实际观测到的衬底沟道硅外延结构如图 4-48 所示。外延的直接后果是有效栅介质厚度减薄，击穿电压降低。外延也可直接导致栅电极和衬底的短路而使器件失效。

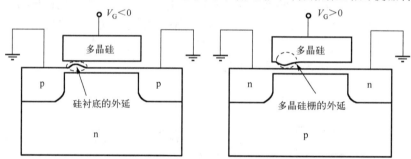

图 4-47　电压应力作用下硅衬底的向上外延以及多晶硅电极的向下外延

2. 漏源击穿

　　漏源击穿电压是 MOSFET 重要的特性参数。当 MOSFET 的 V_{DS} 增大到一定值时，漏电流 I_D 急剧增大，出现漏源之间的击穿，漏源击穿电压以 BV_{DS} 表示。

　　漏源击穿的原因之一是漏端 pn 结的雪崩击穿，可按一般 pn 结的击穿理论进行计算。但实际测量得到的 BV_{DS} 总是低于此值，主要原因是漏 n^+ 区-衬底结相当浅，结面在靠近沟道一侧具有很大的曲率，耗尽区电场在 n^+p 结曲率大的地方集中，如图 4-49 所示，导致漏 pn 结的击穿电压降低。提高漏源击穿电压的途径是降低漏端 pn 结的曲率，采用的措施是在导电沟道与漏 n^+

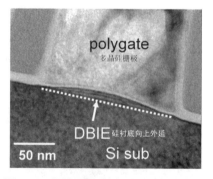

图 4-48　栅介质软击穿后用透射电子显微镜观测到的硅衬底向栅介质的外延现象

区之间插入轻掺杂的 n⁻ 区，称为轻掺杂漏区（简称 LDD）晶体管，其杂质分布和电场分布如图 4-50 所示，从上至下分别为剖面结构和净杂质分布示意图，插入轻掺杂层后，漏 pn 空间电荷区的峰值电场降低，故提高了击穿电压。

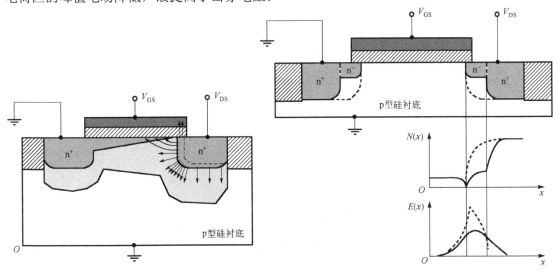

图 4-49　MOSFET 漏区电力线分布示意图　　图 4-50　漏区轻掺杂的晶体管的剖面结构、杂质分布和电场分布示意图

同时考虑 LDD 掺杂和为克服 DIBL 效应而引入的口袋型掺杂，一个 n 沟道 MOSFET 的剖面结构和杂质分布如图 4-51 所示。

MOSFET 的漏源间发生穿通，也会使 BV_{DS} 低于漏 pn 结的雪崩击穿电压。这种击穿发生在电阻率较高，沟道较短的 MOSFET 中。当漏端 pn 结空间电荷区与源端空间电荷区相连时，源区电子直接注入漏端 pn 结空间电荷区，在漏区电场的作用下漂移，形成很大的漏极电流，与雪崩击穿的现象类似。记穿通电压为 V_{PT}，考虑到漏 n⁺ 区杂质浓度往往比沟道区杂质浓度高得多，根据耗尽层近似，可得

$$V_{PT} = \frac{qN}{2\varepsilon\varepsilon_0}L^2 - V_{bi} \approx \frac{qN}{2\varepsilon\varepsilon_0}L^2 \tag{4.146}$$

式中，L 为沟道长度；N 为沟道杂质浓度。

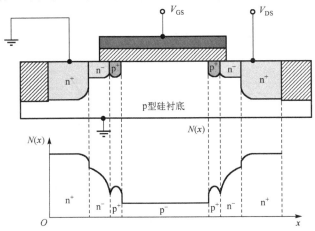

图 4-51　采用 LDD 掺杂同时也实施口袋型掺杂的 n 沟道 MOSFET 剖面图及其杂质分布

4.2.7 MOSFET 的高频等效电路和频率特性

MOSFET 的高频等效电路可直接根据其物理结构画出，如图 4-52 所示。图中，r_s 和 r_d 分别为源端和漏端电阻，包括体电阻和欧姆接触电阻两部分；V'_{gs} 为扣除 r_s 上电压降之后加于栅源之间的电压，称为本征栅源电压；C_{gsp} 和 C_{gdp} 分别为栅极与源端和漏端覆盖部分的 MOS 电容；C_{gs} 和 C_{gd} 分别为栅极与衬底之间相对于源端和漏端的 MOS 电容。

$$C_{gs} = -\frac{\mathrm{d}Q_s}{\mathrm{d}V_{GS}}\bigg|_{\Delta V_{GD}=0} \tag{4.147}$$

$$C_{gd} = -\frac{\mathrm{d}Q_s}{\mathrm{d}V_{GD}}\bigg|_{\Delta V_{GS}=0} \tag{4.148}$$

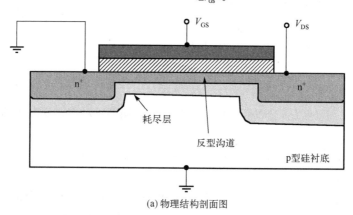

(a) 物理结构剖面图

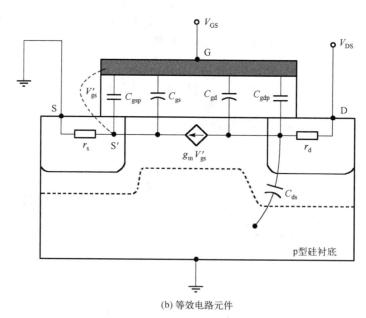

(b) 等效电路元件

图 4-52 MOSFET 的物理结构及其相应的等效电路元件

式中，Q_s 为衬底面电荷密度，当反型沟道电荷可忽略不计时，它就是半导体衬底表面的耗尽层电荷密度；C_{ds} 为漏端与衬底间的 pn 结耗尽层电容，等效电路抽出重绘如图 4-53 所示；r_{ds}

为漏极电流源的内阻，其大小反映了漏极输出特性曲线的倾斜程度，考虑到沟道长度调制效应和漏极反馈作用，r_{ds} 不是无穷大而是有限值。

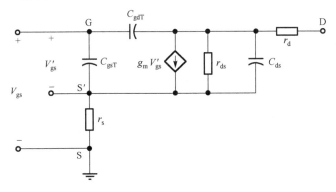

图 4-53　对应 MOSFET 物理结构的等效电路

在低频条件下，电容元件可忽略，r_s、r_d 也可忽略，得到图 4-54 所示的低频等效电路。这一等效电路常用于低频放大电路的分析和设计。在高频条件下，电容元件不可忽略，但为了简化分析，将 C_{ds}、r_s、r_d、r_{ds} 忽略，得到图 4-55 所示的等效电路。

在图 4-53 和图 4-55 中，C_{gsT}、C_{gdT} 分别为栅源端和栅漏端总电容。即

$$C_{gsT} = C_{gs} + C_{gsp}$$

$$C_{gdT} = C_{gd} + C_{gdp}$$

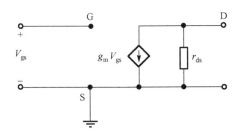

图 4-54　MOSFET 简化低频等效电路

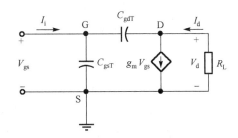

图 4-55　MOSFET 简化高频等效电路

输入节点的电流方程为

$$I_i = j\omega V_{gs} C_{gsT} + j\omega C_{gdT}(V_{gs} - V_d) \tag{4.149}$$

输出节点的电流方程为

$$\frac{V_d}{R_L} + g_m V_{gs} + j\omega C_{gdT}(V_d - V_{gs}) = 0 \tag{4.150}$$

从式(4.150)解出 V_d 代入输入节点电流方程(4.149)，可得

$$I_i = j\omega\left[C_{gsT} + C_{gdT}\left(\frac{1 + g_m R_L}{1 + j\omega C_{gdT} R_L}\right)\right]V_{gs} \tag{4.151}$$

在频率不是太高的条件下，$\omega C_{gdT} R_L \ll 1$，式(4.151)可简化为

$$I_i = j\omega[C_{gsT} + C_{gdT}(1 + g_m R_L)]V_{gs} \tag{4.152}$$

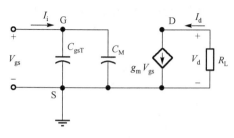

图 4-56 将输入-输出耦合支路电容化为
密勒电容后的高频等效电路

式中，$g_m R_L$ 为 MOSFET 放大器的低频电压放大倍数，中括号中的第二项则是把输入-输出耦合支路上的电容 C_{gdT} 折算到输入端的结果，即密勒电容

$$C_M = C_{gdT}(1 + g_m R_L)$$

于是高频等效电路可转换为图 4-56 的形式，图中已经忽略了 C_{gdT} 对输出回路的影响。输入节点电流方程变为

$$I_i = j\omega(C_{gsT} + C_M)V_{gs} \tag{4.153}$$

输出回路电流为

$$I_d = g_m V_{gs} \tag{4.154}$$

定义输出电流与输入电流幅值相等时的频率为 MOSFET 最高工作频率，称为截止频率，则

$$f_T = \frac{g_m}{2\pi(C_{gsT} + C_M)} \tag{4.155}$$

在饱和工作状态下，根据 MOSFET 的电流-电压方程(4.116)，可得

$$g_{ms} = \frac{W\mu C_{ox}}{L}(V_{GS} - V_T) \tag{4.156}$$

若式(4.155)中的电容项以氧化层总电容来近似，则最终得到截止频率与 MOSFET 的材料参数和结构参数之间的关系为

$$f_T = \frac{\mu(V_{GS} - V_T)}{2\pi L^2} \tag{4.157}$$

显然，要提高 MOSFET 的工作频率，应缩短沟道长度，提高沟道载流子迁移率。

MOSFET 的截止频率，也可以从沟道渡越时间的角度去分析。设沟道渡越时间为 τ_t，沟道载流子的漂移速度为 v，则有

$$\tau_t = \frac{L}{v} = \frac{L}{\mu E_y} \tag{4.158}$$

在饱和区，设漏端沟道刚好夹断，电场均匀分布，则

$$E_y = \frac{V_{GS} - V_T}{L} \tag{4.159}$$

由此可得

$$\tau_t = \frac{L^2}{\mu(V_{GS} - V_T)} \tag{4.160}$$

$$f_T = \frac{1}{2\pi\tau_t} = \frac{\mu(V_{GS} - V_T)}{2\pi L^2} \tag{4.161}$$

与前面推导的结果完全一致。式(4.161)表明，提高工作频率的主要措施是缩短沟道渡越时间，为此要缩短沟道长度，提高沟道载流子的迁移率。

4.2.8　MOSFET 的短沟道效应

过去 30 年，MOSFET 的沟道长度缩小了 4 个数量级，从最初的数十微米缩小到亚微米、深亚微米、超深亚微米、纳米。随着沟道长度的缩短，MOSFET 会发生了短沟道效应，导致其电流电压关系偏离缓变沟道近似下得出的结果。

对于长沟道器件，$I_D \propto W \mu C_{ox} / L$，以 I_D 为纵坐标、$1/L$ 为横坐标，得到的是一条直线。对于短沟道器件，上述关系偏离直线，沟道越短，偏离越大，如图 4-57 所示。通常将 $I_D(1/L)$ 曲线偏离直线 10% 作为短沟道效应的开始。MOSFET 是否已经发生短沟道效应也可以用亚阈区的电流电压关系来判断。对于长沟道器件，当 $V_{DS} > 3kT/q$ 时，I_{Dsub} 与 V_{DS} 无关；对于短沟道器件，V_{DS} 对 I_{Dsub} 的影响随沟道的缩短而增加。

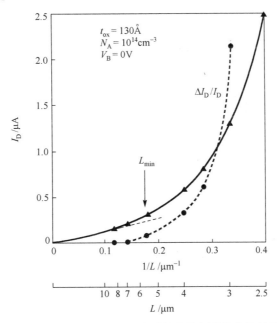

图 4-57　短沟道效应使电流-沟道长度的倒数偏离线性关系

MOSFET 是否具有短沟道效应并不完全取决于沟道的绝对长度，还与衬底杂质浓度，氧化层厚度，漏源结深等有关。施敏认为，栅氧化层厚度为 100～1000 Å，衬底杂质浓度为 10^{14}～$10^{17} cm^{-3}$，漏源结深为 0.85～1.5μm 时，长沟道模型适应的极限沟道长度为

$$L_{min} = 0.4[x_j t_{ox}(x_s + x_d)^2]^{1/3} \quad (\mu m) \tag{4.162}$$

式中，x_j 为结深（μm）；x_s 和 x_d 分别为单边突变结近似下的源结和漏结耗尽层厚度（μm）；t_{ox} 为氧化层厚度（0.1nm）。对于现代集成电路，特征尺寸已经缩小到纳米量级，短沟道效应是必须考虑的重要效应。

1.　小尺寸效应

1) 沟道长度方向的尺寸效应

当沟道长度缩短到与漏源结深相比拟时，栅压所控制的沟道电荷和耗尽层电荷减少。在分析阈值电压时已经得到

$$V_T = V_{FB} + 2\phi_f - \frac{Q_d}{C_{ox}} \tag{4.163}$$

对于 n 沟道 MOSFET，$Q_d = -qN_A x_{dmax}$，意味着沟道下面的矩形区域的电荷都是由栅压所控制的，或者说矩形区域的电荷对阈电压 V_T 都有贡献。实际上，这个矩形区域包括了漏源耗尽区的一部分，如图 4-58 所示，栅压控制的耗尽区电荷只是梯形区域的部分。设对 V_T 有贡献的平均电荷密度为 Q_{AG}，由图 4-58 可得

$$Q_{AG} = -qN_A x_{dmax} \frac{L + L'}{2L} \tag{4.164}$$

式中，L 为沟道的结构长度；L' 为梯形耗尽区域的底边长度。令 $L - L' = \Delta L$，则由图 4-58 可得，

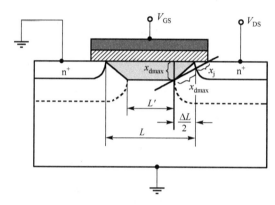

图 4-58　沟道方向的小尺寸效应使栅极实际控制的空间电荷减少

$$\frac{\Delta L}{2} = [(x_j + x_{dmax})^2 - x_{dmax}^2]^{1/2} - x_j \tag{4.165}$$

故式 (4.164) 可以表示为

$$Q_{AG} = -qN_A x_{dmax} \left\{ 1 - \frac{x_j}{L} \left[\left(1 + \frac{2x_{dmax}}{x_j} \right)^{1/2} - 1 \right] \right\} \tag{4.166}$$

当 $L \gg x_j$ 时，$Q_{AG} \approx Q_d$，否则，$|Q_{AG}| < |Q_d|$。从式 (4.164) 可以看出，对于 n 沟道 MOSFET，沟道方向的尺寸效应使阈电压 V_T 降低。

2）窄沟道效应

在沟道的宽度方向，由于耗尽区的扩展，栅压控制的衬底耗尽区电荷比栅下的矩形区域的电荷多。如图 4-59 所示，将 W 方向的扩展用 1/4 圆柱近似，则电荷密度的平均增加量为

$$\Delta Q = -qN_A \frac{\pi x_{dmax}^2 L}{2WL} \tag{4.167}$$

即

$$\Delta Q = Q_d \frac{x_{dmax}}{W} \frac{\pi}{2} \tag{4.168}$$

式中，Q_d 为不考虑尺寸效应时栅压所控制的耗尽区电荷密度。由式 (4.163) 可以看出，窄沟道效应使阈值电压 V_T 增加。

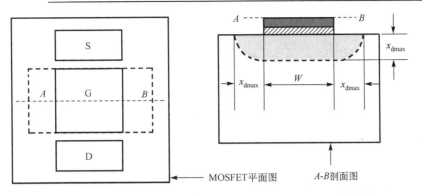

图 4-59　沟道宽度方向的窄沟道效应，栅压控制的耗尽区电荷增加

2. 迁移率调制效应

在推导 MOSFET 的电流电压关系时，曾假设反型沟道中的载流子迁移率为常数。实际上，在薄层反型沟道中载流子的运动，不仅与 V_{GS} 产生的纵向电场有关，也与 V_{DS} 产生的横向（y 方向）电场有关。纵向电场对在沟道中输运的载流子施加附加散射作用。此外，沟道载流子还要受到晶格散射、库仑散射和表面散射等作用，致使反型层载流子的迁移率比体材料低得多。晶格散射包括声学波和光学波的散射，由于晶格振动随温度的降低而减弱，因此低温下可不考虑。库仑散射指固定氧化层电荷、界面陷阱电荷以及离化杂质中心等带电中心产生的散射。表面散射指 Si-SiO$_2$ 界面的不平整引起的散射。在常温下，栅电场较低时，库仑散射和晶格散射起主要作用，栅压较强时，纵向电场散射、表面散射和晶格散射起主要作用。

反型沟道的载流子迁移率，可根据实验测出 MOSFET 线性区的伏安特性，得到小信号漏源电导，然后用式(4.169)计算出来：

$$\bar{\mu}_n = \frac{L}{W} \frac{g_{ds}}{Q_n}\bigg|_{\Delta V_{GS}=0} \tag{4.169}$$

式中，$\bar{\mu}_n$ 为反型层电子的平均迁移率。

当外加电压 V_{GS} 时，硅表面存在着垂直于表面方向（即 x 方向）的电场 E_x。E_x 越大即 ϕ_s 越大，沟道中贴近表面的电子浓度越高，沟道总电荷中贴近表面的部分越大，受到库仑散射和表面散射的作用越强，因此沟道中电子的迁移率越低。总的变化趋势是，沟道弱反型时，沟道迁移率近似为常数，随 V_{GS} 的增大而增大，在强反型开始时达到最大。强反型开始后，迁移率随 V_{GS} 的增大而减小。迁移率与 x 方向平均电场 E_x 的一般关系可用式(4.170)来表示。

$$\mu_n = \frac{\mu_{n0}}{1+|E_x/E_{cx}|} \tag{4.170}$$

式中，μ_{n0} 为弱电场下的迁移率；E_{cx} 为垂直于沟道方向的临界电场；E_x 为氧化层的平均电场。不同衬底材料对应的 μ_{n0} 和 E_{cx} 见表 4-1，其中，N 为衬底杂质浓度，N_{ss} 为栅氧化层电荷密度。

表 4-1　不同衬底材料对应的 μ_{n0} 和 E_{cx}

被测样品				μ_{n0} /[cm²/(V·s)]	E_{cx} /(V/cm)
衬底材料	N / cm^{-3}	t_{ox} / Å	N_{ss} / cm^{-2}		
P-Si<100>	7.1×10^{14}	890	3.3×10^{10}	850	7×10^5

续表

被测样品				μ_{n0} /[cm²/(V·s)]	E_{cx} /(V/cm)
衬底材料	N / cm⁻³	t_{ox} / Å	N_{ss} / cm⁻²		
P-Si<111>	$5.5×10^{15}$	900	$2.5×10^{10}$	620	$9.3×10^5$
n-Si<100>	$7.8×10^{14}$	840	$4.0×10^{10}$	210	$8.1×10^5$

上述数据表明，由于表面散射、库仑散射和垂直于沟道方向的电场的散射作用，反型层电子迁移率约为体迁移率的一半。

沟道方向电场对反型层电子迁移率的影响遵循半导体体内电场与载流子迁移率同样的规律。当 y 方向电场较低时，迁移率为常数，当电场强度为 $10^3 \sim 10^4$V/cm 时，迁移率与电场强度的平方根成反比，电场强度更高时，电子的漂移速度达到饱和速度 v_{sat}。电子漂移速度随电场强度的变化关系如图 4-60 所示的实线所示。对问题进行定性分析时，通常采用图 4-60 中虚线所示的简化模型，即认为存在一个临界电场 E_{cy}，电场小于此值时，迁移率为常数；电场大于此值时，载流子漂移速度饱和。同时考虑 x 方向和 y 方向的电场时，x 方向电场的散射作用，载流子达到饱和漂移速度的临界电场 E_{cy} 增大。沟道方向载流子迁移率可近似为

$$\mu = \frac{\mu_{eff}}{\left[1+\left(\dfrac{\mu_{eff}E_y}{v_{sat}}\right)^2\right]^{1/2}} \tag{4.171}$$

式中，μ_{eff} 为式 (4.170) 得到的沟道载流子迁移率。图 4-61 比较了恒定迁移率和电场调制下速度饱和两种条件下的漏极输出特性曲线。可以看出，由于载流子速度饱和，漏极输出电流减小，晶体管的跨导降低，且饱和区跨导近似为常数。

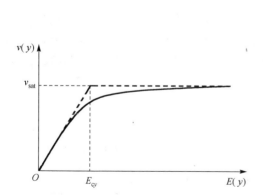

图 4-60　电子漂移速度随电场强度的变化关系曲线

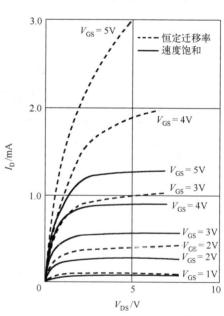

图 4-61　沟道载流子恒定迁移率与速度饱和条件下漏极输出特性的比较[4]451

3. 漏极电流的速度饱和模型

当 MOSFET 的沟道长度缩短到一定值以下时,较小的漏极电压也会使反型沟道的电场强度达到临界值, 于是, 在漏端沟道并未夹断的条件下, 因沟道载流子的漂移速度达到饱和而导致漏极电流饱和。这时的电流电压关系为

$$I_{\text{Dsat}} = WC_{\text{ox}}v_{\text{sat}}(V_{\text{GS}} - V_{\text{T}}) \tag{4.172}$$

与式(4.113)相比, 在相同的栅压驱动下, 漏极电流变小, 饱和电流不再与沟道长度成反比。漏极电流与栅压的关系不再是平方律关系而是线性关系。跨导

$$g_{\text{ms}} = \frac{\partial I_{\text{Dsat}}}{\partial V_{\text{GS}}} = WC_{\text{ox}}v_{\text{sat}} \tag{4.173}$$

由于漏电流的饱和, 跨导也变为与漏源电压、栅源电压、沟道长度无关的饱和值。

4. 强电场效应

(1)强电场产生的效应之一是在漏耗尽区发生弱电离, 如图 4-62(a)所示。电离产生的电子-空穴对中, 电子流向漏极, 成为漏极电流的一部分, 空穴流出衬底, 形成衬底电流 I_{bs}。设弱电离区长度为 ΔL, 则衬底电流为

$$I_{\text{bs}} = \alpha I_{\text{D}}\Delta L \tag{4.174}$$

式中, α 为单位弱电离区内一个电子产生的电子-空穴对数目, 即电离率。设 V_{DS} 不变, 增大 V_{GS}, I_{D} 增大, 因此 I_{bs} 跟着增大, 但同时 V_{Dsat} 也增大, 弱电离区电场强度 $(V_{\text{DS}}-V_{\text{Dsat}})/\Delta L$ 减小, 导致 α 减小, 因此出现了如图 4-62(b)所示 I_{bs} 随 V_{GS} 的增大先增大后减小的现象。

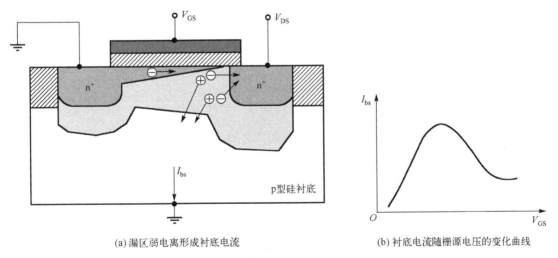

(a) 漏区弱电离形成衬底电流　　　　　　　(b) 衬底电流随栅源电压的变化曲线

图 4-62 漏耗尽区弱电离及其形成的衬底电流

(2)强电场的效应之二是寄生的双极型晶体管击穿效应。当沟道较短, 漏电压 V_{DS} 较强时, 漏端雪崩倍增产生的电子-空穴对中, 空穴的大部分将经衬底流向源极, 在衬底电阻上产生压降。当空穴电流较大时, 衬底电阻上的压降足以使源 pn 结正偏, 导致源区向衬底注入电子, 如图 4-63 所示。这样, 源、衬底和漏区形成一基极悬浮的 npn 晶体管。寄生双极型晶体管的

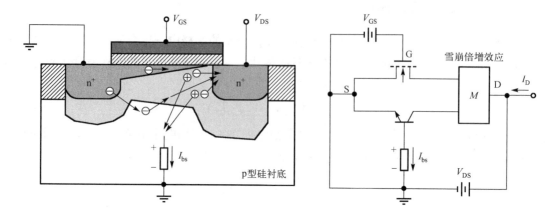

图 4-63　短沟道 MOSFET 的横向双极击穿模型

存在，使可能在漏区发生雪崩击穿或边缘击穿之前，寄生的双极型晶体管可能已经发生了击穿，这种击穿称为横向双极击穿。在相同杂质浓度下，因电子迁移率比空穴迁移率高，p 型硅衬底的电阻率比 n 型衬底的高，因此 n 沟 MOSFET 更容易产生寄生的双极型晶体管效应，n 沟 MOSFET 的击穿电压可能受到横向双极击穿的限制而降低。

横向双极击穿还具有图 4-64 所示的负阻击穿特性。对于图 4-63 所示的寄生双极型晶体管，在雪崩倍增时，集电极电流为

$$I_C = M(\alpha I_C + I_{CB0}) \tag{4.175}$$

由此可得

$$I_C = \frac{MI_{CB0}}{1 - \alpha M} \tag{4.176}$$

式 (4.176) 表明，当 $\alpha M = 1$ 时，寄生双极型晶体管击穿。根据经验关系式，可得

$$M = \frac{1}{1 - (V_{DS}/V_{BD})^m} \tag{4.177}$$

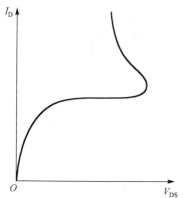

图 4-64　寄生双极击穿特性曲线

式中，V_{DS} 为漏源之间的电压；V_{BD} 为单独的漏 pn 结的击穿电压。

当漏区的电离较弱时，集电极电流较小，α 也较小，这时，需要较大的倍增因子，即在较大的 V_{DS} 下才会发生击穿。一次击穿后，集电极电流迅速增大，α 增大，击穿所需的倍增因子减小，即维持击穿所对应的 V_{DS} 减小，出现了负阻击穿特性。

寄生的横向双极型晶体管效应的强弱与基区输运系数密切相关。基区输运系数越大，寄生作用越显著。寄生双极型晶体管的基区就是 MOSFET 栅介质下的衬底区域，在沟道两端插入重掺杂层的口袋型掺杂工艺，可以显著降低基区输运系数，抑制寄生的横向双极型晶体管效应。

4.2.9　MOSFET 阈值电压的调整

1.　杂质注入调整阈值电压

阈值电压是 MOSFET 的重要特性参数，对晶体管的工作状态有重要的影响。实现某一电路功能的芯片制造完成后，如果阈值电压对预定值的偏离超过一定范围(如 10%)，芯片将不能正常工作，甚至完全报废。为此，在集成电路制造过程中，增加了阈值电压调整工艺。将阈值电压表达式重写如下。

n 沟道 MOSFET：

$$V_T = 2\frac{kT}{q}\ln\left(\frac{N_A}{n_i}\right) + \frac{qN_A x_{dmax}}{C_{ox}} + \phi_{ms} - \frac{Q_{ox}}{C_{ox}} \tag{4.103}$$

p 沟 MOSFET：

$$V_T = -2\frac{kT}{q}\ln\left(\frac{N_D}{n_i}\right) - \frac{qN_D x_{dmax}}{C_{ox}} + \phi_{ms} - \frac{Q_{ox}}{C_{ox}} \tag{4.104}$$

可以看出，要改变阈值电压，可通过改变栅极下衬底杂质浓度 N_D 或 N_A 来实现。但是，改变衬底杂质浓度，也改变了衬底费米势、最大耗尽层厚度和功函数，因此，阈值电压与杂质浓度改变量的关系由复杂的超越方程确定。但是，在工艺实践中，杂质浓度的改变是通过注入杂质来实现的。如果注入杂质浓度不是太高，而且注入杂质位于原来的耗尽区内，则可只考虑注入杂质对耗尽区电荷的影响。离子注入的杂质分布可用高斯分布(或修正的高斯分布)来近似，如图 4-65 所示。设注入离子束流为 I，注入时间为 t，则注入杂质面密度为

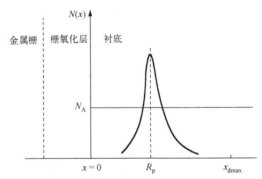

图 4-65　阈值电压调整注入的杂质分布以高斯分布近似

$$D_I = \frac{\int_0^t I dt}{qA} \tag{4.178}$$

式中，A 为表面积。注入杂质分布为

$$N(x) = \frac{D_I}{\sqrt{2\pi}}\frac{1}{\Delta R_p}\exp\left[-\frac{1}{2}\left(\frac{x - R_p}{\Delta R_p}\right)^2\right] \tag{4.179}$$

式中，R_p 为注入杂质的峰值浓度位置。近似认为注入杂质全部电离，则注入 p 型杂质使耗尽区负电荷增加，即式(4.103)和式(4.104)中的第三项增大，阈值电压向正方向移动；注入 n 型杂质使耗尽区正电荷增加，即式(4.103)和式(4.104)中的第三项减小，阈值电压向负方向移动。阈值电压的改变量为

$$\Delta V_T = \pm\frac{qD_I}{C_{ox}} \tag{4.180}$$

注入受主时取正号，注入施主时取负号。例如，所需的阈值电压调整量$\Delta V_{\mathrm{T}}=0.2\mathrm{V}$，$C_{\mathrm{ox}}=4.8\times 10^{-8}\mathrm{F/cm^2}$，则需要注入$6\times 10^{10}/\mathrm{cm^2}$的 p 型杂质。

2. 功函数工程

对于短沟道器件(沟道长度小于 100nm)或者 SOI 上的超薄 MOSFET，通过杂质注入调整阈值电压变得十分困难，原因在于沟道杂质总量已经比较小，注入杂质浓度的随机起伏将严重影响阈值电压的精度。其中一种替代办法是功函数工程。

功函数工程的基本思想是通过改变栅极材料的结构、组分或改变栅极-栅介质的界面状态，从而改变栅极的等效功函数，达到调整阈值电压的目的。

较早提出功函数工程的是加州大学 I. Polishchuk 和 C. M. Hu(胡正明)[25]，他们提出的是一种多晶硅和金属的复合栅极结构，如图 4-66 所示。

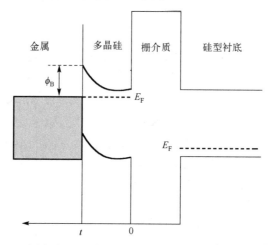

图 4-66　金属-多晶硅-栅介质-半导体衬底 MOS 结构的能带图

图中，ϕ_{B} 为金属-多晶硅肖特基势垒。解泊松方程，当多晶层厚度小于耗尽层厚度时，可得多晶硅耗尽区的电势差为

$$\Delta\phi = \frac{qN}{2\varepsilon\varepsilon_0}t^2 \tag{4.181}$$

式中，N 为多晶硅施主杂质浓度；t 为多晶层厚度。若多晶层未全部耗尽，耗尽层厚度为

$$x_{\mathrm{d\,max}} = \sqrt{\frac{2\varepsilon\varepsilon_0\phi_{\mathrm{B}}}{qN}} \tag{4.182}$$

则耗尽层电势差为

$$\Delta\phi = \phi_{\mathrm{B}}$$

$\Delta\phi$导致平带电压 V_{fb} 的移动即阈值电压的移动。

$$V_{\mathrm{fb}} = \begin{cases} \dfrac{qN}{2\varepsilon\varepsilon_0}t^2 + \phi_{\mathrm{m}} - \phi_{\mathrm{s}} & (t < x_{\mathrm{d\,max}}) \\ \phi_{\mathrm{B}} + \phi_{\mathrm{m}} - \phi_{\mathrm{s}} & (t \geqslant x_{\mathrm{d\,max}}) \end{cases} \tag{4.183}$$

即

$$\Delta V_{\mathrm{T}} = \begin{cases} \dfrac{qN}{2\varepsilon\varepsilon_0}t^2 & (t < x_{\mathrm{dmax}}) \\[3mm] \phi_{\mathrm{B}} & (t \geqslant x_{\mathrm{dmax}}) \end{cases} \tag{4.184}$$

式(4.184)表明：当 $t < x_{\mathrm{dmax}}$ 时，改变多晶硅层厚度，可实现阈值电压的调整。

深亚微米器件往往采用高介电常数栅介质(如 HfSiO$_x$)，相较于多晶硅栅，难熔金属或金属化合物与 HfSiO$_x$ 的匹配性更好，是更合适的栅极材料。调整栅极功函数的方法之一是通过改变二元金属合金栅极的组分来调整栅极功函数的大小。B. Y. Tsui 等采用的二元合金为 Ta-Pt 和 Ta-Ti 合金[26]。

合金 A$_x$B$_{1-x}$ 的功函数可表示为

$$\begin{aligned} \phi_{\mathrm{m}} &= x\phi_{\mathrm{m,A}} + (1-x)\phi_{\mathrm{m,B}} + x(1-x)\left[\frac{(\phi_{\mathrm{m,A}} - \phi_{\mathrm{m,B}})(\rho_{\mathrm{A}} - \rho_{\mathrm{B}})}{x\rho_{\mathrm{A}} + (1-x)\rho_{\mathrm{B}}}\right] \\ &= x\phi_{\mathrm{m,A}} + (1-x)\phi_{\mathrm{m,B}} + x(1-x)\left[\frac{(\phi_{\mathrm{m,A}} - \phi_{\mathrm{m,B}})(\rho_{\mathrm{A}}/\rho_{\mathrm{B}} - 1)}{x\rho_{\mathrm{A}}/\rho_{\mathrm{B}} + (1-x)}\right] \end{aligned} \tag{4.185}$$

式中，$\phi_{\mathrm{m,A}}$ 和 $\phi_{\mathrm{m,B}}$ 分别为 A、B 两种金属的功函数；ρ_{A} 和 ρ_{B} 分别为两种金属的态密度。费米能级上的态密度正比于电子比热，即

$$C_{\mathrm{e}} = \frac{\pi^2}{3}\rho(E_{\mathrm{F}})k^2T \tag{4.186}$$

式中，k 为玻尔兹曼常数。若合金组分的电子比热之比接近于 1，则合金的功函数近似与组分比呈线性关系。Ta、Pt 和 Ti 的电子比热分别为 6.8、5.9 和 3.35mJ·mole^{-1}·K^{-2}，因此 Ta-Pt 合金的功函数近似与组分呈线性关系。将实测 C-V 曲线与理论 C-V 曲线比较，可以得到平带电压移动量，从而得到合金的功函数的近似值

$$\phi_{\mathrm{m,app}} = \phi_{\mathrm{m}} - \frac{Q_{\mathrm{ox}}}{C_{\mathrm{ox}}} \tag{4.187}$$

当栅介质电容量较大(纳米级厚度栅介质，或高介电常数栅介质)，而氧化层等效电荷密度在 $1 \times 10^{11}\mathrm{cm}^{-2}$ 及其以下时，式(4.187)第二项的影响可忽略不计。400℃退火样品的功函数近似值测量结果，如图 4-67 所示。

从测试结果可以看出，随着 Pt 组分在 Ta-Pt 合金中的增加，合金功函数增大，而采用 Ta-Ti 合金，可以使功函数降低到接近硅导带边的值。不过，Ta-Pt 合金的电阻率较高，可采用 W/Ta-Pt 叠层结构降低栅极电阻率。

除了改变栅极组分以外，有意识地改变栅极/栅介质叠层的物相、对结构进行掺杂、控制叠层结构的界面态，也可以调整栅极的有效功函数。A. Fet 等[27]对 n 型和 p 型硅衬底上的 TiN (40nm) / HfSiO$_x$ (10nm)栅叠层结构进行 La 和 F 离子注入实验，C-V 曲线的测量结果如图 4-68 所示。

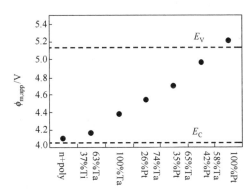

图 4-67　功函数随合金组分变化关系测量结果

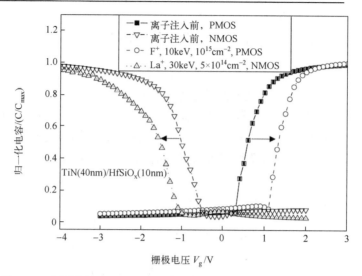

图 4-68　离子注入 TiN/HfSiO$_x$/Si(n 型和 p 型)MOS 电容器的 C-V 曲线

由图可知，对于 n 型硅衬底上的 PMOS，注入 F$^+$离子得到的平带电压移动量为+0.7V，对应的平带电压为 1.2V，对应的有效功函数为 5.4V，接近于 p 型硅衬底的价带边。对于 p 型硅衬底上的 NMOS，注入 La$^+$离子得到的平带电压移动量为–0.6V，对应的平带电压为–1.1V，对应的有效功函数为 3.8V，接近于 n 型半导体的导带边。

平带电压的移动可解释为杂质元素与栅介质中被注入杂质取代的元素的电负性之差$\Delta\chi$。当注入元素的电负性低于被取代元素的电负性时，平带电压向负的方向移动，当注入元素的电负性高于被取代元素的电负性时，平带电压向正的方向移动。这一结果可以用固体原子键合的紧束缚理论来解释。

$$E_{a,b} = \frac{E_A + E_B}{2} \pm \sqrt{V_2^2 + \left(\frac{E_A + E_B}{2}\right)^2} \tag{4.188}$$

式中，E_A 和 E_B 为价电子能量；E_a 和 E_b 为反键态能量和成键态能量；V_2 为价电子轨道耦合值。图 4-69 表示 A 和 B 两种原子的 s、p 轨道的共价键合以及不同电负性杂质对能带结构的影响。图 4-69(a) 表示 A 和 B 两种原子的 s 轨道和 p 轨道的共价键合的能带图。图 4-69(b) 中，B 原子以电负性较低的 X 原子取代，结果在禁带中形成较低的施主能级和受主能级。价电子能量越低，形成的能级越低，受主能级越容易电离，得到负电荷。图 4-69(c) 中，形成的能级较高，受主能级不易电离，而施主能级容易电离，得到正电荷。因此，如果向栅介质中注入电负性更低的原子取代介质原子，将使栅介质的等效电荷密度向负方向移动，平带电压向正方向移动；反之，如果向栅介质中注入电负性更高的原子取代介质原子，将使栅介质的等效电荷密度向正方向移动，平带电压向负方向移动。这样，通过移动平带电压，实现了阈值电压的调整。

另一种研究得较多的功函数工程器件结构是硅化物栅极(Fully Silicided (FUSI) Gates)。硅化物栅极的优点有：在栅介质层(二氧化硅、HfSi$_x$O$_y$)上的稳定性，无多晶硅的耗尽效应。对于金属(如 Ni、Pt、Pd、Hf、Al、Zr 和 Ti 等)/多晶硅/ HfSi$_x$O$_y$ 栅极叠层结构，退火使金属-多晶硅形成硅化物，于是就得到硅化物栅极。控制硅化物合金的组分、物相、硅化物/高 k 栅介质的界面特性，就可以控制和移动栅极的等效功函数，从而实现对阈值电压的调整。Y. H. Kim 等[28]的结果如图 4-70 所示。

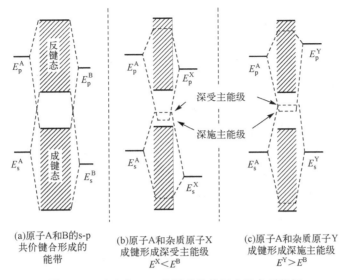

(a)原子A和B的s-p
共价键合形成的
能带

(b)原子A和杂质原子X
成键形成深受主能级
$E^X < E^B$

(c)原子A和杂质原子Y
成键形成深施主能级
$E^Y > E^B$

图 4-69　两元素 s、p 轨道的共价键合及杂质能级

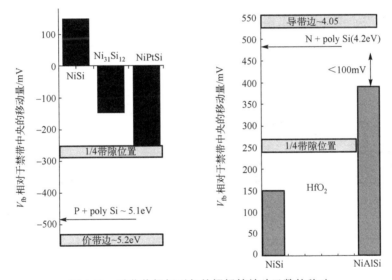

图 4-70　硅化物栅极引起的栅极等效功函数的移动

从图 4-70 可以看出，对于镍硅硅化物栅极，平带电压的移动与硅化物的物相有关，简单 NiSi 结构相对于硅禁带中央的平带电压移动量约为+150meV，而对于富镍的 $Ni_{31}Si_{12}$，平带电压的移动量约为–150meV。若在镍硅中掺入 Pt，平带电压的最大移动量可达–250meV。此结果表明，对于 n 沟道 MOSFET，改变硅化物 NiSi 的物相或掺入 Pt，阈值电压的调整量可达+250mV。若在硅化物 NiSi 中掺入铝，由于 Al 在硅化物-介质层界面的堆积，改变了等效功函数，最大改变量相对于硅禁带中央可达 400meV，即对 p 沟道 MOSFET 阈值电压的调整量可达– 400mV。

归纳起来，利用功函数工程调整阈值电压的基本措施是改变栅极结构材料的成分、复合叠层结构的物相、界面状态、栅介质的电荷密度等。无论采用何种措施，与现有工艺及下一代工艺的兼容性，工艺的可控性、可靠性及低成本是重要的考核指标。

4.2.10　MOSFET 的缩比理论

　　器件尺寸的缩小，对于集成电路技术的进步，起着十分重要的作用。器件尺寸的大小，今后仍然是衡量集成电路技术水平的一个关键尺度之一。器件尺寸的缩小，使器件的性能得到提高，集成密度增大，集成电路的性能提高。为了有效地缩小器件尺寸，最大限度地提高器件性能，发展了一套缩小器件和集成电路尺寸的理论和规则，这就是按比例缩小理论，简称缩比理论(Scaling Theory)。缩比理论由 IBM 的 R. H. Dennard 等在 1974 年提出。受到当时工艺条件和电源电压的限制，早期曾经有过恒定电场理论、恒定电压理论和准恒定电压理论的讨论。建立在器件尺寸缩小后，器件的电场强度和形状不变的原则基础上的理论，称为恒定电场理论，简称 CE 理论。器件尺寸缩小后，为保证电源电压不变的前提下减小器件的电场强度而提出的理论称为恒定电源电压理论，简称 CV 理论。在上述两种缩比理论的基础上，还提出了一种准恒定电源电压理论，简称 QCV 理论。R. H. Dennard 等提出的设计规则属 CE 理论。现代集成电路的发展基本上是按照 CE 理论向前发展的。

　　按照 CE 理论，器件的横向尺寸和纵向尺寸均按同一因子 α 缩小($\alpha>1$)。为了保证器件中各处的电场强度不变，所有工作电压均按比例降低 α 倍(乘以 $1/\alpha$)。为了按比例缩小器件内各处的耗尽层宽度，衬底杂质浓度提高 α 倍。图 4-71 就是按 CE 理论缩小 MOSFET 的示意图。

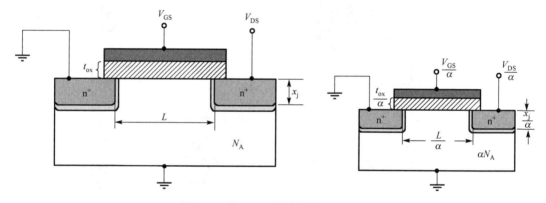

图 4-71　按 CE 理论缩小的 MOFET

　　按 CE 理论设计的 MOSFET，与原尺寸的 MOSFET($\alpha=1$)相比，其阈电压将变为原来的 $1/\alpha$，栅电容为原来的 $1/\alpha$ 倍，功耗为原来的 $1/\alpha^2$，速度为原来的 α 倍，延迟功耗乘积为原来的 $1/\alpha^3$，集成电路密度变为原来的 α^2 倍。例如，集成电路的发展大致按照摩尔定律前进，每一代新工艺的特征尺寸大致是前一代工艺的 0.7 倍，即 α 约为 1.43，典型工艺尺寸按 0.35μm、0.25μm、0.18μm、0.13μm、90nm、65nm、45nm 进步。

　　事实上，硅的禁带宽度 E_g、热电势 kT/q、氧化层电荷密度 Q_{ox}、功函数、pn 结内建电势、载流子饱和速度、介电常数、介质和硅的临界电场，特别是互连线等并不能按比例变化。此外，当工艺的特征尺寸缩减到 10nm 量级时，已无法继续采用传统缩比理论来提高集成电路的密度和性能，为了实现集成系统性能的最优化，必须开发新的器件结构、研发新型器件、优化材料参数、采用三维集成等综合措施。

4.2.11　热电子效应和辐射效应

1. 热电子效应

如图 4-72 所示，有以下几类热电子。

（1）沟道热电子。当沟道电场足够强时，反型层中的一些电子有可能获得足以克服 Si-SiO$_2$ 界面势垒的能量，注入栅氧化层中。沟道漏端的电场最强，注入主要发生在该区域。

（2）漏区电离热电子。在漏 pn 结附近的耗尽区内，电场很强，由碰撞电离产生的电子–空穴对中，具有克服 Si-SiO$_2$ 界面势垒能量的电子也可能注入栅氧化层中。

（3）衬底热电子。衬底热激发产生的电

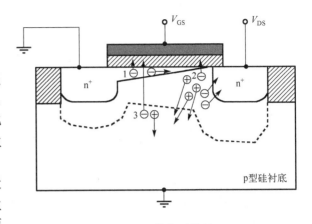

图 4-72　热电子类型

1-沟道热电子；2-漏区电离热电子；3-衬底热电子

子，在纵向电场的作用下，也有可能获得足够高的能量，克服 Si-SiO$_2$ 势垒，注入栅氧化层中。

图 4-73 给出热电子效应对阈值电压和转移特性的影响。可以看出，热电子效应使 MOSFET 的阈值电压增大，跨导降低。在上述三种热电子过程中，注入栅氧化层中的电子，或成为栅流的一部分，或者陷在氧化层中的陷阱位置上。陷在氧化层中陷阱位置上的热电子数在器件工作过程中不断增加，对器件的长期稳定性极为不利。其后果是限制了可使用的最高漏源电压，降低超薄栅介质的可靠性和击穿电压。图 4-74 所示曲线表示了各种限制因素与最大漏源电压的关系。要克服热电子效应，可从两方面着手：一方面是提高栅氧化层质量，减小氧化层中的陷阱密度，使热电子成为栅流而不被氧化层所俘获；另一方面是削弱漏区电场，例如，可采用图 4-50 或图 4-51 所示的掺杂，把漏 pn 结做成缓变结，降低局部峰值电场强度等措施。

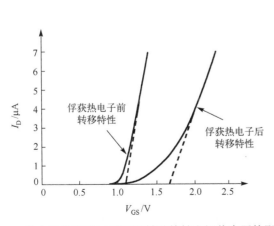

图 4-73　热电子效应对 MOSFET 转移特性和阈值电压的影响

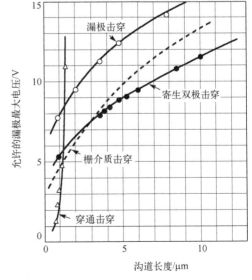

图 4-74　漏源工作电压的几种限制因素

2. 辐射效应

γ 射线或 X 射线入射到栅氧化层或半导体，产生电子-空穴对，这些电子-空穴对在电场作用下的输运性质对场效应晶体管的特性产生重要影响。

以 n 沟道增强型 MOSFET 为例，晶体管工作在饱和区时，栅压大于零。当高能射线辐射到栅氧化层时，将在氧化层产生电子-空穴对，如图 4-75 中①所示。实验表明，电子在氧化层中具有较高的迁移率(约为 $10 \text{cm}^2/(\text{V·s})$ 量级)，且电子向栅极输运的距离较短，因此辐射产生的大部分电子在电场的作用下向栅极输运，成为栅流的一部分，对器件的正常工作不产生显著影响。辐射产生的空穴将在电场的作用下向 SiO_2-Si 界面输运，如图中②所示。但是，空穴向衬底的输运过程是通过氧化层中的局域态的随机跃迁而实现的，其有效迁移率很低，典型值为 $10^{-4} \sim 10^{-11} \text{cm}^2/(\text{V·s})$ 范围，通常是电场、温度、氧化层厚度的函数。所以，在空穴输运到 SiO_2-Si 界面的过程中，部分空穴被界面附近的氧化层陷阱俘获，如图中③所示，其余空穴进入衬底。俘获空穴使栅氧化层总电荷密度 Q_{ox} 增大，根据式(4.99)，将导致阈值电压向负方向移动。图 4-76 是高能辐射条件下，MOS 结构平带电压的移动随栅极电压的变化关系曲线。在负栅压下，辐射产生的平带电压移动很小，通常不会对器件的工作造成破坏性的影响，因此辐射对 p 沟道增强型 MOSFET 的影响小。而在正栅压下，平带电压移动十分显著，在较大的正栅压下，空穴将填满栅氧化层的所有陷阱，平带电压的移动量趋于饱和，因此辐射对 n 沟道增强型器件的影响较大。若工作中的增强型 n 沟道 MOSFET，在氧化层辐射感生电荷的影响下，阈值电压由正变负，即转换为耗尽型工作状态，则整个芯片的工作状态将被破坏。

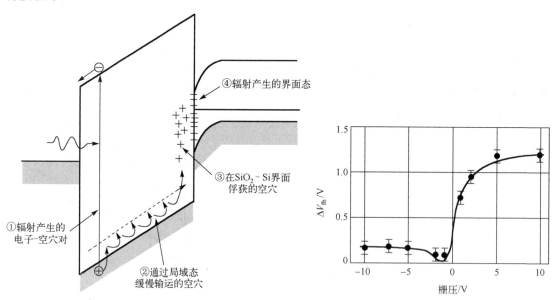

图 4-75　高能粒子辐射在栅氧化层中产生的电子-空穴对及其输运现象

图 4-76　MOS 结构平带电压移动量与栅压关系实验曲线

较强的辐射不仅在氧化层产生电子-空穴对，而且也在 SiO_2-Si 界面产生新的界面态，如图 4-75 中④所示。界面态对器件性能的影响，与器件的结构、类型和工作状态有关。图 4-77 所示为 n 沟道和 p 沟道 MOSFET 阈值电压移动与辐射剂量之间关系的实验结果。对于 p 沟道

MOSFET，随着辐射剂量的加大，阈值电压缓慢单调下降，向负方向移动；对于 n 沟道 MOSFET，阈值电压先随辐射剂量的增大而向负方向移动，经过一个极小值后，随着辐射剂量的进一步加大，阈值电压向正方向移动。

为什么出现图 4-77 的变化趋势呢？可从辐射产生的氧化层电荷和界面态电荷两方面加以说明。通常，SiO_2-Si 界面总是存在一定的界面态，主要由硅单晶结构在表面处中断、SiO_2 的非饱和键、界面杂质和其他结构缺陷等引起。较强的辐射使界面态电荷密度增大。界面态密度分布呈 U 型分布，即越靠近导带底或价带顶，界面态密度越高。界面态的类型大致以禁带中央为界，靠近导带一侧为受主型能态，靠近价带一侧为施主型能态。对于 n 沟道 MOSFET，在表面强

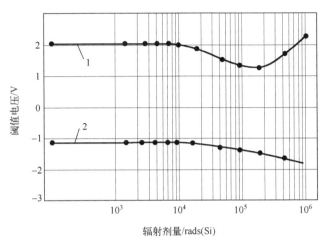

图 4-77　阈值电压的移动与辐射剂量关系曲线

1-n 沟道 MOSFET；2-p 沟道 MOSFET

反型的偏置条件下，费米能级之下的受主型表面态电离，界面的负电荷增加，辐射越强，界面态电荷密度越大，增加的负电荷越多，如图 4-78 所示。界面态负电荷使等效栅氧化层总电荷密度 Q_{ox} 减小，因此，阈值电压向正方向移动。对于 p 沟 MOSFET，在表面强反型条件下，费米能级之上的施主型表面态没有电子填充，带正电，如图 4-79 所示。辐射越强，界面态正电荷越多，使等效栅氧化层总电荷密度 Q_{ox} 增加，因此阈值电压继续向负方向移动。

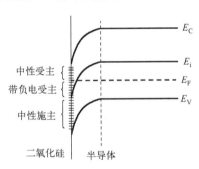

图 4-78　n 沟 MOS 界面态电荷分布

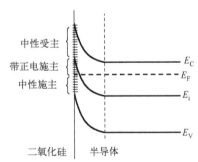

图 4-79　p 沟 MOS 界面态电荷分布

习　　题

4.1　请简要说明 JFET 的工作原理。

4.2　根据图 4-6 所示的两种沟道杂质分布，请推导出 m=2 的条件下，饱和区及非饱和区的漏极电流表达式。

4.3　n 沟道 JFET 的结构如图 4-1 所示，有关材料参数和结构参数是：$N_A=10^{18} cm^{-3}$，$N_D=10^{15} cm^{-3}$，沟道宽度 $Z=0.1mm$，沟道长度 $L=20\mu m$，沟道厚度 $2a=4\mu m$，计算：

（1）栅 p^+n 结的接触电势差；

(2) 夹断电压；

(3) 冶金沟道电导；

(4) $V_{GS}=0$ 和 $V_{DS}=0$ 时的沟道电导(考虑空间电荷区使沟道变窄后的电导)。

4.4 计算并画出 300K 下，4.3 题中的 JFET 饱和工作条件下的转移特性。

4.5 计算 $V_{GS}=2V$ 的条件下，4.3 题中 JFET 饱和工作条件下的跨导、栅电容和最高工作频率。

4.6 JFET 的漏电流饱和模型(沟道夹断饱和模型和载流子速度饱和模型)，各自的适应范围是什么？能否用实验检验夹断区的存在？

4.7 请画出 n 型硅衬底 MOS 二极管的能带图，并讨论其表面积累、耗尽、弱反型和强反型状态。

4.8 请对图 4-22 中 Q_s 随 ϕ_s 的变化关系曲线加以讨论。

4.9 MOS 二极管衬底的杂质浓度 $N_A=5\times10^{14}\mathrm{cm}^{-3}$，氧化层厚度为 100nm，理想条件下的最大耗尽层宽度是多少？强反型时应加的栅压是多少？

4.10 MOS 二极管的 C–V 曲线如图 4-25 所示。由于氧化层电荷的影响，曲线发生了移动。设氧化层厚度为 100nm，C–V 曲线向左移动 0.5V，计算氧化层电荷的面密度，电荷的极性如何？

4.11 已知 MOS 二极管的衬底杂质浓度，怎样用测量 C–V 特性的办法来测量氧化层的厚度？

4.12 请简述 p 沟 MOSFET 的工作原理。

4.13 请画出 p 沟 MOSFET 的剖面结构图和偏置电压图。

4.14 已知 n 沟 MOSFET 的衬底杂质浓度 $N_A=3\times10^{14}\mathrm{cm}^{-3}$，栅氧化层厚度为 60nm，栅电极材料为金属铝，测得器件的阈值电压为 2.5V，计算氧化层电荷面密度。

4.15 已知 n 沟 MOSFET 的沟道长度 $L=10\mu m$，沟道宽度 $W=400\mu m$，栅氧化层厚度 $t_{ox}=150nm$，阈值电压 $V_T=3V$，衬底杂质浓度 $N_A=9\times10^{14}\mathrm{cm}^{-3}$，计算栅源电压等于 7V 时的漏源饱和电流。在此条件下，V_{DS} 为多少时，漏端沟道开始夹断？计算中取 $\mu_n=600\mathrm{cm}^2/(V\cdot s)$。

4.16 在 $N_A=10^{15}\ \mathrm{cm}^{-3}$ 的 p 型硅[111]衬底上，氧化层厚度为 70nm，SiO_2 层等效电荷面密度为 $3\times10^{11}\mathrm{cm}^{-2}$，计算 MOSFET 的阈值电压。

4.17 工艺上较容易制作的 MOSFET 是哪一种类型(n 沟道还是 p 沟道，耗尽型还是增强型)？请说明理由。

4.18 n 沟 MOSFET 衬底杂质浓度 $N_A=10^{15}\mathrm{cm}^{-3}$，氧化层厚度为 80nm，$\phi_{ms}$ 为 $-0.6V$，氧化层电荷密度为 $2\times10^{11}\mathrm{cm}^{-2}$，计算 MOSFET 的阈值电压。若欲使阈值电压反号，可在沟道区注入杂质，设注入杂质位于衬底耗尽区内，注入杂质后的衬底费米势不变，计算注入杂质的类型和浓度。

4.19 用 $W/L=8$，$t_{ox}=80nm$，$\mu_n=600\mathrm{cm}^2/(V\cdot s)$ 的 n 沟 MOSFET 作可变电阻，要获得 $2.5k\Omega$ 的电阻，沟道电子浓度应为多少？V_{GS}–V_T 应为多少？对 V_{DS} 有什么要求？

4.20 n 沟 MOSFET 源与衬底接地时，测得阈值电压为 2V，当源与衬底之间加上 5V 电压时，测得阈值电压为 2.5V，设氧化层厚度 $t_{ox}=70nm$，计算衬底杂质浓度。

4.21 p 沟铝栅 MOSFET 参数如下：$t_{ox}=100nm$，$N_D=2\times10^{15}\mathrm{cm}^{-3}$，氧化层电荷面密度 $Q_{ox}=10^{11}\mathrm{cm}^{-2}$，$L=3\mu m$，$W=50\mu m$，$\mu_p=230\mathrm{cm}^2/(V\cdot s)$。计算阈值电压 V_T 及 $V_{GS}=-4V$ 时的漏极电流。

4.22 n 沟铝栅 MOSFET 参数如下：$t_{ox}=80nm$，$N_A=10^{15}\mathrm{cm}^{-3}$，氧化层电荷面密度 $Q_{ox}=10^{11}\mathrm{cm}^{-2}$，$L=10\mu m$，$W=50\mu m$，$\mu_n=600\mathrm{cm}^2/(V\cdot s)$。计算 $V_{GS}=2V$、$V_{DS}=5V$ 时的亚阈区电流。

4.23 重掺杂的 n^+ 多晶硅栅 MOSFET 参数如下：$t_{ox}=60nm$，$N_D=5\times10^{15}\mathrm{cm}^{-3}$，氧化层电荷面密度 $Q_{ox}=10^{11}\mathrm{cm}^{-2}$，$L=3\mu m$，$W=50\mu m$，$\mu_p=230\mathrm{cm}^2/(V\cdot s)$。计算阈值电压 V_T 及截止频率。

4.24 重掺杂的 p^+ 多晶硅栅 MOSFET 参数如下：$t_{ox}=60nm$，$N_A=3\times10^{15}\mathrm{cm}^{-3}$，氧化层电荷面密度 $Q_{ox}=10^{11}\mathrm{cm}^{-2}$，$L=1\mu m$，$W=10\mu m$，$\mu_n=600\mathrm{cm}^2/(V\cdot s)$。计算阈值电压 V_T 及截止频率。

4.25　n 沟铝栅 MOSFET 参数如下：t_{ox}=50nm，N_A=10^{15}cm^{-3}，氧化层电荷面密度 Q_{ox}=10^{11}cm^{-2}，W=10μm，μ_n=600cm^2/(V·s)。若 V_{GS} 比 V_T 大 2V，分别计算 L=0.1μm、1μm 和 2μm 时场效应管的沟道渡越时间和最高工作频率。

4.26　n 沟铝栅 MOSFET 参数如下：t_{ox}=120nm，N_A=3×10^{15}cm^{-3}，氧化层电荷面密度 Q_{ox}=10^{11}cm^{-2}，L=10μm，W=50μm，μ_n=600cm^2/(V·s)。用 CE 理论对此场效应管按比例缩小，取α=2，按一般 MOSFET 参数的计算方法，计算场效应管尺寸缩小前后的阈值电压、V_{GS} 比 V_T 大 1V 条件下的沟道渡越时间和最高工作频率。

4.27　重掺杂的 p$^+$多晶硅栅 n 沟 MOSFET 参数如下：t_{ox}=120nm，N_A=7×10^{14}cm^{-3}，氧化层电荷面密度 Q_{ox}=10^{11}cm^{-2}，L=2μm，W=10μm，μ_n=600cm^2/(V·s)。漏和源 pn 结结深 2μm，计算小尺寸效应引起的阈值电压的移动量。

4.28　热电子效应有哪几种？它们对 MOSFET 的特性有什么影响？

4.29　请画出 MOSFET 在速度饱和模型下的转移特性。

4.30　n 沟 MOSFET 衬底杂质浓度 N_A=10^{15}cm^{-3}，氧化层厚度 t_{ox}=120nm，沟道长度 L=4μm，W=20μm，计算 V_{GS}=0 时的漏源击穿电压，并说明击穿电压受什么限制？

4.31　n 沟 MOSFET 衬底电阻率为 2Ω·cm，氧化层厚度 t_{ox}=120nm，漏源 pn 结结深均为 0.8μm，为避免短沟道效应，沟道长度至少应为多少？

4.32　设计一个 CMOS 反相器，阈值电压分别为+0.8V 和−0.8V，饱和漏源电流为 2mA，请确定其结构参数和材料参数。

第**5**章
金属-半导体接触和异质结

通过对 pn 结的学习可以知道，pn 结的特性与半导体-半导体冶金界面及其附近的特性，特别是空间电荷区的特性密切相关。实际上，任何半导体器件都与半导体-半导体、半导体-其他材料，或者更一般地与电子材料-电子材料界面的性质密切相关。载流子在界面及其附近的输运性质，决定了电子器件的外特性。这就是"界面就是器件"的含义。本章主要研究两类重要的界面结构：金属-半导体接触和异质结。

5.1　金属-半导体接触

5.1.1　理想金属-半导体接触

普通金属都是良导体。半导体器件和集成电路芯片与外电路的连接基本上都是通过金属导体来实现的，集成电路内部各电子元件也通过金属互连而实现预定的电路功能。因此，金属-半导体接触的特性对半导体器件和集成电路有重要的意义。

金属和半导体的一个重要参数是功函数。功函数定义为真空中静止电子的能量与金属费米能级的能量之差，即把一个电子从金属费米能级移动到真空中所需的能量。同样，将真空中静止电子的能量与半导体费米能级的能量之差定义为半导体的功函数。将半导体导带底电子移动到真空中所需的能量称为电子亲和势。金属和半导体的能带结构如图 5-1 所示，ϕ_m、ϕ_s 分别为金属和半导体的功函数，χ 为半导体电子亲和势。

首先，研究一下理想条件下的金属-半导体接触的能带图。理想情况是指：①金属半导体直接接触，没有任何中间介质层；②没有界面态。根据金属、半导体功函数的相对大小，半导体材料的导电类型分类，金属-半导体接触共有四种类型。

(1)n 型衬底，金属功函数大于半导体功函数。在理想接触条件下，半导体导带电子能量大于金属费米能级电子能量，半导体表面处的电子将流向金属，在半导体表面形成电子欠缺的区域，半导体表面产生了由电离施主形成的正电荷，这些正电荷的电场，阻止了电子向金属的无限制流动，同时阻止了衬底电子流向表面。这一过程最终会达到一个动态平衡点，这时，半导体表面薄层内几乎没有电子，即在半导体表面形成了耗尽层。既然半导体表面几乎没有电子，那么根据费米分布函数，半导体表面能带向上弯曲，利用平衡态费米能级处处相同的条件，得到如图 5-2 所示的能带图。

在图 5-2 中，ϕ_{B0} 为肖特基势垒高度；V_{bi} 为半导体表面的接触电势差。根据图 5-1 和图 5-2，可得

$$\phi_{B0} = \phi_m - \chi \tag{5.1}$$

$$V_{bi} = \phi_m - \phi_s \tag{5.2}$$

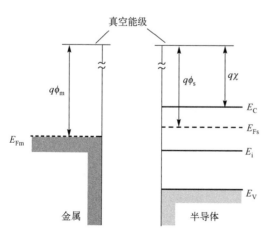

图 5-1　金属和半导体的简化能带结构

设半导体衬底的杂质浓度为 N_D，根据式(2.39)，耗尽层宽度为

$$W = x_n = \left(\frac{2\varepsilon\varepsilon_0 V_{bi}}{q N_D}\right)^{1/2} \quad (5.3)$$

与 pn 结耗尽层电容类似，金属-半导体接触的耗尽层也存在电容效应，其大小可用平板电容器近似或从微分电容的概念得到，表示为

$$C_j = \frac{\varepsilon\varepsilon_0}{W} = \frac{d(q N_D W)}{d V_R} = \sqrt{\frac{q\varepsilon\varepsilon_0 N_D}{2(V_{bi} + V_R)}} \quad (5.4)$$

式中，V_R 为外加反向电压。将式(5.4)改写为

$$\frac{1}{C_j^2} = \frac{2(V_{bi} + V_R)}{q\varepsilon\varepsilon_0 N_D} \quad (5.5)$$

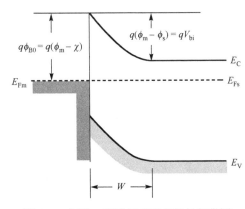

图 5-2 金属-n 型半导体理想接触能带图

根据式(5.5)，通过测量金属-半导体接触的 $C\text{-}V$ 曲线，可以反推半导体表面的杂质浓度分布。

如果金属相对于半导体间施加一个正的电压，如图 5-3 所示，那么金属费米能级相对于半导体费米能级下降 qV_a，肖特基势垒高度不变，半导体一侧电子势垒高度下降了 qV_a，耗尽区变窄，n 型半导体中的多数载流子向金属一侧输运，在外电路形成较大的电流。若金属相对于半导体间施加一个负的电压 V_R，如图 5-4 所示，电场方向由半导体指向金属。半导体费米能级相对于金属费米能级下降 qV_R，n 型半导体中的电子势垒升高，耗尽区变宽。肖特基势垒高度不变，金属中只有极少的电子可以越过肖特基势垒流向半导体，在外电路只有很小的电流。由此可见，上述金属-半导体接触具有类似于 pn 结的"正向导通，反向截止"整流特性。

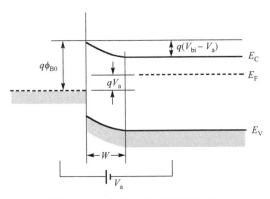

图 5-3 正偏的金属-半导体接触
（n 型半导体衬底，金属功函数大于半导体功函数）

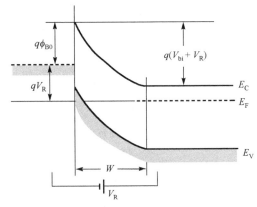

图 5-4 反偏的金属-半导体接触
（n 型半导体衬底，金属功函数大于半导体功函数）

(2)p 型衬底，金属功函数小于半导体功函数。在理想接触条件下，金属中的电子能量高于半导体的价带电子能量，金属中的电子流向半导体，半导体表面的空穴被流入的电子耗尽，成为由电离受主形成的负空间电荷区。负空间电荷形成的自建电场阻止了金属电子的无限制流入，也阻止了半导体空穴向表面区域的扩散。平衡态能带图如图 5-5(b)所示。

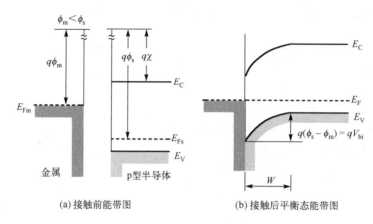

图 5-5　金属-p 型硅理想接触能带图(金属功函数小于半导体功函数)

对图 5-5(b)的金属-半导体接触加一个由半导体指向金属为正的电压 V,半导体的能带向下移动 qV,空穴势垒降低 $q(V_{bi} - V)$,如图 5-6(a)所示,半导体中的多数载流子向金属扩散,在外电路形成较大的电流。如果外加电压反向,空穴势垒升高,在外电路只有很小的反向电流,如图 5-6(b)所示。由此可见,当金属功函数小于半导体功函数时,金属-p 型半导体接触也是整流接触。

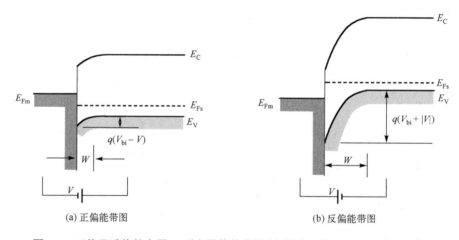

图 5-6　正偏及反偏的金属-p 型半导体能带图(金属功函数小于半导体功函数)

(3)若金属功函数大于半导体功函数,则理想条件下金属-p 型硅接触的能带结构如图 5-7 所示。由图可知,半导体表面形成了空穴积累层。对于这样的金属半导体接触,无论施加的电压极性如何,外加电压都主要降落在 p 型半导体中性区,都将引起半导体中多数载流子空穴的漂移运动,在外电路形成比较大的电流。

(4)若金属功函数小于半导体功函数,则理想条件下的金属-n 型硅接触的能带结构如图 5-8 所示。半导体表面形成电子积累层。与(3)的情形类似,对于这样的金属半导体接触(半导体表面形成积累层),无论施加的电压极性如何,外加电压都主要降落在 n 型半导体中性区,都将引起半导体中多数载流子电子的漂移运动,在外电路形成比较大的电流。

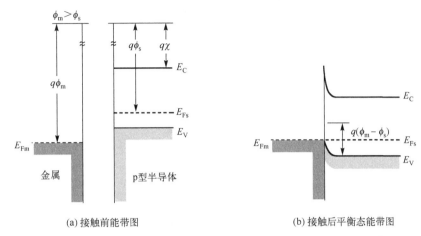

(a) 接触前能带图　　　　　　　　　　(b) 接触后平衡态能带图

图 5-7　金属-p 型硅理想接触能带图(金属功函数大于半导体功函数)

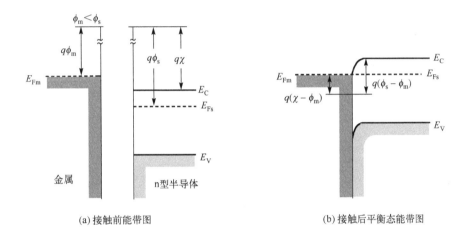

(a) 接触前能带图　　　　　　　　　　(b) 接触后平衡态能带图

图 5-8　金属-n 型硅理想接触能带图(金属功函数小于半导体功函数)

　　归纳起来(表 5-1)，对于理想的金属-半导体接触，若在半导体表面出现耗尽层，则形成整流接触，即肖特基接触；若在半导体表面出现的是积累层，则形成欧姆接触。

表 5-1　理想金属-半导体接触特性与衬底、功函数的关系

接触类型	功函数条件	半导体表面性质	接触性质
金属-n 型半导体衬底	$\phi_m > \phi_s$	表面耗尽	整流接触
金属-p 型半导体衬底	$\phi_m < \phi_s$	表面耗尽	整流接触
金属-n 型半导体衬底	$\phi_m < \phi_s$	表面积累	欧姆接触
金属-p 型半导体衬底	$\phi_m > \phi_s$	表面积累	欧姆接触

5.1.2　非理想效应

1. 镜像电场使肖特基势垒降低

　　当半导体与金属形成肖特基结时，靠近金属导体附近的半导体中的电荷将在导体中感生电荷，从而改变了半导体电荷的电场，即改变了载流子的能量。求解这一问题的简单方

法是镜像法,如图 5-9 所示,介质或半导体中电荷与导体的作用可用金属中的镜像电荷来求解。

设半导体中负电荷 q 位于 x 处,则镜像正电荷 q 位于以金属表面为对称面的$-x$ 处,正负电荷连线与金属面垂直,相距 $2x$,电荷间的吸引力(称为镜像力)为

$$F = \frac{-q^2}{4\pi(2x)^2 \varepsilon\varepsilon_0} = \frac{-q^2}{16\pi\varepsilon\varepsilon_0 x^2} \tag{5.6}$$

式中,ε 为半导体的相对介电常数;ε_0 为真空介电常数。电荷 q 的势能为

$$E(x) = \int_x^\infty F\mathrm{d}x = -\frac{q^2}{16\pi\varepsilon\varepsilon_0 x} \tag{5.7}$$

金属-半导体接触的肖特基效应如图 5-10 所示。若在 x 的正方向施加电场 E,总电势能

$$E_\mathrm{T} = -\frac{q^2}{16\pi\varepsilon\varepsilon_0 x} - qEx \tag{5.8}$$

镜像力和外加电场的共同作用,金属半导体接触的肖特基势垒降低。对式(5.6)求导并令其等于零,即

$$\frac{\mathrm{d}E_\mathrm{T}}{\mathrm{d}x} = 0 \tag{5.9}$$

可得

$$x_\mathrm{m} = \sqrt{\frac{q}{16\pi\varepsilon\varepsilon_0 E}} \tag{5.10}$$

$$\Delta\phi = \sqrt{\frac{qE}{4\pi\varepsilon\varepsilon_0}} \tag{5.11}$$

如图 5-10 所示,肖特基势垒高度将比理想值降低$\Delta\phi$。计算表明,最大势垒位置距界面的距离在纳米量级,$\Delta\phi$ 为 10mV 量级。虽然势垒降低的绝对值不大,但是,肖特基势垒的大小与肖特基接触反向电流呈指数关系。因此,肖特基势垒降低将比较显著地增大其反向电流。

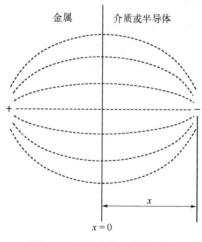

图 5-9 镜像电荷及其电力线

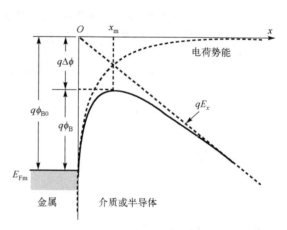

图 5-10 金属-半导体接触的肖特基效应

2. 界面态及其钉扎效应

对于金属-半导体接触，由于半导体的晶格周期性在界面处中断、界面的结构缺陷以及界面吸附其他原子等原因，界面的禁带中将产生许多能级，称为界面态能级。此外，实际的金属-半导体界面往往存在数纳米厚的寄生介质层，介质层厚度用 δ 表示，如图 5-11 所示。界面态能级分为两类，靠近价带一侧是施主态能级，靠近导带一侧是受主态能级。施主态能级被电子占据时是电中性的，未被电子占据时带正电；受主态能级未被电子占据时是电中性的，被电子占据时带负电。图 5-11 中，施主态能级与受主态能级的分界以 $q\phi_0$ 标记，其位置大约在禁带中靠近价带顶三分之一处。设禁带中单位能量间隔的态密度为 D_{it}，根据能带图，在 $q\phi_0$ 与 E_F 之间是被电子占据的受主态能级，带负电荷，其电荷密度用 Q_{SS} 表示，那么可以写出电荷控制方程 (5.12)

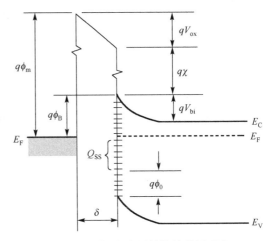

图 5-11 金属-半导体接触的界面态

$$\frac{\varepsilon_i}{\delta}\Delta V_{ox} = qN_D W - qD_{it}(E_g - q\phi_0 - q\phi_B) \tag{5.12}$$

式中，ε_i 为寄生介质的介电常数，其值等于相对介电常数与真空介电常数的乘积；ΔV_{ox} 为寄生介质层电势差；N_D 为半导体杂质浓度；W 为半导体表面耗尽区厚度，即

$$\Delta V_{ox} = \phi_m - (\chi + \phi_B) \quad W = \sqrt{\frac{2\varepsilon\varepsilon_0 V_{bi}}{qN_D}} \tag{5.13}$$

于是，可得

$$E_g - q\phi_0 - q\phi_B = \frac{1}{qD_{it}}\sqrt{2q\varepsilon\varepsilon_0 N_D V_{bi}} - \frac{\varepsilon_i}{qD_{it}\delta}[\phi_m - (\chi + \phi_B)] \tag{5.14}$$

当界面态密度很大时，式 (5.14) 右边两项趋于零，可得

$$q\phi_B = E_g - q\phi_0 \tag{5.15}$$

式 (5.15) 表明，肖特基势垒高度与金属材料的种类无关，只由半导体材料的禁带宽度和 ϕ_0 决定。这就是著名的金属-半导体接触的钉扎效应。这一效应已经被实验所证实。

如果 $D_{it}\delta \to 0$，那么可得

$$\phi_B = \phi_{B0} = \phi_m - \chi \tag{5.16}$$

这就是理想的肖特基接触势垒高度。

5.1.3 金属-半导体接触的电流电压关系

解释金属-半导体肖特基接触的电流-电压关系[7]186 的理论有两种：一种是扩散理论；一种是热电子发射理论。当半导体表面的耗尽层厚度比载流子的自由程大得多时，通过耗尽区的输运，载流子由耗尽区内载流子的浓度梯度作用下的扩散运动和耗尽区电场作用下的漂移

运动所控制，用扩散理论得到的电流-电压关系与实验符合较好。当半导体中载流子的自由程远大于耗尽层厚度时，载流子在耗尽区的输运过程可忽略不计，肖特基势垒高度对载流子的输运起决定作用。半导体中的载流子只要有足够的能量超越势垒，就可以自由地通过耗尽层进入金属。同样，金属中能超越势垒的电子也可以向半导体输运。电流的计算归结为计算能量高于势垒的载流子数量的计算，这就是热电子发射理论。对于 Si、Ge 和 GaAs 等具有较高载流子迁移率的半导体形成的肖特基结，其电流输运机制是热电子发射。

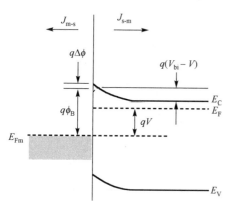

图 5-12　热电子发射的正偏金属-n 型半导体接触的能带图

以金属-n 型半导体形成的肖特基接触为例讨论其电流-电压关系，其正偏条件下的能带图如图 5-12 所示，J_{s-m} 为半导体输运到金属的电子形成的电流，J_{m-s} 为金属向半导体输运的电子形成的电流。外加正向或反向电压，金属一侧电子势垒不变，且势垒较高，所以，J_{m-s} 很小且为常数，J_{s-m} 则与偏置电压有关。当加正向偏压（图 5-12）时，半导体中多数载流子-电子势垒降低，将有大量电子向金属输运，形成较大的外电路电流。若加反向偏压，则电子势垒升高，外电路只有很小的反向电流。

将半导体表面能带弯曲量记为 $q\phi_s$，则半导体的表面势为 $-\phi_s$，利用玻尔兹曼分布近似，在金属-半导体界面半导体中的电子浓度为

$$n_s = n_0 \exp\left(-\frac{q\phi_s}{kT}\right) \tag{5.17}$$

式中，n_0 为半导体平衡态电子浓度。由平衡态能带图 5-11 可得

$$q\phi_s = q\phi_B - (E_C - E_F) \tag{5.18}$$

由正偏条件下的能带图（图 5-12），可得

$$q\phi_s = q\phi_B - (E_C - E_F) - qV = q(V_{bi} - V) \tag{5.19}$$

将平衡态 n 型半导体的载流子浓度方程（1.31）重写为

$$n_0 = \frac{2(2\pi m_n^* kT)^{3/2}}{h^3} \exp\left(-\frac{E_C - E_F}{kT}\right) = N_C \exp\left(-\frac{E_C - E_F}{kT}\right) \tag{5.20}$$

将式（5.19）、式（5.20）代入式（5.17），可得

$$n_s = N_C \exp\left[-\frac{q}{kT}(\phi_B - V)\right] \tag{5.21}$$

将导带电子视为自由电子气体，由理想气体速度分布与输运理论，单位时间内从半导体向单位面积金属表面输运的电子数为

$$N = \frac{1}{4} n_s \bar{v} \tag{5.22}$$

式中，$\bar{v}$ 为电子的热运动平均速度

$$\bar{v} = \left(\frac{8kT}{\pi m_n^*}\right)^{1/2} \tag{5.23}$$

由此得到半导体向金属输运的电子电流密度为

$$J_{\text{s-m}} = q\frac{1}{4}n_{\text{s}}\overline{v} = q\frac{1}{4}\left(\frac{8kT}{\pi m_{\text{n}}^{*}}\right)^{1/2}N_{\text{C}}\exp\left[-\frac{q}{kT}(\phi_{\text{B}}-V)\right] \tag{5.24}$$

将 N_C 代入式(5.24)，可得

$$J_{\text{s-m}} = \frac{4\pi q\, m_{\text{n}}^{*}k^2}{h^3}T^2\exp\left(-\frac{q\phi_{\text{B}}}{kT}\right)\exp\left(\frac{qV}{kT}\right) \tag{5.25}$$

偏压为零时，金属-半导体结处于平衡状态，金属向半导体输运的电子流与半导体向金属输运的电子流相等，因此

$$J_{\text{m-s}} = \frac{4\pi q\, m_{\text{n}}^{*}k^2}{h^3}T^2\exp\left(-\frac{q\phi_{\text{B}}}{kT}\right) \tag{5.26}$$

偏压不为零时，肖特基结的电流为

$$J = J_{\text{s-m}} - J_{\text{m-s}} = \frac{4\pi q\, m_{\text{n}}^{*}k^2}{h^3}T^2\exp\left(-\frac{q\phi_{\text{B}}}{kT}\right)\left[\exp\left(\frac{qV}{kT}\right)-1\right]$$

即

$$J = A^{*}T^2\exp\left(-\frac{q\phi_{\text{B}}}{kT}\right)\left[\exp\left(\frac{qV}{kT}\right)-1\right] \tag{5.27}$$

式中， A^{*} 为理查森常数，

$$A^{*} = \frac{4\pi q m_{\text{n}}^{*}k^2}{h^3} \tag{5.28}$$

令

$$J_{\text{sT}} = J_{\text{m-s}} = A^{*}T^2\exp\left(-\frac{q\phi_{\text{B}}}{kT}\right) = A^{*}T^2\exp\left(-\frac{q\phi_{\text{B0}}}{kT}\right)\exp\left(\frac{q\Delta\phi}{kT}\right) \tag{5.29}$$

则式(5.27)变为

$$J = J_{\text{sT}}\left[\exp\left(\frac{qV}{kT}\right)-1\right] \tag{5.30}$$

可见，肖特基结的电流-电压关系具有与 pn 结(同质结)相同的形式。但是，势垒降低效应随着外加反向电压的增大而增强，因此其反向电流具有非饱和特性。此外，相同面积的肖特基结与 pn 结(同质结)相比，其反向电流要大得多(1~2 个数量级)。

归纳起来，肖特基结与半导体同质结的主要区别有以下几点。

(1)半导体同质结两侧载流子的势垒相同，而肖特基结两侧载流子的势垒不同。

(2)半导体同质结的电流输运基于少数载流子的扩散和漂移输运，而肖特基结的电流基于多数载流子的热电子发射。因此，肖特基结作高频或开关器件应用时，不存在少数载流子的积累和消散过程，具有更高的工作频率或开关速度。

(3)肖特基结的反向电流比半导体同质结的反向电流大得多。

(4)肖特基结的正向导通电压比半导体同质结(如硅)的低，因此，肖特基结可用作硅双极型开关晶体管 BC 结的钳位二极管，以控制晶体管的饱和深度。

5.1.4 欧姆接触的实现方法

集成电路芯片制造工艺的最后一步，是将半导体芯片上各元件通过金属线连接起来，以实现特定的电路功能。为此，要求金属与半导体的连接必须是欧姆接触，即要求接触的正反向电阻都要很小。根据图 5-7 和图 5-8 的能带图可知，只要选择合适的金属材料，就可以形成欧姆接触。但是，金属–半导体接触还要受到界面态和镜像力的影响，即使金属和半导体的功函数满足上述要求，也不一定能形成欧姆接触。此外，在工程实践中，金属的选择还要受其他条件的制约，选择范围较小。

要形成金属–半导体欧姆接触，现行工艺条件下的基本措施是采用隧道结。如图 5-13 所示，金属–半导体接触制作在重掺杂的半导体衬底上，其能带结构(以金属-n⁺型半导体接触为例)如图 5-14 所示。无论正偏或反偏，金属–半导体结的电流都以较大的隧道穿通电流为主，实现了欧姆接触的目标。

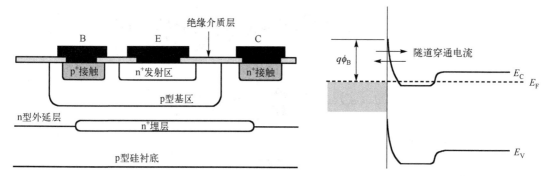

图 5-13　半导体表面重掺杂实现欧姆接触　　图 5-14　半导体表面重掺杂条件下的金属-n⁺型半导体接触能带图

欧姆接触的一个重要指标是比接触电阻或称为特征电阻，其定义为电流电压关系曲线斜率的倒数，即

$$R_{\mathrm{c}} = \left(\frac{\partial J}{\partial V}\right)^{-1}\bigg|_{V=0} \tag{5.31}$$

比接触电阻的单位为 $\Omega\cdot\mathrm{cm}^2$，对于半导体表面重掺杂的金属–半导体结，有

$$R_{\mathrm{c}} \propto \exp\left[\frac{2\sqrt{\varepsilon_{\mathrm{s}} m_{\mathrm{n}}^{*}}}{\hbar}\left(\frac{\phi_{\mathrm{B}}}{\sqrt{N_{\mathrm{D}}}}\right)\right] \tag{5.32}$$

由此可见，要降低比接触电阻，除在可能的条件下降低肖特基势垒高度外，就是在不影响其他器件特性的条件下提高接触区的杂质浓度。

5.2　异　质　结

在半导体中掺入杂质，可改变半导体的导电类型，不同导电类型间的界面，是半导体器件的基本结构——硅 pn 结(同质结)。通过光刻技术实现选择性掺杂，加上薄膜技术，构成了现代硅基微电子技术的基础。异质结的引入，为半导体技术的发展开辟了更为广阔的空间。

异质结技术不仅能控制半导体的导电类型，而且可以控制半导体的晶体结构、带隙宽度、载流子迁移率、折射指数等参数，开启了半导体高频和光电子应用的新领域。

5.2.1　异质结半导体材料能带结构的对应关系

在第 2 章中讨论了硅 pn 结的结构及主要性质。硅 pn 结结构的一个特点是冶金界面两边都是硅材料，这样的结称为同质结(Homojunction)。同质结形成的势垒，对于电子和空穴是相同的。除同质结外，两端器件结构还有异质结(Heterojunction)。广义来讲，不同材料形成的界面都可以称为异质结。但是，在一般语境下，异质结指由两种不同半导体材料形成的器件界面。

异质结的特性主要由组成材料的能带结构决定。以真空能级为参考，两种材料间能带对应关系可分为三种，即包含型(Ⅰ型)、交越型(Ⅱ型)和交错型(Ⅲ型)。对于包含型能带结构，相对于真空能级，窄禁带半导体的导带和价带能量位于宽禁带半导体的带隙区，即窄禁带半导体的带隙完全包含在宽禁带半导体的带隙内，如图 5-15(a)所示，实例之一是 GaAlAs-GaAs 半导体。对于交越型结构，窄禁带半导体的导带(或价带)能量位于宽禁带半导体材料的带隙区，而价带(或导带)能量位于宽禁带半导体材料的带隙之外，即两种半导体材料的带隙只有部分交叠，如图 5-15(b)所示，实例之一是 InP-InSb 半导体。对于交错型结构，窄禁带半导体和宽禁带半导体的带隙互不包含，如图 5-15(c)所示，实例之一是 GaSb/InAs 半导体。图中，χ 为电子亲和势；$q\phi$ 为半导体的功函数；标号 1 和 2 分别代表宽禁带半导体和窄禁带半导体。

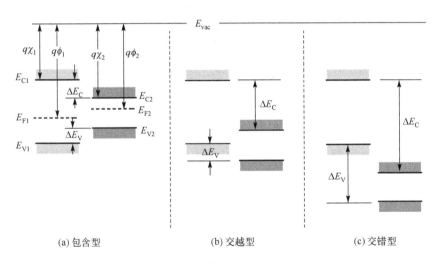

图 5-15　组成异质结的两种半导体材料的三种能带结构的对应关系

5.2.2　异质结的能带图的画法

以包含型异质结材料为例讨论平衡态异质结能带图的画法。假设宽禁带半导体材料为 n 型半导体，窄禁带半导体材料为 p 型半导体。接触前能带图如图 5-16 所示。要画出接触后的能带图，可循以下步骤。

(1)计算导带和价带能量差，即

$$\Delta E_C = E_{C1} - E_{C2} = q\chi_1 - q\chi_2 \tag{5.33}$$

$$\Delta E_V = E_{g1} - E_{g2} - \Delta E_C \tag{5.34}$$

(2)将ΔE_C、ΔE_V、E_{g1}和E_{g2}能量值标记在一条竖直的直线上。将材料1和材料2的费米能级对齐，因为平衡态异质结的费米能级为常数，即具有统一的费米能级。对齐费米能级时为异质结能带图留下一定的过渡区，如图5-17所示。

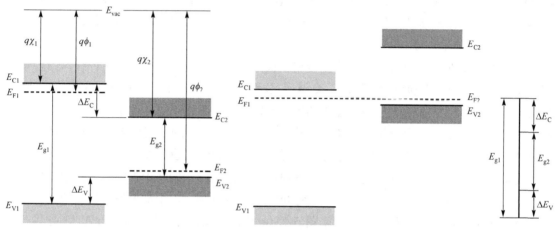

图 5-16　接触前能带图　　　图 5-17　对齐两种半导体的费米能级，标记ΔE_C、ΔE_V、E_{g1}和E_{g2}

(3)根据接触前能带对应关系，判断接触时界面载流子的流向及接触后界面能带的弯曲方向。在本例中，根据图5-16所示能带，接触时，宽禁带半导体表面的电子将向窄禁带半导体的导带输运，宽禁带半导体表面多数载流子低于体内，近似认为表面出现了电子耗尽状态，因此，宽禁带半导体表面能带将向上弯曲。同时，对于窄禁带的p型半导体表面，由于电子的流入，表面的空穴浓度降低，因此可近似认为表面出现了空穴耗尽状态，窄禁带半导体表面能带将向下弯曲。同质pn结形成时，n区多数载流子电子向p区扩散的同时，p区多数载流子空穴也向n区扩散。在异质pn结的形成过程中，根据图5-16的能量关系，n区电子向p区扩散，但是p区空穴因遇到较高的势垒不能向n区扩散。这是两种pn结的重要差异之一。

(4)将标记有ΔE_C、ΔE_V、E_{g1}和E_{g2}的直线放置到第(2)步得到的能带如图5-17所示预留的过渡区中，并使其更靠近高掺杂半导体一侧，同时让E_{g2}与窄禁带半导体的能带图对齐。根据第(3)步的判断，上下移动标记直线。本例中，窄禁带半导体表面能带将向下弯曲，把标记直线向下移动适当距离，如图5-18所示。

(5)用平滑曲线将标记直线上的四个点与异质结两边的导带边和价带边能级连起来。注意，画出的平滑曲线必须保证冶金界面的宽禁带半导体侧禁带宽度为E_{g1}，窄禁带半导体侧禁带宽度为E_{g2}。最后删除标记直线，就得到了异质结的能带图，如图5-19所示。显然，在冶金界面，出现了能带结构的非连续变化，在冶金界面的宽禁带n型半导体侧出现了导带的尖峰，在p型窄禁带侧出现了导带的凹口。界面能带的非连续变化是异质结的另一个重要特点。

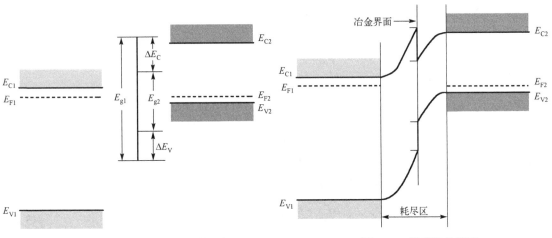

图 5-18　将禁带宽度、带边能量差的标记线放置在预留过渡区的适当位置　　　　图 5-19　异质结能带图

习惯上用大写字母表示宽禁带半导体的导电类型，而用小写字母表示窄禁带半导体的导电类型。因此，上述例子称为 Np 异质 pn 结，另一种是 nP 型 pn 结。此外，导电类型相同的两种半导体形成同型异质结，表示为 Nn 结和 Pp 结。两种类型的异质结都有广泛的应用。

5.2.3　异质结的基本特性

类似于同质 pn 结，定义远离异质结界面的两种半导体中性区的电势差为异质结的接触电势差。比较图 5-19 和图 5-16，p 区费米能级上移量正是接触前两种半导体材料的费米能级之差，因此异质结的接触电势差为

$$\phi_{bi} = \frac{E_{F1} - E_{F2}}{q} \tag{5.35}$$

由载流子浓度的玻尔兹曼近似，对于 n 型的宽禁带半导体材料，设导带底有效态密度为 N_{CN}，有

$$n_{n0} = N_{CN} \exp\left(-\frac{E_{C1} - E_{F1}}{kT}\right) \tag{5.36}$$

对于 p 型的窄禁带半导体材料，设导带底有效态密度为 N_{Cp}，有

$$n_{p0} = N_{Cp} \exp\left(-\frac{E_{C2} - E_{F2}}{kT}\right) \tag{5.37}$$

利用式 (5.36) 及式 (5.37)，接触电势差可表示为半导体导带能量差、有效态密度和电子浓度的函数，即

$$q\phi_{bi} = \Delta E_C + kT \ln\left(\frac{n_{n0} N_{Cp}}{n_{p0} N_{CN}}\right) \tag{5.38}$$

同理，接触电势差也可以表示为价带能量差、有效态密度和空穴浓度的函数，即

$$q\phi_{bi} = -\Delta E_V + kT \ln\left(\frac{p_{p0} N_{VN}}{p_{n0} N_{Vp}}\right) \tag{5.39}$$

利用质量作用定律。在全电离近似下，有

$$n_{n0}p_{n0} = N_D p_{n0} = n_{in}^2$$
$$p_{p0}n_{p0} = N_A n_{p0} = n_{ip}^2 \quad (5.40)$$

式 (5.38) 和式 (5.39) 相加，可得

$$q\phi_{bi} = \frac{\Delta E_C - \Delta E_V}{2} + kT\ln\left(\frac{N_D N_A}{n_{in} n_{ip}}\right) + \frac{kT}{2}\ln\left(\frac{N_{Cp} N_{VN}}{N_{CN} N_{Vp}}\right) \quad (5.41)$$

式中，N_D、N_A 分别为两种半导体的杂质浓度；n_{in} 和 n_{ip} 分别为两种半导体的本征载流子浓度。如果两种半导体导带底和价带顶的有效态密度近似相等，则式 (5.41) 简化为

$$q\phi_{bi} = \frac{\Delta E_C - \Delta E_V}{2} + kT\ln\left(\frac{N_D N_A}{n_{in} n_{ip}}\right) \quad (5.42)$$

式 (5.42) 的第二项与同质 pn 结接触电势差的表达式相似。

异质结的电场电势分布也可用泊松方程求出。如图 5-20 所示，对于突变异质结，空间电荷区的电荷密度为

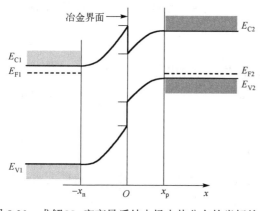

$$\rho(x) = \begin{cases} qN_D & (-x_n < x < 0) \\ -qN_A & (0 < x < x_p) \end{cases} \quad (5.43)$$

由电中性条件，必有

$$x_n N_D = x_p N_A \quad (5.44)$$

求解泊松方程

$$\frac{d^2\phi}{dx^2} = -\frac{\rho(x)}{\varepsilon_s} \quad (5.45)$$

式中，$\varepsilon_s = \varepsilon\varepsilon_0$，$\varepsilon_0$ 为真空介电常数，ε 为半导体相对介电常数。对于异质结，两种半导体的介电常数是不相同的，后面分别以

图 5-20　求解 Np 突变异质结电场电势分布的坐标约定

ε_{sN} 和 ε_{sp} 表示。泊松方程一次积分得到电场分布

$$E(x) = \begin{cases} \dfrac{qN_D}{\varepsilon_{sN}}(x + x_n) & (-x_n < x < 0) \\[2mm] -\dfrac{qN_A}{\varepsilon_{sp}}(x - x_p) & (0 < x < x_p) \\[2mm] 0 & (x < -x_n,\ x > x_p) \end{cases} \quad (5.46)$$

计算积分常数时，利用了空间电荷区边界处电场强度为零的条件。在冶金界面 $x=0$ 处，电场强度并不连续，但电位移矢量连续，即

$$\varepsilon_{sN}E(x = 0^-) = \varepsilon_{sp}E(x = 0^+) \quad (5.47)$$

设 $\varepsilon_{sN} < \varepsilon_{sp}$，得到异质结的电场分布如图 5-21 (a) 所示。将式 (5.46) 再积分一次，并以 x_p 处的电势为参考点，得到异质结的电势分布如图 5-21 (b) 所示。

$$\phi(x) = \begin{cases} \dfrac{qN_A}{2\varepsilon_{sp}}(x-x_p)^2 & (0 \leqslant x \leqslant x_p) \\[3mm] \dfrac{qN_A}{2\varepsilon_{sp}}x_p^2 - \dfrac{qN_D}{2\varepsilon_{sN}}(x^2+2xx_n) & (-x_n \leqslant x \leqslant 0) \\[3mm] \phi_{bi} & (x \leqslant -x_n) \end{cases}$$

$$(5.48)$$

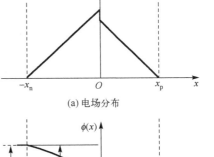

(a) 电场分布

记 n 区耗尽区的电势差为 ϕ_N，p 区耗尽区的电势差为 ϕ_p，则有

$$\begin{cases} \phi_N = \dfrac{qN_D}{2\varepsilon_{sN}}x_n^2 \\[3mm] \phi_p = \dfrac{qN_A}{2\varepsilon_{sp}}x_p^2 \end{cases} \qquad (5.49)$$

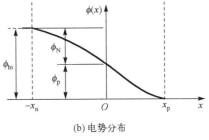

(b) 电势分布

图 5-21　突变 Np 异质结的电场和电势分布曲线

由式 (5.48) 第二式或式 (5.49)，接触电势差也可表示为

$$\phi_{bi} = \phi_p + \phi_N = \frac{qN_A}{2\varepsilon_{sp}}x_p^2 + \frac{qN_D}{2\varepsilon_{sN}}x_n^2 \qquad (5.50)$$

利用电中性条件式 (5.44)，n 区耗尽区和 p 区耗尽区宽度以及耗尽区总宽度 x_d 可表示为接触电势差和杂质浓度的函数，即

$$x_p = \sqrt{\frac{2\varepsilon_{sp}\varepsilon_{sN}\phi_{bi}}{qN_A\left(\varepsilon_{sN}+\dfrac{N_A}{N_D}\varepsilon_{sp}\right)}} \qquad (5.51)$$

$$x_n = \sqrt{\frac{2\varepsilon_{sp}\varepsilon_{sN}\phi_{bi}}{qN_D\left(\varepsilon_{sp}+\dfrac{N_D}{N_A}\varepsilon_{sN}\right)}} \qquad (5.52)$$

$$x_d = x_n + x_p = \sqrt{\frac{2\varepsilon_{sp}\varepsilon_{sN}\phi_{bi}}{qN_AN_D\dfrac{\varepsilon_{sN}N_D+\varepsilon_{sp}N_A}{(N_D+N_A)^2}}} \qquad (5.53)$$

可以看出，耗尽区宽度的计算公式与同质结是类似的，一般表达式

$$耗尽区宽度 = \left[\frac{2 \cdot 介电常数 \cdot 耗尽区总电势差}{q \cdot 耗尽区等效杂质浓度}\right]^{1/2}$$

仍然适用，只不过这里等效杂质浓度因结两边的介电常数不同而具有较为复杂的形式。如果异质结有外加偏压 V，且电流可忽略不计时，那么只需将式 (5.51)～式 (5.53) 中的 ϕ_{bi} 替换为 $\phi_{bi}-V$，即可计算有偏压时的耗尽区宽度。

异质结的耗尽层电容可看作 N 区耗尽区和 p 区耗尽区两个平板电容器的串联，即

$$\frac{1}{C_j} = \frac{x_n}{\varepsilon_{sN}} + \frac{x_p}{\varepsilon_{sp}} \qquad (5.54)$$

从图 5-19 的能带图可以看出，对于 N 区电子向 p 区的输运，只需要跨越较低的势垒。如果加上 N 区对于 p 区为负的偏压，将有大量的电子由 N 区向 p 区扩散，在外电路形成较大的电子电流。但是对于 p 区空穴，即使在外加 N 区对于 p 区为负的偏压下，空穴向 N 区的输运仍然有很高的势垒，p 区空穴向 N 区的扩散几乎总是可忽略不计的。由此得到异质结的一个重要特性：异质结两边载流子的势垒是不同的，异质结的正向电流只由一种载流子的输运所决定。

定义流过 pn 结的电流之比为注入效率，利用同质 pn 结的结果，可得

$$\gamma = \frac{J_{\mathrm{n}}}{J_{\mathrm{p}}} = \frac{qD_{\mathrm{n}}n_{\mathrm{p}0} / L_{\mathrm{n}}}{qD_{\mathrm{p}}p_{\mathrm{n}0} / L_{\mathrm{p}}} \tag{5.55}$$

式中，D_{n}、L_{n} 分别为 N 区电子扩散系数和扩散长度；D_{p}、L_{p} 分别为 p 区空穴扩散系数和扩散长度；$n_{\mathrm{p}0}$ 和 $p_{\mathrm{n}0}$ 分别为 p 区和 N 区平衡少数载流子浓度。在全电离近似和非简并掺杂条件下，由于

$$n_{\mathrm{p}0}N_{\mathrm{A}} = n_{\mathrm{ip}}^2 = N_{\mathrm{Cp}}N_{\mathrm{Vp}}\exp\left(-\frac{E_{\mathrm{g}2}}{kT}\right)$$

$$p_{\mathrm{n}0}N_{\mathrm{D}} = n_{\mathrm{in}}^2 = N_{\mathrm{CN}}N_{\mathrm{VN}}\exp\left(-\frac{E_{\mathrm{g}1}}{kT}\right)$$

因此，注入效率可表示为

$$\gamma = \frac{qD_{\mathrm{n}}\dfrac{1}{L_{\mathrm{n}}N_{\mathrm{A}}}N_{\mathrm{Cp}}N_{\mathrm{Vp}}\exp\left(-\dfrac{E_{\mathrm{g}2}}{kT}\right)}{qD_{\mathrm{p}}\dfrac{1}{L_{\mathrm{p}}N_{\mathrm{D}}}N_{\mathrm{CN}}N_{\mathrm{VN}}\exp\left(-\dfrac{E_{\mathrm{g}1}}{kT}\right)} \tag{5.56}$$

式 (5.56) 可简化为

$$\gamma \propto \exp\left(-\frac{\Delta E_{\mathrm{g}}}{kT}\right) \tag{5.57}$$

以 $\mathrm{Ga_{0.7}Al_{0.3}As\text{-}GaAs}$ 异质结为例，$\Delta E_{\mathrm{g}} = -0.3\mathrm{eV}$，可计算出 300K 下的注入效率约为 10^5。利用异质结禁带宽度的差异，可以实现很高的注入效率。

5.2.4 同型异质结

一种典型的同型异质结结构是重掺杂的 n 型宽禁带半导体与轻掺杂的 n 型窄禁带半导体形成的结，平衡态能带结构如图 5-22 所示。在轻掺杂的半导体表面出现电子势阱，宽禁带半导中的电子流向势阱中。势阱中电子浓度很高，由于受到界面势垒的限制，只能在平行于界面的方向运动，在窄禁带半导体表面形成了低阻导电层(常称为导电沟道)。窄禁带半导体的掺杂浓度很低，对载流子输运的杂质散射作用很低，因此导电沟道中的电子在平行于界面的方向有很高的迁移率。在低温下，以 $\mathrm{Ga_{0.7}Al_{0.3}As\text{-}GaAs}$ 同型异质结为例，导电沟道中的电子迁移率可高达 $10^5\mathrm{cm}^2/(\mathrm{V\cdot s})$ 以上。

在同型异质结的两端施加偏压，可以改变其导电能力。图 5-23 所示为施加窄禁带半导体相对于宽禁带半导体为正的电压下的能带图。在偏压的作用下，N 区电子势垒降低，有更多的电子向 n 区扩散。n 区能带相对于 N 区下移 qV_a，表面势阱加深，势阱中电子浓度增大，平行于界面方向的导电能力增强。若将外加电压的极性反过来，则得到图 5-24 的能带图。可以看出，n 区能带相对于 N 区上移 qV_a，界面处的 E_{C2} 大于 E_{F1}，势阱中的电子浓度很低，可近似认为窄禁带半导体表面处于高阻状态。

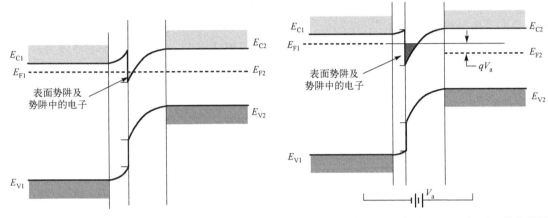

图 5-22　同型 Nn 异质结平衡态能带图　　　　图 5-23　外加偏压(n 区相对于 N 区为正)下的能带图

导电沟道中的电子虽然有很高的迁移率，但是这些电子仍然受到界面处高掺杂的宽禁带半导体一侧的杂质散射作用。为了进一步提高载流子的迁移率，常在高掺杂的宽禁带半导体和窄禁带半导体间插入一宽禁带半导体本征层，其厚度应不影响 N 区电子向 n 区输运，通常在数纳米范围。

利用同型异质结导电沟道中电子的高迁移率特性，用异质结导电沟道取代 JFET、MESFET 或 MOSFET 中的硅导电沟道，可以制作极高速和极高频的电子器件。为了提高器件的功率输出，可将多个这样的沟道并联起来。插入本征层的沟道并联方案如图 5-25 所示。

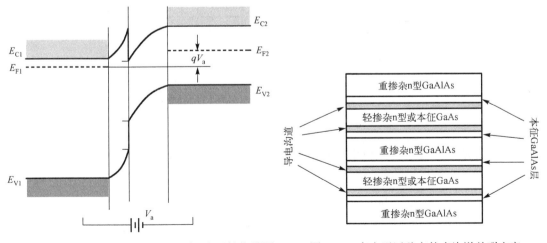

图 5-24　外加偏压(N 区相对于 n 区为正)下的能带图　　　图 5-25　高电子迁移率的多沟道并联方案

5.3　应变异质结

异质结由两种不同的半导体材料形成，大多存在晶格常数不匹配的问题。将一种材料外延到另外一种衬底材料上，若外延层较薄，则晶格失配表现为外延界面晶格的形变；若外延层较厚，则外延层或外延界面就会出现位错缺陷。不产生位错缺陷的异质外延层厚度称为临界厚度。临界厚度的大小与衬底材料、外延材料的特性、晶格失配度以及外延生长条件有关。外延界面晶格结构可归纳为四种情况：①晶格匹配，形成无应变的单晶层；②晶格不匹配，外延层超过临界厚度，外延界面出现晶格缺陷；③晶格不匹配，外延层小于临界厚度，形成面内晶格压缩，外延方向晶格拉伸的应变层；④晶格不匹配，外延层小于临界厚度，形成面内晶格拉伸，外延方向晶格压缩的应变层。四种情况的示意图如图 5-26 所示。利用应变层的异质结称为应变异质结[29]。

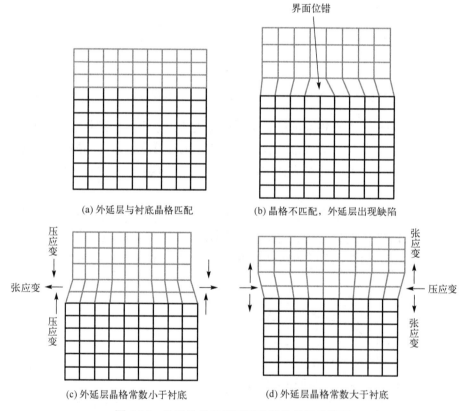

图 5-26　异质结外延界面晶格结构的四种情况

硅-锗异质结因与硅基集成电路技术兼容最先受到重视，并用到双极型晶体管中。硅衬底上的 Ge_xSi_{1-x} 应变层带隙的近似公式为

$$E_{g\text{-}Ge_xSi_{1-x}}(x,T) = E_{g\text{-}si}(T) - 0.96x + 0.43x^2 - 0.17x^3 \quad (eV)$$

应变层的带隙值与硅锗合金层中锗的摩尔分数的关系如图 5-27 所示，作为参考，图中也给出了非应变硅锗合金体材料的带隙值与摩尔分数的关系。由图可知，当 Ge 的摩尔分数为

0.75 时，硅锗应变层的带隙值等于 Ge 的带隙值 0.66eV。若采用硅发射区和硅锗基区，由于带隙差，根据式(5.57)，双极型晶体管的注入效率将显著提高。

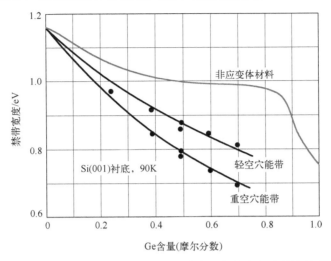

图 5-27　Si(001)衬底上硅锗应变层禁带宽度与锗摩尔分数的关系[30]

此外，若硅锗应变基区的锗含量从发射结一侧到集电结侧逐渐加大(锗含量缓变基区)，则基区带隙逐渐减小，将在基区形成电子的漂移电场，使基区输运系数增大。硅锗基区带来的另一个好处是晶体管的厄尔利(Early)电压增大。

目前，采用硅锗应变基区的双极型晶体管的电流放大系数 β>400，特征频率 f_T>350GHz，厄尔利电压 V_A>150V。主要参数已经接近或达到双极型 GaAs 器件的水平。

图 5-28 所示为硅锗应变基区双极型晶体管结构图，硅锗基区用选择性外延技术实现。图 5-29 所示为硅锗基区双极型晶体管的典型纵向杂质分布曲线，图中锗含量从发射结到极电结逐渐增大。

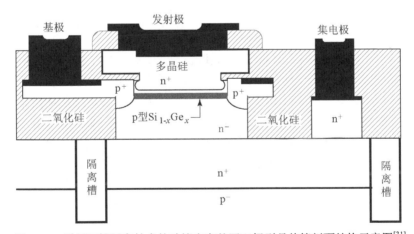

图 5-28　采用深槽隔离技术的硅锗应变基区双极型晶体管剖面结构示意图[31]

图 5-30 所示为锗缓变的硅锗应变基区双极型晶体管正向有源状态下的能带图，能带图下方是基区的近似杂质分布。从能带图可以清楚地看到锗浓度缓变形成的基区漂移电场。

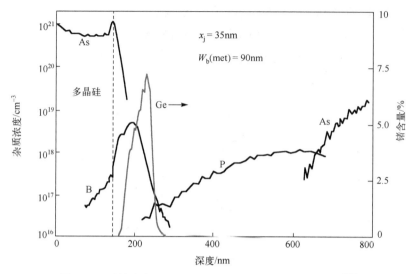

图 5-29　硅锗应变基区晶体管典型的纵向杂质分布曲线[31]

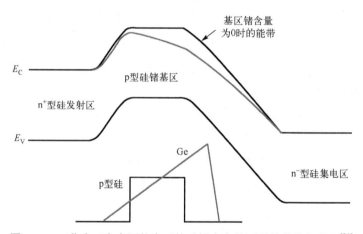

图 5-30　工作在正向有源状态下的硅锗应变基区晶体管的能带图[31]

应变异质结也广泛用于提高 MOSFET 的性能。根据 MOSFET 的电流电压关系式，提高 MOSFET 性能的主要途径是缩短沟道长度、增大栅电容和提高沟道载流子的迁移率。其中前两项措施也是迄今为止硅基微电子技术实现摩尔定律的基本措施，第三项措施也可用硅锗异质结构来实现。图 5-31 是应用硅锗异质结结构来提高沟道载流子迁移率的器件结构示意图。为了降低外延硅锗层的缺陷，通常在硅衬底(100)面上先外延锗含量缓变(5%~20%)的缓冲层。再在缓冲层上外延锗含量固定的硅锗层(约为 100nm)，锗含量的摩尔分数约为 20%。因外延在较高温度下实现，故应变得以释放，具有硅锗合金体材料的性质。最后在硅锗层上外延约 10nm 的 p 型硅沟道层，由于硅晶格常数小于硅锗层的晶格常数，外延层沟道方向处于张应变状态。

反型沟道方向张应力的结果，硅[100]方向六重简并的导带能谷，分裂为能量较低的两重简并能谷和能量较高的四重简并能谷。导带电子主要占据能量较低的两重简并能谷，电子有效质量有所降低。两组能谷的能量差随应力的增大(意味着硅锗层锗含量的增大)而增大。当锗的摩尔分数大于 15% 时，两组能谷的能量差大于 134meV，电子几乎全部位于较低能量的两重简并能谷，电子的谷间散射受到显著抑制，因此电子的迁移率显著提高。实验报道的结果，与非应变沟道相比，电子迁移率可提高 100%。

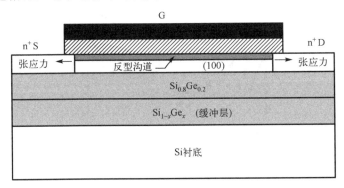

图 5-31　硅锗/硅异质结提高 n-MOSFET 沟道电子迁移率的器件结构示意图

上述技术的缺点是对外延工艺的要求较为严格，大规模生产的成品率受外延工艺的影响较大，后续热处理工艺可能使应变释放而在沟道区产生晶格缺陷。整个硅衬底上插入的硅锗层使硅衬底的热阻增大，不利于工作过程中的热传导。对于 CMOS 工艺，在较大的纵向电场下，上述技术对 p-MOSFET 性能的改善几乎为零，在大的纵向电场下甚至使空穴迁移率降低。

利用选择性外延形成的应变异质结，可以提高 p 沟道 MOSFET 的空穴迁移率。图 5-32 中，在硅衬底上，刻蚀出晶体管的源和漏窗口，然后选择性外延硅锗层作为源和漏区。由于硅锗层晶格常数大于沟道硅的晶格常数，源和漏异质结对沟道区硅材料施加沟道方向的压缩应变。为了产生足够大的应变，在 $Si_{1-x}Ge_x$ 组分中，选取 $x > 0.15$。当源和漏区组分为 $Si_{0.83}Ge_{0.17}$ 时，空穴迁移率的改善大于 50%。

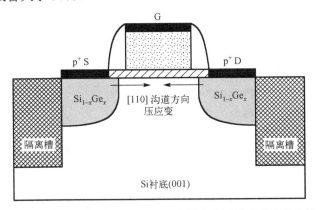

图 5-32　硅锗/硅异质结提高 p-MOSFET 沟道空穴迁移率的器件结构示意图

空穴迁移率的增大归结为应变硅沟道价带能带结构的变化。图 5-33 所示为价带能带结构变化的示意图。将图 5-33(b) 和图 5-33(a) 对比可见，压应变导致重空穴能带和轻空穴能带分裂，重空穴能量降低(能带上移)，能带曲率增大，空穴有效质量降低(式(1.48))，空穴迁移率增大。

为了提高沟道载流子的迁移率，对沟道应变类型的要求如图 5-34 所示。

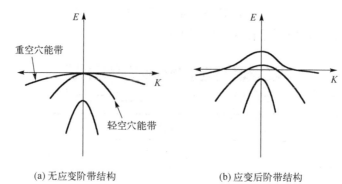

(a) 无应变阶带结构　　　　　　(b) 应变后阶带结构

图 5-33　硅导电沟道([110]方向)施加应变前后价带结构变化示意图[32]

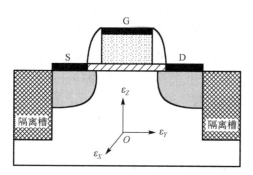

增强载流子迁移率所需应变

方向	n-MOSFET	p-MOSFET
ε_Y	张应变	压应变
ε_X	张应变	张应变
ε_Z	压应变	张应变

图 5-34　增强 MOSFET 沟道载流子迁移率所需的应变类型[33]

　　除了用硅锗异质结产生所需的应变外，也可用其他异质结(如碳化硅/硅异质结)实现所需的应变，还可用其他工艺实现所需的应变。图 5-35(a)所示为用氮化硅膜实现沟道张应变的示意图。不同的氮化硅膜沉积方法，可以实现不同的应变。例如，可先沉积张应变膜，然后将 p-MOSFET 区域的膜刻蚀掉，再沉积压应变膜，最后将 n-MOSFET 区域的膜刻蚀掉。这样，p-MOSFET 导电沟道中的空穴和 n-MOSFET 导电沟道中的电子的迁移率分别得到增强，在基本不改变原有工艺的条件下，电路速度可提高 20%以上。图 5-35(b)表示，当沟道长度在 10nm 量级时，器件的两隔离槽的距离变得很近，隔离槽也会对导电沟道引入应变，恰当利用这种应变，也可以提高沟道载流子迁移率。

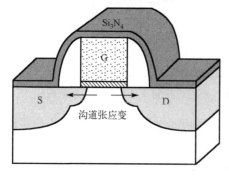 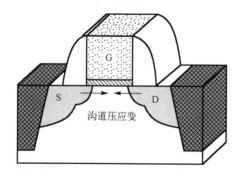

(a) 用氮化硅帽实现的沟道张应变　　　　　　(b) 用隔离槽实现的沟道压应变

图 5-35　利用异质结以外的其他工艺引入导电沟道应变示意图[32]

应变技术的引入，显著提高了集成电路的性能。但是，仅靠应变技术将微电子技术继续按照摩尔定律推向前进的空间是有限的。新材料和新型信息处理器件结构是后摩尔时代的根本出路。

习　题

5.1　T = 300K，n 型硅衬底杂质浓度为 N_D = 10^{15}cm^{-3}，请画出金属铝与硅衬底接触前的能带图，以及理想金属-半导体接触零偏时的能带图。计算肖特基势垒高度 ϕ_{B0}、半导体侧的接触电势差 V_{bi}、空间电荷区厚度 W 及耗尽层电容 C_j。

5.2　T = 300K，n 型硅衬底杂质浓度为 N_D = 10^{16}cm^{-3}，请画出平衡态金-硅接触能带图，计算肖特基势垒高度 ϕ_{B0}、半导体侧的接触电势差 V_{bi}、空间电荷区厚度 W。

5.3　请画出铂(Pt)-n 型硅理想接触平衡态能带图，判断其理想接触是欧姆接触还是整流接触？如果是整流接触，设硅衬底 N_D = 10^{16}cm^{-3}，计算肖特基势垒高度 ϕ_{B0}、半导体侧的接触电势差 V_{bi}、5V 偏置电压下的空间电荷区厚度 W。

5.4　请分别画出钛(Ti)与 n 型硅和 p 型硅理想接触的能带图，判断其理想接触是欧姆接触还是整流接触？如果是整流接触，设硅衬底 N_D = N_A =5×10^{15}cm^{-3}，分别计算肖特基势垒高度 ϕ_{B0}、半导体侧的接触电势差 V_{bi}。

5.5　T = 300K，n 型硅衬底杂质浓度为 N_D = 10^{14}cm^{-3}，金属铝与硅衬底形成肖特基接触。分别计算平衡态和 3V 反偏条件下肖特基效应(镜像电荷作用)引起的势垒降低量，以及势垒峰值对于金属-半导体界面的位置(计算中电场的大小取耗尽区的峰值电场)。

5.6　T = 300K，n 型 GaAs 衬底杂质浓度为 N_D = 5×10^{16}cm^{-3}，金属铝与 GaAs 衬底形成肖特基接触。请分别计算平衡态和 3V 反偏条件下肖特基效应(镜像电荷作用)引起的势垒降低量，并计算势垒峰值对于金属-半导体界面的位置。

5.7　测量金属-n 型硅肖特基结的电容-电压关系曲线，纵坐标为$(1/C_j)^2$，横坐标为结的反向偏压，得到一条直线，直线的斜率为 10^{-15}C·F·cm^{-4}，计算硅衬底的杂质浓度 N_D、肖特基势垒高度 ϕ_{B0}、半导体侧的接触电势差 V_{bi}。

5.8　金属-n 型硅肖特基结的能带图，如图 5-11 所示，寄生介质层为氧化层，假定 ϕ_m=4.1V，N_D = 10^{16}cm^{-3}，ϕ_0=0.3V，E_g=1.12eV，δ=2.5nm，χ=4.01V，D_{it} = 10^{13}eV^{-1}·cm^{-2}，分别计算有、无界面态条件下的肖特基势垒高度。

5.9　金属-n 型硅肖特基结的能带图，如图 5-11 所示，寄生介质层为氧化层，假定 ϕ_m=5.1V，N_D=10^{16}cm^{-3}，ϕ_0=0.3V，E_g=1.12eV，δ=2.0nm，χ=4.01V，肖特基势垒高度为 0.60V，计算肖特基结的界面态密度(eV^{-1}·cm^{-2})。

5.10　T = 300K，n 型硅衬底杂质浓度为 N_D = 5×10^{15}cm^{-3}，计算金属铝-硅肖特基接触平衡态的反向电流 J_{sT}、正偏电压为 5V 时的电流。计算中取理查森常数 A*=264A·cm^{-2}·K^{-2}。

5.11　T = 300K，n 型 GaAs 衬底杂质浓度为 N_D = 10^{16}cm^{-3}，计算金-GaAs 肖特基接触平衡态的反向电流 J_{sT}、正偏电压为 5V 时的电流。计算中取理查森常数 A*=8.2A·cm^{-2}·K^{-2}。

5.12　T = 300K，n$^+$杂质浓度为 N_D = 5×10^{18}cm^{-3}，计算金属铝-硅肖特基接触正偏电压为 5V 时的比接触电阻。

5.13　请分别画出 GaAlAs-GaAs 半导体 Pn 结和 Np 结的平衡态能带图。

5.14　查找 InP 和 InSb 的能带结构数据，请分别画出 InP-InSb 半导体 Pn 结和 Nn 结的平衡态能带图。

5.15　查找 GaSb 和 InAs 的能带结构数据，分别画出 GaSb-InAs 半导体 Pn 结和 Pp 结的平衡态能带图。

5.16 $T = 300K$，$N_D = 5 \times 10^{15} cm^{-3}$，$N_A = 10^{16} cm^{-3}$，计算 $Ga_{0.7}Al_{0.3}As\text{-}GaAs$ 半导体 Np 结的接触电势差、耗尽区宽度 x_n 和 x_p。

5.17 $T = 300K$，$N_D = 5 \times 10^{16} cm^{-3}$，$N_A = 10^{14} cm^{-3}$，计算 $Ga_{0.7}Al_{0.3}As\text{-}GaAs$ 半导体 Np 结 N 区和 p 区载流子向对方输运需要克服的势垒高度。

5.18 $T = 300K$，计算 $Ga_{0.6}Al_{0.4}As\text{-}GaAs$ 半导体 Np 结的注入效率。

5.19 硅锗 (Ge_xSi_{1-x}) 应变基区制备的硅 npn 晶体管，$x=0.4$，与相同掺杂浓度的硅基区相比，发射结注入效率提高了多少？

5.20 试从固体与半导体物理的角度解释应变结构改变载流子迁移率的原理。

第**6**章
半导体光电子器件

现代信息社会的基础是对海量信息的及时处理和传输。计算机和光纤通信是实现这一目标的基本手段。目前，信息的处理加工是以电的形式(电荷的有无和多少)进行的，而信息的远距离传输是以光的形式通过光纤实现的。为了把加工好的电信息以光信息的形式传输和接收，需要实现电信息和光信息相互转换的光电子器件。典型的光电子器件有光探测器件、发光二极管、激光器等。此外，直接将太阳能转换为电能供人类能源之需，催生了另一类半导体光电子器件——太阳能电池。各种半导体光电子器件的特性与其材料的能带结构和几何结构密切相关，与其构成材料的界面特性密切相关。了解和掌握光电子材料的能带结构是学习光电子器件的重要基础。

6.1 半导体的光吸收和光发射

6.1.1 光的基本性质

光是一种电磁波。不同频率(或波长)范围的电磁波具有不同的物理特性。电磁波谱区段的界限是渐变的，习惯上常常将电磁波区段划分见表 6-1。这些光的频率(波长)各不相同，但都具有反射、折射、散射、衍射、干涉和吸收等波的性质。

表 6-1　电磁波谱表

波段		波长	频率
长波		>3000m	< 100kHz
中波和短波		3000 ~ 10m	0.1 ~ 30MHz
超短波		10 ~ 1m	30 ~ 300MHz
微波		1m ~ 1mm	0.3 ~ 300GHz
红外波段	超远红外 远红外 中红外 近红外	1000~0.76μm	$1000 \sim 15\mu m$ $15 \sim 6\mu m$ $6 \sim 3\mu m$ $3 \sim 0.76\mu m$	0.3 ~ 394THz $(3\times10^{11} \sim 3.94\times10^{14}Hz)$
可见光	红 橙 黄 绿 青 蓝 紫	0.76~0.38μm	$0.76 \sim 0.62\mu m$ $0.62 \sim 0.59\mu m$ $0.59 \sim 0.56\mu m$ $0.56 \sim 0.50\mu m$ $0.50 \sim 0.47\mu m$ $0.47 \sim 0.43\mu m$ $0.43 \sim 0.38\mu m$	394 ~ 789THz $(3.94\times10^{14} \sim 7.89\times10^{14}Hz)$
紫外线		$3.8\times10^{-1} \sim 10^{-3}\mu m$	$7.89\times10^{14} \sim 3\times10^{17}Hz$
X 射线		$10^{-3} \sim 10^{-6}\mu m$	$3\times10^{17} \sim 5\times10^{18}Hz$
γ 射线		$<10^{-6}\mu m$	$5\times10^{18} \sim 1\times10^{22}Hz$

光是具有波粒二象性的微观粒子，其能量、波长和速度间具有如下关系式：

$$E = hv \tag{6.1}$$

$$\lambda = \frac{c}{v} = \frac{hc}{E} = \frac{1.24}{E} \quad (\mu m) \tag{6.2}$$

式中，E 为光子能量；h 为普朗克常数，$h = 6.625 \times 10^{-34} \text{J·s} = 4.135 \times 10^{-15} \text{eV·s}$；$v$ 为光波的频率；c 为光在真空中的速度，$c = 2.998 \times 10^{10} \text{cm/s}$。式 (6.2) 最后一个等式中，光子能量的单位用电子伏特，则光波长的单位为 μm。

6.1.2　光在半导体中的吸收

用光照射半导体，只要入射光子的能量足够高，就可能在半导体中产生电子-空穴对。半导体的禁带宽度、光子能量的关系如图 6-1 所示。如果光子能量小于半导体的禁带宽度，光子不被半导体吸收，半导体对于光是透明的。如果光子能量等于禁带宽度能量，价带电子从光子获得能量后将跃迁到导带，成为自由电子，同时在价带产生一个空穴。如果光子能量大于禁带宽度能量，激发产生的电子-空穴对的能量将大于导带底或价带顶能量，电子-空穴将把多余的能量传递给晶格，最终处于较低能量状态。

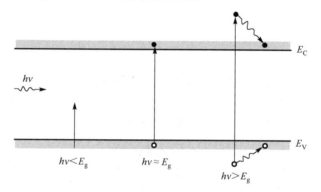

图 6-1　光子与半导体的作用

光在半导体中的吸收效率还与半导体的具体能带结构有关。图 6-2(a) 所示为直接带隙半导体的光吸收，带间跃迁波矢守恒，吸收过程只涉及光子和电子的两粒子过程，吸收效率高。图 6-2(b) 所示为间接带隙半导体的光吸收，价带顶电子和导带底空能态的波矢不相等，不可

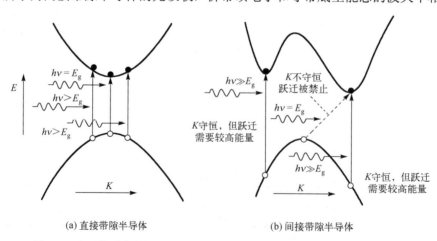

(a) 直接带隙半导体　　　　　　　(b) 间接带隙半导体

图 6-2　光吸收过程的能量和波矢守恒与半导体能带结构之间的关系[34]136

能发生价带顶电子向导带底的直接跃迁。若价带顶电子要向导带底跃迁，必须有声子的参与，则这种跃迁过程是涉及光子、电子和声子的三粒子过程，吸收效率低下。Si 是间接带隙半导体，价带顶附近电子对光的吸收效率低，但对于较高能量的入射光子，吸收效率也会很高，且硅材料成本低廉、工艺成熟，仍然广泛用作光吸收材料，如用作太阳能电池材料。

光在物质中的传输损耗与光子能量（频率）有关，用单位距离吸收的光子数来表征，称为吸收系数，单位为光子数/cm。如图 6-3（a）所示，设入射光通量强度为 $I_\nu(x)$，出射光通量强度为 $I_\nu(x+\mathrm{d}x)$，单位为光子能量/$(\mathrm{cm}^2\cdot\mathrm{s})$，光通量强度之差就是被物质吸收的量，它与微分长度和入射光通量强度成正比，即

$$I_\nu(x+\mathrm{d}x) - I_\nu(x) = -\alpha I_\nu(x)\mathrm{d}x \tag{6.3}$$

式中，比例系数 α 称为吸收系数。由此得到微分方程

$$\frac{\mathrm{d}I_\nu(x)}{\mathrm{d}x} = -\alpha I_\nu(x) \tag{6.4}$$

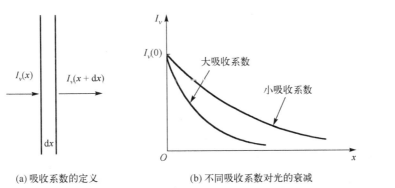

(a) 吸收系数的定义　　　　(b) 不同吸收系数对光的衰减

图 6-3　光在物质中的吸收及吸收系数

设入射到物质界面的光通量强度为 $I_\nu(0)$，则方程（6.4）的解为

$$I_\nu(x) = I_\nu(0)\exp(-\alpha x) \tag{6.5}$$

结果表明光通量强度随距离的增加作指数衰减。不同物质具有不同的吸收系数。对于半导体材料，吸收系数与半导体的能带结构密切相关。图 6-4 是测量半导体吸收系数的原理示意图。

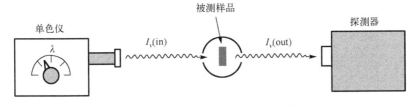

图 6-4　测量半导体或其他材料的光吸收系数装置示意图

图 6-5 所示为禁带宽度为 E_g 的半导体的吸收系数曲线。当入射光子能量远小于半导体禁带宽度时，半导体对入射光子没有吸收，半导体对入射光子是透明的。当入射光子能量接近半导体禁带宽度时，有少量光子会被半导体吸收。当光子能量等于或大于半导体禁带宽度时，半导体对光子的吸收急剧增加，吸收系数急剧增大。吸收开始急剧增大的这一点称为半导体的吸收限。显然，吸收限与半导体的禁带宽度对应。因此，可将半导体吸收限的测量，作为确定半导体禁带宽度值的一种实验手段。图 6-6 给出几种典型半导体的光吸收系数曲线。不

同半导体的禁带宽度不同，因此其吸收限不同。半导体能带结构不一样，吸收曲线的形状也不一样。

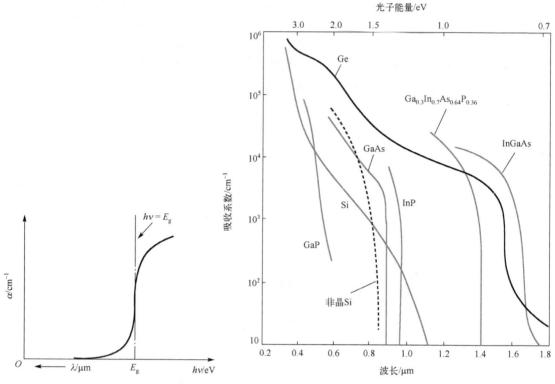

图 6-5   半导体光吸收系数曲线示意图   图 6-6   几种半导体材料的光吸收系数曲线

图 6-7 所示为几种半导体材料的禁带宽度与光谱范围、光子能量、波长之间的对应关系图。由图可知，常用半导体材料 Si、Ge、GaAs 的带隙值位于红外区域，这些材料对于可见光及其以上能量的光谱都是不透明的，即都可以吸收，可用作该范围的光电转换器件材料。而 GaP 和 CdS 等半导体具有较宽的带隙，位于可见光范围，适合制作可见光范围的光电器件。

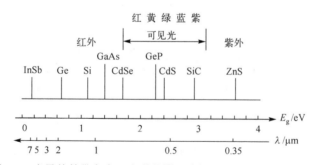

图 6-7   半导体禁带宽度、光谱范围、波长、光子能量对应关系图

6.1.3   半导体的光发射

在光吸收过程中，价带电子吸收光子的能量，跃迁到较高能态(导带)，产生具有较高能

量状态的自由电子-空穴对，是将光能转换为电能的过程。在半导体的光发射过程中，处于较高能量状态的电子跃迁到低能态，同时以光子的形式释放多余能量，称为辐射跃迁。这是一个将电子能量转换为光能的过程。光发射的跃迁过程也必须满足能量守恒和动量守恒原则。并非所有高能态电子向低能态的跃迁都能发射光子，跃迁过程两状态的能量差也可以其他形式释放。与吸收跃迁过程类似，直接带隙半导体的辐射跃迁过程满足能量和波矢守恒律，发射效率高，而间接带隙半导体的辐射跃迁过程必须有声子的参与，不发射光子或发射效率低下，如图 6-8 所示。

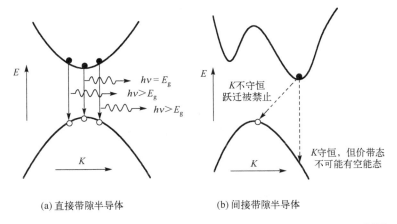

(a) 直接带隙半导体　　(b) 间接带隙半导体

图 6-8　光发射过程的能量和波矢守恒与半导体能带结构之间的关系[34]138

　　半导体中高能态电子跃迁到低能态的形式可分为三类：带间跃迁、通过带间杂质或缺陷能级的跃迁和俄歇跃迁。图 6-9 所示为带间跃迁的三种情形。若跃迁过程发生在直接带隙半导体中，则它们都是光发射跃迁。图 6-9 (a) 所示为导带底电子跃迁到价带顶，发射光子能量等于禁带宽度，图 6-9(b) 和图 6-9(c) 所示为具有较高能量的电子发生的带间跃迁，发射的光子能量将大于禁带宽度。通常导带电子能量分布在一个较窄的范围，其发射光谱是有一定带宽的频带，而不是单一频率。

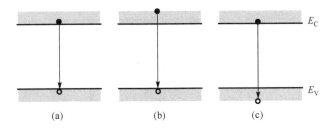

(a)　　　　　　(b)　　　　　　(c)

图 6-9　高能态电子向低能态的带间跃迁

　　图 6-10 所示为涉及杂质和缺陷能级的跃迁。图 6-10(a) 表示施主能级电子向价带的跃迁，图 6-10(b) 表示导带电子向受主能级的跃迁，图 6-10(c) 表示施主能级电子向受主能级的跃迁，图 6-10(d) 表示导带电子通过深能级实现的向价带的跃迁。前三种跃迁可能发射光子，而图 6-10(d) 所示跃迁通常是非发光跃迁过程。

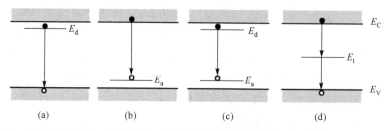

图 6-10　涉及施主能级、受主能级、缺陷或深能级的高能态电子向低能态的跃迁过程

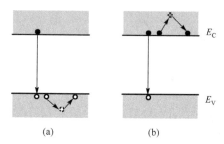

图 6-11　重掺杂半导体中的俄歇跃迁过程

图 6-11 所示为俄歇复合(跃迁)示意图。俄歇跃迁涉及三个载流子,往往发生在重掺杂的半导体中。图 6-11(a)中,导带电子向价带跃迁过程中,多余的能量传递给另一个空穴,该空穴将能量传递给晶格,最后回到低能态。这种情形多发生在重掺杂的 p 型半导体中。图 6-11(b)中,导带电子跃迁时把多余的能量传递给另一个电子,该电子把能量传递给晶格,最后回到低能态。因此,俄歇跃迁是非发光过程。

6.2　太阳能电池

太阳能电池的基本结构是一个 pn 结,如图 6-12 所示,用太阳光照射 pn 结时,能量等于或大于半导体禁带宽度的光子被半导体吸收,产生电子-空穴对。在空间电荷区,产生的电子-空穴对在自建电场的作用下漂移,在外电路产生光电流。此外,在空间电荷区外侧一个扩散长度内产生的非平衡少数载流子(n 区的空穴和 p 区的电子),也将扩散进入空间电荷区,然后被自建电场所漂移,成为光电流的一部分。

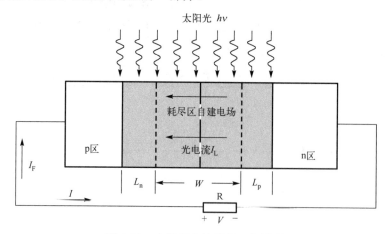

图 6-12　太阳能电池基本工作原理

设光产生率为常数 G,单位为电子-空穴对数/$(cm^3 \cdot s)$,pn 结的截面积为 A,则光电流大小可表示为

$$I_L = AqG(W + L_n + L_p) \tag{6.6}$$

光照越强，产生率越大，产生的光电流越大。若外电路负载为 R，光电流在负载上的电压降为 V，则在此电压的偏置下，pn 结有正向电流

$$I_F = I_s \left[\exp\left(\frac{qV}{kT} \right) - 1 \right] \tag{6.7}$$

此电流通常称为光电池的暗电流。暗电流的方向就是 pn 结正向电流的方向，而光电流的方向与反向电流同方向。pn 结太阳能电池的总电流为

$$I = I_F - I_L = I_s \left[\exp\left(\frac{qV}{kT} \right) - 1 \right] - I_L \tag{6.8}$$

其短路电流为

$$I = I_{sc} = -I_L \tag{6.9}$$

开路电压为

$$V_{oc} = \frac{kT}{q} \ln\left(1 + \frac{I_L}{I_s} \right) \tag{6.10}$$

pn 结太阳能电池的电流-电压关系如图 6-13 所示。当电池工作在第四象限时，太阳能电池向负载传递功率。传递的功率为

$$P = IV = I_L V - I_s \left[\exp\left(\frac{qV}{kT} \right) - 1 \right] V \approx I_L^2 R \tag{6.11}$$

对于给定的光产生率 G，其负载特性如图 6-14 所示。负载线斜率为 $-1/R$，选择适当的负载，可使给定光照条件下的输出功率最大，即

$$P_m = I_m V_m \tag{6.12}$$

由此可定义太阳能电池的一个重要参数——填充因子，即

$$FF = \frac{I_m V_m}{I_{sc} V_{oc}} \tag{6.13}$$

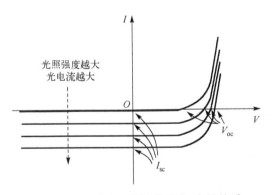

图 6-13　pn 结太阳电池的电流-电压关系

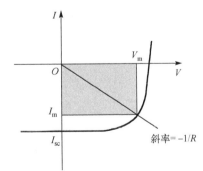

图 6-14　太阳能电池的负载特性和填充因子

设入射光功率为 P_L，太阳能电池的效率为

$$\eta = \frac{P_m}{P_L} = FF \frac{I_{sc} V_{oc}}{P_L} \tag{6.14}$$

太阳能电池的效率与太阳光谱有关。大气质量 0（AM0）和大气质量 1（AM1）条件下的太阳光谱辐照度分布如图 6-15 所示。图中标出了半导体 Si 和 GaAs 带隙对应的光谱位置，仅从

禁带宽度考虑，Si 可吸收太阳光谱中的大部分能量，是合适的太阳能电池材料。GaAs 是直接带隙半导体材料，更适合制作太阳能电池，但价格昂贵，成本高。为了充分利用太阳光谱能量，可将太阳光会聚，提高光照强度，从而提高太阳能电池的输出功率。图 6-16 所示为会聚条件下理想太阳能电池的效率与能量的关系曲线。会聚条件下，虽然开路电压增大不明显，效率只是略提高，但光电流线性增大，有效提高了电池的利用率，降低了太阳能电池的系统成本。

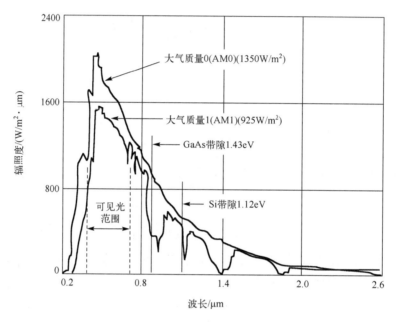

图 6-15　太阳光谱辐照度曲线[34]686

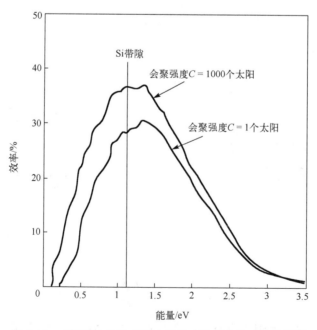

图 6-16　太阳能电池效率与太阳光会聚强度关系曲线[3]627

非晶硅太阳能电池是目前产量最大的一种太阳能电池。推动因素主要是其成本低廉、制造工艺简单。在低温下化学气相沉积硅,可在多种衬底上得到大面积的薄膜,沉积过程中加入氢可显著减少悬挂键的数量,提高薄膜的质量。非晶硅的能带结构如图 6-17 所示。相对于单晶硅,非晶硅在禁带中存在大量的能态。但是,由于非晶结构的极短程有序性,载流子在禁带中能态上的迁移率极低,为 $10^{-6}\sim10^{-3}\mathrm{cm}^2/(\mathrm{V\cdot s})$。而载流子在导带之上和价带以下的能态中的迁移率却为 $1\sim10\mathrm{cm}^2/(\mathrm{V\cdot s})$。因此,在导带之上和价带以下的载流子通过禁带能态的传导可以忽略不计。导带底能量 E_C 和价带顶能量 E_V 称为迁移率带边,E_C 和 E_V

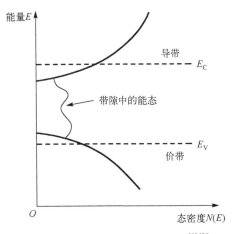

图 6-17　非晶硅能带结构示意图[3]630

之间的能量范围称为迁移率能隙。迁移率能隙的典型值为 $1.7\mathrm{eV}$,可通过掺杂等措施来改变。

非晶硅的吸收效率很高,在大约 $1\mu\mathrm{m}$ 的表面内可吸收大部分太阳光,因此制作太阳能电池只需很薄的一层非晶硅,硅材料的利用率很高。图 6-18(a)为非晶硅太阳能电池的结构示意图,透射太阳光的玻璃层对电池表面起保护作用,铟锡氧化物层可作为导电层,也有减反射的作用。图 6-18(b)为无光照平衡态能带图,图 6-18(c)为光照下的能带图。光吸收并转换成电子-空穴对的过程主要在本征的非晶硅层进行,产生的电子-空穴在空间电荷区电场的作用下向负载提供电流。

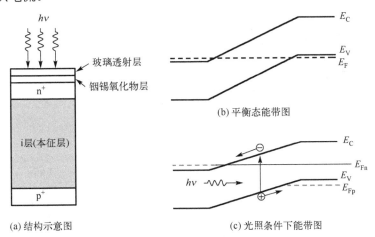

图 6-18　非晶硅太阳能电池的结构及其工作原理[3]631

6.3　光探测器件

从能量转换的角度看,光探测器的工作原理与太阳能电池相同,都是把光能转换为电能的器件。不过,太阳能电池侧重能量转换的效率和输出功率,而光探测器侧重光信号的探测和鉴别。由于半导体在光的照射下会产生电子-空穴对,最简单的光探测器就是一个光敏电阻。对于半导体光敏电阻,半导体中的多数载流子在光照前、后都参与导电,因此,光敏电阻的灵敏度低。

最常用的光探测器件是一个 pn 结光探测器，也称为光电二极管，其工作原理类似于太阳能电池，但工作在反偏状态下，如图 6-19 所示。其电流电压关系同式(6.6)。

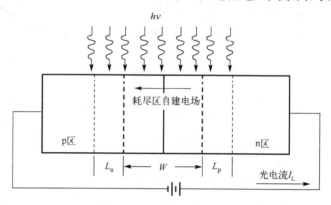

图 6-19 pn 结光电二极管

例如，在 $T=300\text{K}$ 下，考虑一硅 pn 结光电二极管，外加反向偏压 5V，稳态光产生率为 $G_L=10^{21}\text{cm}^{-3}\cdot\text{s}^{-1}$，二极管参数为 $N_D = N_A = 5\times10^{15}\text{cm}^{-3}$，$D_n = 25\text{cm}^2/\text{s}$，$D_p = 10\text{cm}^2/\text{s}$，$\tau_{n0} = 5\times10^{-7}\text{s}$，$\tau_{p0} = 10^{-7}\text{s}$。

则有

$$L_n = \sqrt{D_n\tau_{n0}} = \sqrt{25\times5\times10^{-7}} = 35.4\times10^{-4} \quad (\text{cm})$$

$$L_p = \sqrt{D_p\tau_{p0}} = \sqrt{10\times10^{-7}} = 10\times10^{-4} \quad (\text{cm})$$

$$V_{bi} = \frac{kT}{q}\ln\left(\frac{N_D N_A}{n_i^2}\right) = 0.0259\ln\frac{5\times10^{15}\times5\times10^{15}}{2.25\times10^{20}} = 0.659 \quad (\text{V})$$

$$W = \sqrt{\frac{2\varepsilon\varepsilon_0(5+0.659)}{qN}} = \sqrt{\frac{2\times11.7\times8.85\times10^{-14}\times5.659}{1.6\times10^{-19}\times2.5\times10^{15}}} = 1.7\times10^{-4} \quad (\text{cm})$$

稳态光电流密度为

$$I_L = qG_L(W + L_n + L_p)$$

$$= 1.6\times10^{-19}\times10^{21}\times(35.4+10+1.7)\times10^{-4} = 0.754 \quad (\text{A/cm}^2)$$

计算表明，光电流密度远大于 pn 结反向饱和电流密度。此外，由于少数载流子的扩散长度远大于空间电荷区宽度，光电流主要成分是 pn 结外侧少数载流子的扩散电流。从 pn 结和双极型晶体管开关过程的讨论可知，少数载流子的扩散电流响应速度较慢，限制了光电二极管的高速和高频应用。

为提高光电二极管的响应速度，开发了 PIN 光电二极管，其结构如图 6-20 所示。图中，本征层的厚度远大于 p$^+$层和 n$^+$层的厚度，反偏条件下，本征层处于耗尽状态。光注入时，光电流主要由本征区的载流子构成，光电二极管的响应速度由反偏耗尽区的载流子漂移速度决定，比少数载流子扩散电流的响应速度高得多。

当外加在 pn 结光电二极管上的反偏电压足够高时，耗尽区产生的电子-空穴对将从电场获得足够的能量，这些电子和空穴与晶格碰撞产生出新的电子-空穴对，于是在耗尽区发生了雪崩倍增。工作在这种条件下的二极管称为雪崩光电二极管，这种器件的优点是同样的光照强度下，能获得更大的光电流，即更大的光电增益。

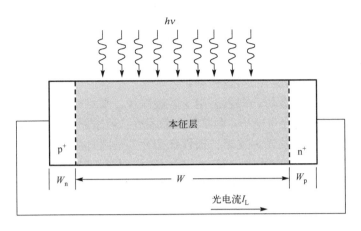

图 6-20　PIN 光电二极管结构示意图

利用双极晶体三极管的放大原理，也可以提高光电增益。如图 6-21 所示为光电晶体三极管的示意图和工作原理图。器件工作在基极开路状态。光照条件下，BC 结空间电荷区产生的空穴在电场的作用下向基区漂移，基区空穴的积累使发射结正偏，发射区电子向基区注入，形成发射极电流，由于基极开路，发射极电流与集电极电流相等。根据晶体管的电流放大原理，可得

$$I_C = I_E = (1 + \beta)I_L \tag{6.15}$$

双极型光电晶体管的优点是光电增益高，但为了增大光吸收面，BC 结的结面必须做得较大，较大的 BC 结电容使其响应速度降低。采用异质结结构，可在一定程度上克服其缺点。

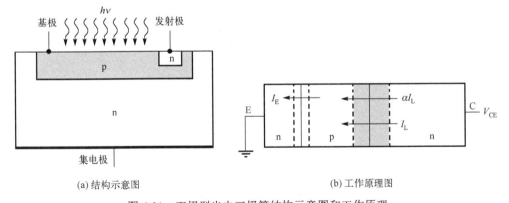

(a) 结构示意图　　　　　　　　　　　　(b) 工作原理图

图 6-21　双极型光电三极管结构示意图和工作原理

6.4　发光二极管

6.4.1　发光二极管基础

在太阳能电池和光电探测器中，价带电子吸收光子能量，产生电子-空穴对，是把光子能量转换为电子-空穴对能量的过程，即光电转换过程。半导体的发光过程是上述过程的反过程。在这个过程中，处于激发态的导带电子与价带空穴复合，将多余能量以光子的形式释放，

这种光的辐射方式称为自发辐射，如图 6-8（a）所示。处于激发态的导带电子能量并不是单一值，而是在导带底之上 $3kT/2$ 的范围内[34]87，因此，辐射光的波长也不是单一值，而是一个较窄的频谱范围，波长变化范围为 20nm 左右。若辐射发生在可见光范围，则可区分光的颜色，如红色发光二极管或绿色发光二极管等。

　　导带电子与价带空穴复合后，激发态电子数会减少，要维持发光过程，必须不断补充导带电子。若用光照激发补充导带电子，则称为光致发光，若采用正偏 pn 结注入的方式得到激发态导带电子，则称为电致发光。发光二极管（LED）多采用直接带隙半导体材料，如 GaAs。

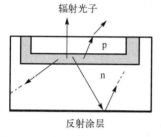

图 6-22　发光二极管的基本结构及其光发射示意图

辐射光子

p

n

反射涂层

基本的发光二极管结构如图 6-22 所示。

　　处于平衡态的直接带隙半导体中，也有电子空穴的复合，但是平衡态半导体并不产生光辐射。如果平衡态半导体也产生光辐射，半导体将因不断辐射损失能量而变冷却。然而实际情况并非如此。原因在于，复合产生的光辐射大部分被半导体重新吸收，极少部分辐射损失的能量，因半导体吸收周围环境中的电磁辐射而得到平衡。

　　当二极管处于正偏状态时，复合区因自发复合而发光。为了提高二极管的效率，总是希望注入载流子发生复合而发光。设复合电流密度为 J_R，则定义复合电流与 pn 结总电流之比为注入效率，即

$$\eta_{cu} = \frac{J_R}{J_{dT}} \tag{6.16}$$

式中，J_{dT} 为 pn 结总电流。

　　并非所有复合区的复合都辐射光子。定义辐射光子的复合与总复合之比为量子效率，即

$$\eta_{qu} = \frac{辐射复合}{总复合} \tag{6.17}$$

由于复合率与寿命成反比，式（6.17）又可以表示为

$$\eta_{qu} = \frac{1}{1 + \dfrac{\tau_{rad}}{\tau_{non\text{-}rad}}} \tag{6.18}$$

式中，τ_{rad} 为辐射复合寿命；$\tau_{non\text{-}rad}$ 为非辐射复合寿命。复合辐射的光子只有一部分辐射到半导体外。定义发光二极管的光效率为

$$\eta_{opt} = \frac{辐射到半导体外的光子数}{复合区辐射的总光子数} \tag{6.19}$$

　　辐射损耗机制有三种。第一种是辐射光子的再吸收，合适的能带结构设计可将再吸收降到最小。第二种是界面反射，设发光二极管半导体材料的折射指数为 n_2，发光二极管外介质（如空气）的折射指数为 n_1，则存在界面反射系数

$$\Gamma = \left(\frac{n_2 - n_1}{n_2 + n_1} \right)^2 \tag{6.20}$$

这种因界面反射而发生的损耗称为菲涅尔损耗，如图 6-23 所示。例如，对于 GaAs-空气界面，反射系数约为 33%。第三种是临界角损耗，如图 6-24 所示，当光子从半导体内到半导体-空气界面的入射角大于临界角时，光子被折射回半导体中。临界角大小为

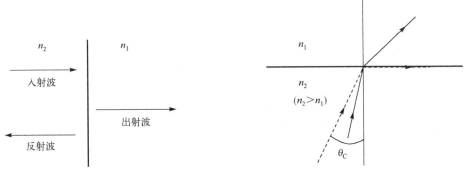

图 6-23　菲涅尔损耗示意图　　　　　图 6-24　临界角损耗示意图

$$\theta_C = \sin^{-1}\left(\frac{n_1}{n_2}\right) \tag{6.21}$$

例如，GaAs-空气界面的临界角约为 16°。

发光二极管的总效率即外量子效率为

$$\eta = \eta_{cu}\eta_{qu}\eta_{opt} \tag{6.22}$$

为了提高外量子效率，常把 pn 结做成双异质结结构形式，辐射复合区由 n 型宽禁带半导体和 p 型宽禁带半导体之间的窄禁带半导体区域承担。图 6-25 所示为其正偏条件下的能带图。由图可知，正偏条件下注入复合辐射区的电子和空穴由于异质结形成的势垒被限制在辐射复合区域，提高了注入效率和量子效率，复合区外是宽禁带半导体，提高了发光二极管的光效率。

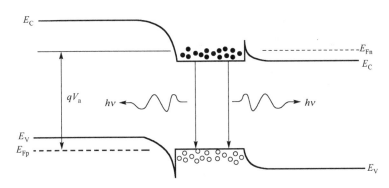

图 6-25　双异质结结构的发光二极管正偏条件下的能带图

6.4.2　能带工程

LED 的一个重要参数是其辐射光的中心频率和频谱范围。半导体材料的带隙值决定了 LED 的辐射光子能量和频率。例如，GaAs 的带隙值为 1.42eV，其辐射光子的波长约为

$$\lambda = \frac{1.24}{E_g} = 0.873 \quad (\mu m)$$

是不可见的红外光。若要产生$\lambda = 0.70\mu m$的可见红光，则要求复合辐射区半导体的带隙值为

$$E_g = \frac{1.24}{\lambda} = \frac{1.24}{0.70} = 1.77 \quad (\text{eV})$$

然而，实际半导体的带隙值往往不能满足特定的辐射光的波长要求，但可以通过改变二元、三元或四元化合物半导体组分的方式得到预定的带隙结构，这就是所谓人工能带工程（Bandgap Engineering）或人工波长技术（Wavelength Engineering）。图6-26所示为镓-砷-磷三元半导体的能带结构与组分的关系。由图可知，随着磷摩尔分数的增大，半导体的带隙宽度逐步增大，当$x = 0.45$时，能带仍然是直接带隙结构，带隙宽度为1.977eV。而当$x > 0.45$时，半导体变为间接带隙能带结构。$GaAs_{1-x}P_x$的带隙值可用式(6.23)计算

$$E_g = 1.424 + 1.247x \quad (\text{eV}) \tag{6.23}$$

若用$GaAs_{1-x}P_x$产生$\lambda = 0.70\mu m$的可见红光，则要求$x = 0.277$。图6-27所示为$E\text{-}K$平面能带结构随组分变化的示意图，清晰地表明带隙结构类型（直接带隙或间接带隙）与组分的关系。

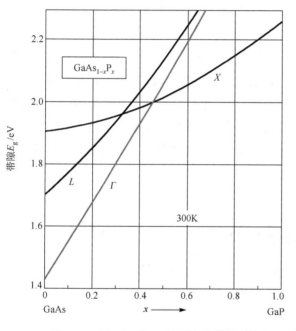

图6-26　镓-砷-磷三元半导体能带结构与摩尔组分的关系[4]691

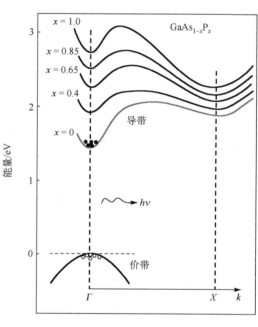

图6-27　镓-砷-磷三元半导体在$E\text{-}K$平面能带结构与摩尔组分的关系[4]691

另一种重要的人工能带工程三元半导体材料是镓-铝-砷（$Ga_{1-x}Al_xAs$）。图6-28(a)所示为其带隙值及其结构类型与组分的关系，图6-28(b)所示为其折射指数与组分的关系。由图可知，改变材料的组分也改变了材料的折射系数，对设计器件的光学性能有重要意义。三元半导体材料镓-铝-砷的另一优点是，在任意组分下，其晶格常数都是几乎不变的，有利于根据需要制备组分变化而带隙和折射指数渐变的器件结构。

图6-29给出了更多的半导体材料的能带结构与晶格常数、材料组分的关系，给出人工能带工程更大的选择空间。

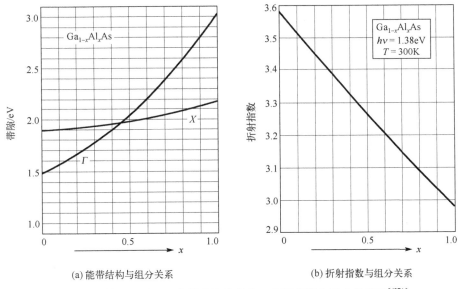

(a) 能带结构与组分关系　　　　　　　　(b) 折射指数与组分关系

图 6-28　镓–铝–砷三元半导体能带结构、折射指数与组分的关系[4]713

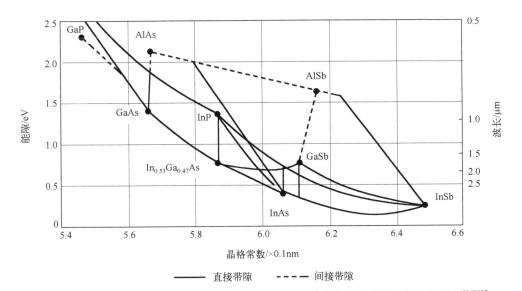

图 6-29　部分二元及三元半导体材料的能隙值、能带结构与晶格常数、组分的关系[34]697

　　根据复合辐射过程的 *E-K* 守恒定律，直接带隙半导体适合作发光材料。但是，这并不意味着，间接带隙半导体就不能作为发光材料来使用。例如，GaP 是一种间接带隙半导体，纯净的 GaP 不适合做发光材料。但若掺入氮(N)，用氮原子取代部分磷原子，GaP 将具有类似直接带隙半导体的特性，成为好的绿色发光二极管的材料，发射光子能量约为 2.25eV，波长约为 0.55μm。

　　氮原子和磷原子是同族元素，氮原子的电负性是 3.0eV，大于 P 原子的电负性 2.1eV，氮原子取代磷原子的结果是在 GaP 的导带底之下约 10meV 的地方形成新的能态。但是，氮原子不是施主杂质，并不电离向导带提供电子，而是形成电子的束缚态。因杂质原子与基质原子价电子数相等，这样形成的束缚态称为等电子陷阱。施主原子对电子的作用力是长程力，而等电子陷阱对电子的作用力是短程力，等电子陷阱上的电子被定域在氮原子附近很窄的空间内，即电子波函数的位置空间较为确定，如图 6-30（a）、（b）所示。按照量子力学的测不准关系，等电子陷阱上的电子在动量空间将扩展到较宽的范围。因此，等电子陷阱上的电子向价带的跃迁仍然满足动量守恒定律，如图 6-30（c）所示。

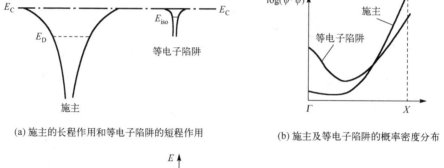

(a) 施主的长程作用和等电子陷阱的短程作用　　(b) 施主及等电子陷阱的概率密度分布

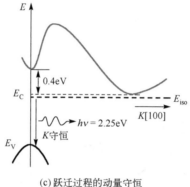

(c) 跃迁过程的动量守恒

图 6-30　等电子陷阱与施主特性的比较，以及等电子陷阱参与辐射过程的能量和动量守恒[34]695

6.5　半导体激光器件

6.5.1　半导体激光器件基础

激光的英文名是 LASER，它是"Light Amplification by Stimulated Emission of Radiation"的缩写，是受激辐射实现光放大的意思。

发光二极管的光子是由激发态电子的辐射跃迁产生的，激光二极管也如此。仅从这一点看，激光二极管可看作一类特殊的发光二极管。但是，两类器件的特性有重大的差别。发光二极管发出的光是较窄的频谱范围的光，理想激光二极管发出的是单色光。发光二极管发出的光波的相位和振动方向是紊乱的，而理想激光二极管发出的光波是严格同相、偏振方向相同的相干光。发光二极管的发光过程基于激发态电子的自发跃迁辐射，激光二极管的发光过程则基于激发态电子的受激跃迁辐射。

图 6-31 所示为受激吸收和自发辐射、受激辐射发光过程示意图。图 6-31（a）表示处于基态能量 E_1 的电子吸收光子的能量激发到高能态 E_2。光子的来源，既可能是入射光子，也可能是半导体本身辐射的光子。图 6-31（b）表示自发辐射，无论在平衡态还是在非平衡态，这种过程都在进行。图 6-31（c）中，激发态电子从 E_2 向 E_1 的跃迁是由于入射光子的扰动而发生的，而且辐射光子与入射光子的相位、偏振和传播方向相同。这是受激辐射的重要特征。

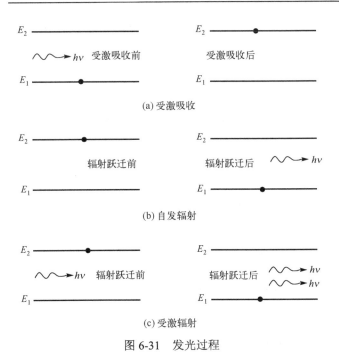

图 6-31　发光过程

　　但是，仅有受激辐射还不能产生激光。在热平衡态，半导体中电子填充量子态的分布由费米分布函数决定，其近似分布为玻尔兹曼分布，即

$$\frac{n_2}{n_1} = \exp\left(-\frac{E_2 - E_1}{kT}\right) \tag{6.24}$$

因为 $E_2 > E_1$，所以 $n_2 \ll n_1$，对于半导体，E_2、E_1 分别为导带、价带电子能量，n_2、n_1 分别为导带、价带电子浓度。式(6.24)表明，热平衡态半导体导带电子浓度远小于价带电子浓度。

　　受激辐射强度与处于激发态的电子数成正比，与基态的空能态数成正比，同时正比于光场的能量密度，受激辐射光子的速率可表示为

$$R_{21} = B_{21} N(E_2) f(E_2) N(E_1) [1 - f(E_1)] \rho(v) \tag{6.25}$$

式中，B_{21} 为激发态电子受激辐射的概率，称为受激辐射爱因斯坦系数；$N(E_2)$、$N(E_1)$ 分别为激发态和基态的态密度；$f(E_2)$、$f(E_1)$ 分别为激发态和基态的费米分布函数；$\rho(v)$ 为受激辐射区光场的能量密度。

　　自发辐射过程与光场的能量密度无关，自发辐射速率可表示为

$$R_a = A_{21} N(E_2) f(E_2) N(E_1) [1 - f(E_1)] \tag{6.26}$$

式中，A_{21} 为自发辐射爱因斯坦系数。

　　在发光过程中，始终存在辐射的反过程——光子的吸收过程。吸收光子的速率可表示为

$$R_{12} = B_{12} N(E_1) f(E_1) N(E_2) [1 - f(E_2)] \rho(v) \tag{6.27}$$

式中，B_{12} 为基态电子吸收光子被激发的概率，称为受激吸收爱因斯坦系数。

　　在稳态条件下，

$$R_{12} = R_a + R_{21} \tag{6.28}$$

正常条件下，只要不是远离平衡态，总有 $n_2 \ll n_1$，$R_{21} \ll R_{12}$，$R_{21} \ll R_a$。

　　激光发生的条件是受激辐射控制发光过程。平衡态受激辐射概率是较低的，式(6.25)除以式(6.26)，可得

$$\frac{R_{21}}{R_a} = \frac{B_{21}}{A_{21}} \rho(\nu) \tag{6.29}$$

可见，增加光场能量密度，可增加受激辐射率。在激光器中，通过光学谐振腔可达此目的。

　　式(6.25)除以式(6.27)，可得

$$\frac{R_{21}}{R_{12}} = \frac{B_{21}}{B_{12}} \frac{f(E_2)[1-f(E_1)]}{f(E_1)[1-f(E_2)]} \tag{6.30}$$

可以证明，$B_{21}=B_{12}$。若实现受激辐射的主导作用，则辐射速率大于吸收速率，即

$$f(E_2) > f(E_1) \tag{6.31}$$

式(6.31)表明，若使受激辐射速率大于吸收速率，则激发态电子浓度大于基态电子浓度，这就是粒子数反转或分布反转条件。对于半导体激光器，设半导体电子准费米能级为 E_{Fn}，空穴准费米能级为 E_{Fp}，注意到 $E_2 - E_1 = h\nu$，式(6.31)可表示为

$$\frac{1}{1+\exp\left(\dfrac{E_2 - E_{Fn}}{kT}\right)} > \frac{1}{1+\exp\left(\dfrac{E_2 - h\nu - E_{Fp}}{kT}\right)}$$

即

$$h\nu < E_{Fn} - E_{Fp} \tag{6.32}$$

发射光子的能量约等于禁带宽度。这一结果表明，要实现粒子数反转，半导体的准费米能级之差必须大于禁带宽度。实现粒子数反转的措施有：①半导体简并重掺杂；②施加足够高的偏压，注入非平衡载流子，使 pn 结辐射复合区始终保持大量的激发态电子和大量的空穴。图 6-32 所示为同质结半导体激光二极管的能带图。在图 6-32(b) 中，施加偏压 $V > E_g/q$，实现了分布反转。

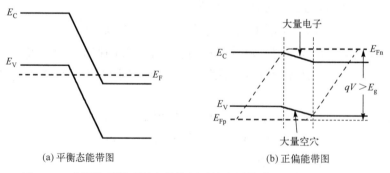

　　(a) 平衡态能带图　　　　　　　　(b) 正偏能带图

图 6-32　实现粒子数反转条件的同质结半导体激光二极管的能带图

　　粒子数反转或分布反转是实现激光的必要条件，但不是充分条件。复合过程中还存在其他非受激复合损耗。例如，辐射光子被导带的自由载流子吸收而没有发生受激辐射；导带激发态电子的带间直接复合、通过深能级杂质的复合或俄歇复合等。这类损耗不仅使激发态有效电子浓度降低，而且产生了非辐射复合或非受激辐射。定义增益系数为净受激辐射率与受激吸收率之比，即

$$g_v = \frac{R_{21} - R_{12}}{R_{12}} \tag{6.33}$$

分布反转使 $g_v > 0$，下标 v 意在说明增益系数是频率的函数。将所有受激吸收外的损耗用损耗系数 α_i 表示，设辐射复合区入射光强为 $I_v(0)$，光子沿 z 方向传播，辐射复合区长度为 L，辐射复合区出射光强为 $I_v(z)$，则光强与增益系数、损耗系数具有如下关系[35]189：

$$I_v(z) = I_v(0) \exp[(g_v - \alpha_i)z] \tag{6.34}$$

若增益系数为常数，则出射光强为

$$I_v(L) = I_v(0) \exp[(g_v - \alpha_i)L] \tag{6.35}$$

式 (6.35) 表明，实现光放大要求增益系数大于损耗系数，而不仅仅是大于零。图 6-33 表示 GaAs 半导体 pn 结激光二极管增益系数、衰减系数与注入电子浓度之间的关系，图中假设辐射区价带空穴浓度为定值 10^{19} cm^{-3}。由图可知，当注入电子浓度小于 n_3 时，因增益系数小于损耗系数，受激辐射将因损耗而最终停止。当注入电子浓度大于 n_4 时，在图示的放大区，增益系数大于损耗系数，受激辐射得以维持。保证增益系数大于损耗系数所需要的注入电流称为激光二极管的临界电流或阈值电流。

由图 6-33 可以看出，在注入电流大于阈值电流的条件下，激光二极管可产生连续的辐射光输出。但是，输出的还不是单色光。为了得到单一频率的光输出，必须采用类似电子线路的谐振和选频措施。图 6-34 所示为电子线路中选频放大电路的结构框图。图中，滤波或选频网络只允许特定频率的信号通过，反馈网络使反馈到放大器输入端的信号在特定频率下与输入信号同相，对特定频率是正反馈，而其他频率的信号受到抑制，因此最终输出稳定的 (输出端的稳辐措施) 特定频率信号。

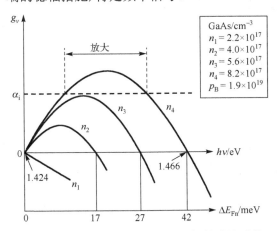

图 6-33　GaAs 半导体 pn 结激光二极管增益系数、衰减系数与注入电子浓度之间的关系[35]189

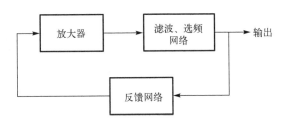

图 6-34　电子线路中选频放大电路的结构框图

在半导体激光器中，选频和正反馈通过一个光学谐振腔来实现。一个简单的光学谐振腔就是两个平行放置的反射镜面，称为 Fabry-Perot (法布里-珀罗) 谐振腔，如图 6-35 所示，在制造工艺中可由半导体的两个平行的解理面形成。受激发射光在两个镜面间来回反射，这种正反馈过程使谐振腔中很快建立起较强辐射光场的能量。使其中一个反射面部分透射，就可以得到激光输出。设反射面间距为 L，谐振腔材料的折射系数为 n，满足式 (6.36) 的光都会谐振，即

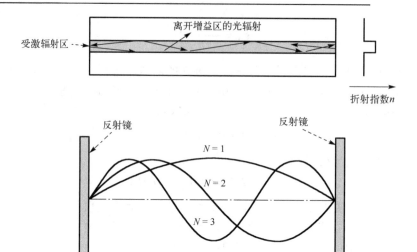

图 6-35　光学谐振腔示意图

$$N\left(\frac{\lambda}{2n}\right) = L \tag{6.36}$$

式中，N 为整数。通常，$L \gg \lambda$，一定波长范围内的光都满足谐振条件。谐振腔的反射系数越大，谐振的波长范围越窄。

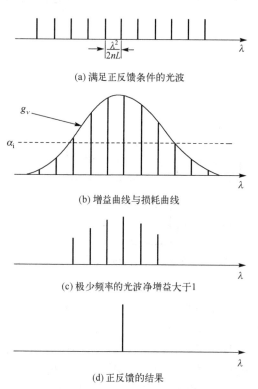

图 6-36　光学谐振腔的正反馈和放大作用产生激光示意图

例如，GaAlAs-GaAs 双异质结激光器输出波长为 870nm 左右，谐振腔为 GaAs 材料，其折射指数为 4.3。设谐振腔长度为 300μm，则由式 (6.36) 可知，$N = 2965$，相邻辐射光波长差为 0.3nm。相邻辐射光的波长差为

$$\Delta\lambda = \frac{\lambda^2}{2nL} \tag{6.37}$$

图 6-36 将光学谐振腔的谐振模与其增益曲线（图 6-33 曲线）画在一起，可以更清楚地说明激光的发生过程。图 6-36(a) 表示光学谐振腔中波长在带隙附近的所有满足正反馈条件的光波。图 6-36(b) 和图 6-36(c) 表示由于损耗，只有少数频率的光波的净增益大于 1，图 6-36(d) 表示正反馈的结果位于增益曲线峰值附近的光波得到有效放大，精心设计反射系数和谐振腔界面的折射指数，可得到接近理想条件的单一频率的相干光。

图 6-37 所示为 GaAlAs-GaAs-GaAlAs 半导体激光器的几何结构示意图。在 GaAs 衬底上依次外延 n-GaAlAs 层、p-GaAs 层、p-GaAlAs 层、p-GaAs 层，用质子轰击等措施将白色区域转换成半绝缘层，就得到了条形的激光器有源工作区。

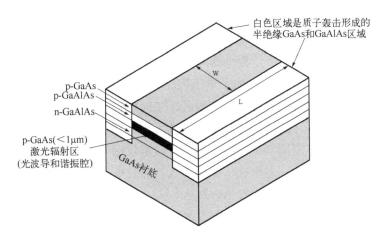

图 6-37　GaAlAs-GaAs-GaAlAs 双异质结激光器几何结构示意图

该激光器的工作原理可用图 6-38 来说明。图 6-38(b) 为正偏条件的能带图。在正偏条件下，电子由 n-GaAlAs 区注入 GaAs 有源工作区，同时，空穴从 p-GaAlAs 区注入 GaAs 有源工作区。由于双异质结能带结构的特点，GaAs 有源工作区的导带形成电子势阱，价带形成空穴势阱。图 6-38(b) 的台阶状折射指数把光限制在有源工作区。因此，精心设计的双异质结激光器具有很高的效率。

图 6-39 所示为 GaAlAs-GaAs-GaAlAs 双异质结激光器输出功率与二极管电流密度的关系曲线。当二极管电流小于阈值电流时，自发辐射为主，输出光谱范围较宽。当注入电流增大到大于阈值电流时，受激辐射为主，输出如图 6-36(c) 的情形。进一步增大注入电流，得到激光输出，如图 6-36(d) 所示。

6.5.2　量子阱激光器

半导体激光器的一个重要参数是阈值电流密度，尽可能降低阈值电流密度

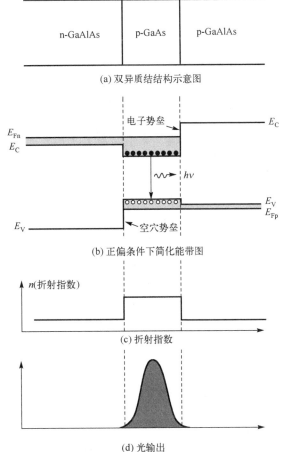

图 6-38　GaAlAs-GaAs-GaAlAs 双异质结激光器工作原理

是半导体激光器追求的重要目标之一。图 6-32 所示的同质结激光二极管，由于注入的载流子相当大一部分向无源区(非辐射复合区)扩散，所需的阈值电流在 $10^4\,\mathrm{A/cm^2}$ 数量级，如此高的电流密度，激光器本身的发热将破坏其工作状态，因此早期的半导体激光器只能工作在极短

的脉冲状态。双异质结结构的激光器(图 6-38)中，注入的电子和空穴被异质结势垒禁闭在有源区，量子效率显著提高，阈值电流降低到 $10^3\,\text{A/cm}^2$ 量级以下。

根据式(6.25)，要降低双异质结激光器的阈值电流，可用增大有源区非平衡电子浓度的方法来实现。在双异质结激光器中，由于电子势垒和空穴势垒的阻挡作用(图 6-38(b))，注入非平衡载流子被限制在窄禁带半导体的有源区。在同样的正向偏置电压下，有源区越薄，等效非平衡载流子浓度越高，因此，较低地注入也可获得激光输出，即减小有源区厚度可以降低阈值电流。当有源区厚度减小到亚微米和深亚微米量级时，有源区的载流子实际上只能在平行于界面的二维空间运动，即形成二维电子气，势阱中的电子能量进一步量子化为分立的能级，这样的激光器称为量子阱激光器。

值得注意的是，受激辐射的强度还与有源区的光场能量有关。如图 6-40 所示，设光辐射场强度在垂直于异质结界面方向的分布为 $E(x)$，有源区厚度为 d，零级模辐射，光场对称，则可定义有源区光场强度积分与总光场强度积分之比为光场填充因子[29]

$$\Gamma = \frac{\displaystyle\int_{-d/2}^{+d/2} |E(x)|^2\,\mathrm{d}x}{\displaystyle\int_{-\infty}^{+\infty} |E(x)|^2\,\mathrm{d}x} \tag{6.38}$$

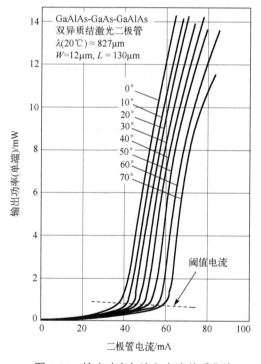

图 6-39　输出功率与注入电流关系曲线

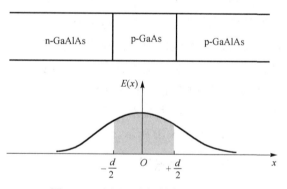

图 6-40　有源区光场填充因子的定义

显然，随着有源区厚度的减小，光场填充因子将减小，意味着受激辐射区光场的能量密度 $\rho(\nu)$ 降低，器件的增益系数将随着 R_{21} 的减小而减小。图 6-41 所示为光场填充因子随有源区厚度变化的情况，距离用归一化距离表示；n_a 为有源层折射指数，n_c 为覆盖层(宽禁带半导体层)折射指数。

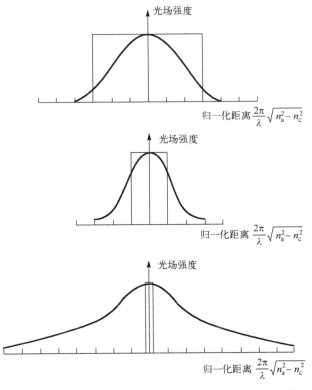

图 6-41　随着有源层厚度减小，光场填充因子将急剧下降

对式 (6.35)，考虑谐振腔两镜面的反射系数对激光器工作状态的影响。参照图 6-35，设反射面间距为 L，光传输方向是从左到右，左右两个镜面的反射系数分别为 R_2 和 R_1，则入射光强 $I_\nu(0)$ 经 1 次反射后的光强（记为 I_1）为

$$I_1 = R_1 I_\nu(0) \exp[(g_\nu - \alpha_i)L] \tag{6.39}$$

然后，光从右至左传输，达到左端镜面时的光强记为 (I_2) 为

$$I_2 = I_1 \exp[(g_\nu - \alpha_i)L] \tag{6.40}$$

经左端镜面反射回有源区的光强为

$$I_3 = R_2 I_2 \tag{6.41}$$

即

$$I_3 = R_2 R_1 I_\nu(0) \exp[2(g_\nu - \alpha_i)L] \tag{6.42}$$

激光"起振"条件为 $I_3 \geqslant I_\nu(0)$，即激光辐射的临界条件为

$$g_\nu = \alpha_i + \frac{1}{2L} \ln\left(\frac{1}{R_1 R_2}\right) \tag{6.43}$$

损耗系数可粗略地分为有源层损耗和覆盖层损耗，分别用 α_a 和 α_c 表示，则式 (6.43) 可改写为

$$g_\nu = \alpha_a + \alpha_c + \frac{1}{2L} \ln\left(\frac{1}{R_1 R_2}\right) \tag{6.44}$$

考虑到量子阱激光器中光场填充因子的影响，可得

$$\Gamma g_{\nu} = \Gamma\alpha_{a} + (1-\Gamma)\alpha_{c} + \frac{1}{2L}\ln\left(\frac{1}{R_1 R_2}\right) \tag{6.45}$$

假设有源层均匀激发，定义标称电流为单位量子效率条件下单位有源层厚度所需的激发电流密度

$$J_{\text{nom}} = \left.\frac{J\eta_{\text{qu}}}{d}\right|_{\eta_{\text{qu}}=1} \tag{6.46}$$

式中，有源层厚度单位取μm，电流密度单位为A/cm^2，则标称电流密度单位为$A/(cm^2\cdot\mu m)$。阈值电流密度可表示为

$$J_{\text{th}} = \frac{J_{\text{nom}}d}{\eta} \tag{6.47}$$

对于 $Ga_{1-x}Al_xAs/GaAs$ 双异质结激光器，在中等增益条件下，增益系数近似与标称电流呈线性关系，近似表达式如下[36]：

$$g_{\nu}(cm^{-1}) = 5.0\times10^{-2}(J_{\text{nom}} - 4.5\times10^3) \tag{6.48}$$

结合式(6.44)、式(6.45)、式(6.47)和式(6.48)，阈值电流密度可表示如下[37]：

$$J_{\text{th}} = \frac{4.5\times10^3 d}{\eta_{\text{qu}}} + \frac{20\alpha_a d}{\eta_{\text{qu}}} + \frac{20d\alpha_c(1-\Gamma)}{\eta_{\text{qu}}\Gamma} + \frac{10d}{\eta_{\text{qu}}L\Gamma}\ln\left(\frac{1}{R_1 R_2}\right) \tag{6.49}$$

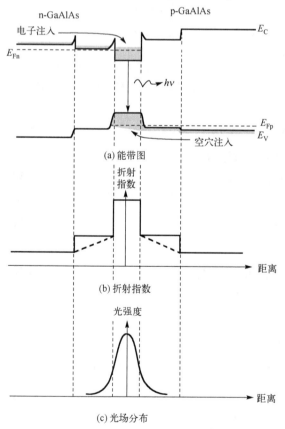

图 6-42　插入低折射指数缓冲层后五层结构量子阱激光器的能带图、折射指数和光场分布

式(6.49)表明，阈值电流密度随有源层厚度的减小而降低。但是，第三项随光场填充因子的减小而增大，当有源层厚度太小时，光场填充因子的降低对阈值电流密度的影响起主要作用。实验结果表明，对于 GaAlAs/GaAs 双异质结激光器，当有源层厚度减小到0.1μm时，有源区非平衡载流子浓度的增加对增大增益系数的贡献，不足以补偿光场填充因子的降低引起的覆盖层损耗的增大，阈值电流不降反升。

为了增大光场填充因子，在双异质结有源层之外插入缓冲层，器件变为五层分离限制异质结构(Separated Confinement Heterostructure, SCH)。以 $Ga_{1-x}Al_xAs/GaAs$ 为例，外覆盖层的摩尔分量 x 较高，以便得到较宽的带隙。插入缓冲层的摩尔分量 x 较低，因此带隙比外覆盖层窄，折射指数略高。正偏条件下的能带图如图 6-42(a)所示，图 6-42(b)所示为折射指数分布曲线。若插入层摩尔分量从有源层到外覆盖层缓变，则折射指数如图中的虚线所示。图 6-42(c)所示为光场分布曲线。由于外覆盖层和插入层的折射指数台阶，

光场基本上被限制在有源层和插入层。由于有源层和插入层的能带势垒，载流子被限制在有源层内。

对于双异质结激光器，除了反射面的损耗外，损耗系数可分解为以下几部分：

$$\alpha_i = \alpha_{fc} + \alpha_{fc,x} + \alpha_{sc} + \alpha_{cp} \tag{6.50}$$

式中，α_{fc} 为有源层自由载流子吸收损耗；$\alpha_{fc,x}$ 为覆盖层（非有源层）的自由载流子吸收损耗，α_{sc} 为载流子散射损耗，包括有源层界面不平整引入的散射；α_{cp} 为有源层和覆盖层界面的耦合损耗。通常自由载流子吸收是损耗的主要来源。

对于 SCH 型双异质结激光器，$Ga_{1-x}Al_xAs$ 插入缓冲层的铝含量比外覆盖层低，降低了载流子的散射损耗包括界面散射损耗。载流子迁移率的提高，在不增加器件串联电阻的条件下，可进一步降低有源层和插入缓冲层的掺杂浓度，因此降低了自由载流子的吸收损耗。SCH 结构也降低了耦合损耗。

对于半导体材料的导带和价带有效态密度 N_C、N_V，存在如下关系[38]：

$$\frac{N_C}{N_V} = \left[\frac{m_n^*}{m_p^*}\right]^{3/2} \tag{6.51}$$

以 GaAs 为例，导带底电子有效质量 $m_n^* = 0.067m_0$，价带顶空穴有效质量 $m_p^* = 0.56m_0$，m_0 为自由电子质量。此式表明，导带底有效态密度 N_C 比价带顶有效态密度 N_V 低得多。要实现粒子数反转，使电子准费米能级高于导带底能级，即

$$E_{Fn} \geqslant E_C \tag{6.52}$$

只需注入较小的电子浓度。以 GaAs 为例，300K 下的临界电子浓度为 $4×10^{17}\,cm^{-3}$。但是，在电中性条件下，当空穴浓度等于电子浓度 $4×10^{17}cm^{-3}$ 时，空穴准费米能级位于禁带中价带顶之上 $3kT$ 的地方，如图 6-43(a) 所示，只画出了重空穴价带。要注入更多的电子，才能达到粒子数反转条件。为此，必须使 $E_{Fn} = E_C + \Delta$，对应的注入载流子浓度约为 $n = p \approx 1.6×10^{18}cm^{-3}$。由此可知，由于电子和空穴有效质量的非对称性，导致了阈值电流的增大。要降低阈值电流，必须改善对称性或减小价带空穴的有效质量，理想的能带结构如图 6-43(b) 所示。

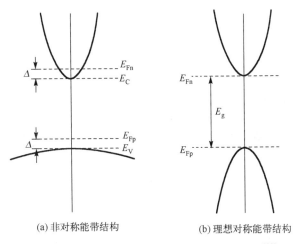

(a) 非对称能带结构　　　　(b) 理想对称能带结构

图 6-43　非对称能带结构和理想对称能带结构[38]

理论分析表明，由于量子阱中能量的量子化，态密度关系式(6.51)变为

$$\frac{N_C}{N_V} = \frac{m_n^*}{m_p^*} \tag{6.53}$$

对照式(6.51)，量子阱激光器中态密度的非对称性影响降低，因此，量子阱激光器有更低的阈值电流。进一步降低阈值电流可采用第5章所述的引入压应变，减小空穴有效质量的办法来实现。

总之，提高增益、降低损耗、增大光场填充因子、改变材料的能带结构等措施都是降低阈值电流的重要途径。例如，采用多量子阱结构，可增大光场填充因子，降低阈值电流。采用量子线、量子点结构，可进一步提高有源区非平衡载流子浓度，因此进一步降低了阈值电流密度。图6-44给出至2000年为止的半导体激光技术的演进及阈值电流密度的降低趋势，截止到2022年，未见有阈值电流密度低于$19A/cm^2$的半导体激光器的相关报道。

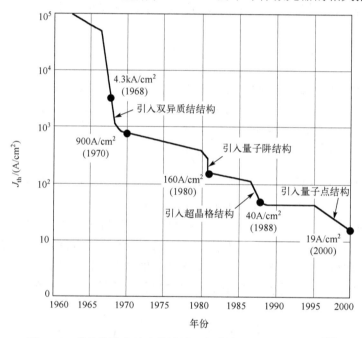

图 6-44　半导体激光技术的演进及阈值电流密度变化趋势[39]

6.5.3　垂直腔面发射激光器

前面分析的激光器的激光出射方向平行于有源层，从有源层的一个端面发射出去，称为端面发射激光器(Edge Emitting Laser, EEL)，如图6-37所示。这种激光器的主要缺点是器件尺寸较大，应用不灵活，不利于集成。为克服端面发射激光器的缺点，Fumio Koyama等发明了垂直腔面发射激光器(Vertical Cavity Surface Emitting Laser, VCSEL)[40]。图6-45所示为VCSEL结构示意图。图中有源层为单量子阱或多量子阱结构，可采用GaAlAs/GaAs非应变结构或GaInAs/GaAs应变结构。如前所述，应变结构可进一步提高激光器的性能。有源层上下方是外延形成的多层膜组，每层膜的厚度为四分之一波长，膜组的折射指数呈高-低-高-低变化，称为分布式布拉格反射器(Distributed Bragg Reflector，DBR)，总反射系数可达99%以上。

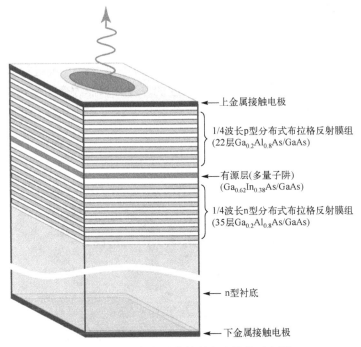

图 6-45　垂直腔面发射激光器结构示意图

上金属接触电极

1/4波长p型分布式布拉格反射膜组
(22层Ga$_{0.2}$Al$_{0.8}$As/GaAs)

有源层(多量子阱)
(Ga$_{0.62}$In$_{0.38}$As/GaAs)

1/4波长n型分布式布拉格反射膜组
(35层Ga$_{0.2}$Al$_{0.8}$As/GaAs)

n型衬底

下金属接触电极

　　为了降低阈值电流，需要将注入载流子限制在有源区，将光场限制在光学孔径中。实现此目标的技术有离子注入约束(Ion-implanted Confinement)技术和氧化介质约束(Oxide Confinement)技术[41]。离子注入约束技术用注入离子破坏光学孔径区以外的晶格结构，离子注入区域成为电学上的高阻区和光学上的低折射指数区，将注入载流子引入有源区，将光场限制在光学孔径内。氧化介质约束技术将光学孔径区外紧靠有源层的 GaAlAs 层氧化，光或载流子只能通过氧化层限定的孔径输运。氧化介质约束的 VCSEL 剖面结构如图 6-46 所示，上氧化层确定的孔径对光场起约束作用，其位置设计在激光驻波的波幅位置；下氧化层确定的孔径对注入载流子起约束作用，其位置设计在激光驻波的波节点位置。这种结构可以获得很低阈值电流。

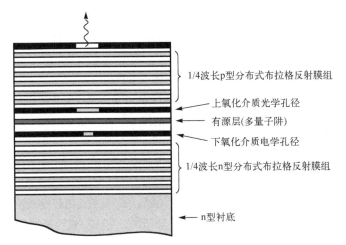

1/4波长p型分布式布拉格反射膜组

上氧化介质光学孔径

有源层(多量子阱)

下氧化介质电学孔径

1/4波长n型分布式布拉格反射膜组

n型衬底

图 6-46　用氧化介质实现对注入载流子和光场约束的 VCSEL 结构示意图

　　VCSEL 激光器的主要优点是：①可在器件封装前进行片上测试，降低了制造成本；②可进行大规模二维集成；③光学谐振腔比端面发射激光器短得多，位于增益区的谐振模减少甚至只有一种谐振模，因此激光输出的单色性大为改善；④激光输出孔径较端面激光器大，光束的发散角减小，有利于与其他器件或设备(如光纤)的耦合；⑤可进行低功耗高速调制；⑥可通过改变外延薄膜的厚度来改变光学谐振腔的厚度，从而改变激光输出频率。外延薄膜厚度的改变可通过人为引进反应剂浓度和反应组分的二维分布来实现。图 6-47 所示为多频率输出 VCSEL 阵列的示意图。

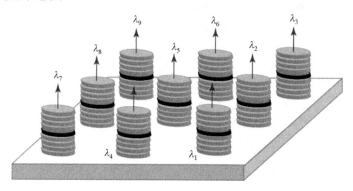

图 6-47　多波长输出 VCSEL 激光器阵列结构

　　半导体激光器在通信和其他信息领域得到了越来越广泛的应用，已经和正在改变人们的日常生活。激光技术的基础是物理学，特别是材料科学和微纳加工技术。近年来，新的材料和新结构不断被发现，人们对微纳结构的制备、操纵和观测手段不断进步，新型激光器件和其他信息处理器件的发展将进一步改变信息科学与技术的面貌，更好地服务于人类。

习　　题

6.1　分别计算 Ge、Si 和 GaAs 可吸收的最大光波波长。

6.2　根据图 6-6 确定图中半导体的吸收限，并与计算结果相比较。

6.3　设定 GaAs 导带电子分布在导带底之上 $0 \sim 3/2kT$ 范围内，价带空穴分布在价带顶之下 $0 \sim 3/2kT$ 范围内，计算辐射光子的波长范围和频带宽度。

6.4　参照图 6-12，求解空间电荷区外扩散区的连续性方程，计算光电流密度，证明太阳能电池光电流表达式(6.6)。

6.5　查找相关资料，比较太阳能电池级多晶硅的制备技术及其优缺点。

6.6　$T=300$ K，考虑一硅 pn 结光电二极管，外加反向偏压 6V，稳态光产生率为 $G_L=10^{21}\text{cm}^{-3}\cdot\text{s}^{-1}$，pn 结参数为：$N_D = N_A = 8 \times 10^{15}\text{cm}^{-3}$，$D_n = 25\text{cm}^2/s$，$D_p = 10\text{cm}^2/s$，$\tau_{n0} = 5 \times 10^{-7}\text{s}$，$\tau_{p0} = 10^{-7}\text{s}$。计算其光电流密度，比较空间电荷区和扩散区对光电流密度的贡献。

6.7　计算镓-铝-砷($Ga_{1-x}Al_xAs$，$x=0.35$)-空气界面的菲涅尔损耗和最大临界角；计算镓-砷-磷($GaAs_{1-x}P_x$，$x=0.4$)-空气界面的菲涅尔损耗和最大临界角。

6.8　利用带隙工程，镓-铝-砷($Ga_{1-x}Al_xAs$)和镓-砷-磷($GaAs_{1-x}P_x$)可获得的最短辐射光波长的值是多少？

6.9　分别计算当 $x=0.3$ 时，镓-铝-砷($Ga_{1-x}Al_xAs$)和镓-砷-磷($GaAs_{1-x}P_x$)辐射光的波长。

6.10　采用等电子掺杂实现的 GaP 发光二极管，其辐射光的波长是多少？

6.11 若用 $GaAs_{1-x}P_x$ 产生 $\lambda=0.65\mu m$ 的可见光，磷的摩尔分数应为多少？用 $Ga_{1-x}Al_xAs$ 产生 $\lambda=0.70\mu m$ 的可见红光，铝的摩尔分数应为多少？

6.12 GaAlAs-GaAs 双异质结激光器输出波长约为 870nm，谐振腔为 GaAs 材料，其折射指数为 4.3。分别计算谐振腔长度为 200μm、100μm、10μm 条件下的谐振模式数和相邻辐射光波长差。

6.13 请解释式(6.50)中各种损耗系数的含义，是否还有其他损耗？

6.14 根据砷化镓导带电子和价带空穴的有效质量，计算要使空穴准费米能级 E_{Fp} 位于价带之下所需的最小注入电子密度，并计算电子准费米能级 E_{Fn} 的位置（假设砷化镓有源层为本征层）。

6.15 请查阅相关文献，推导双异质结激光器的阈值电流表达式(6.49)。

6.16 请查阅相关文献，总结降低激光器阈值电流密度的主要措施。

6.17 请查阅相关文献，解释垂直腔面发射激光器的工作原理。

6.18 白炽灯的发光效率为 16lm/W，发光二极管的发光效率为 250lm/W，试计算你所在省全部照明用电改用发光二极管照明后可节省的用电量。

6.19 查找 GaN 和 GaInN 材料的相关资料，请说明基于 GaN-GaInN 结构的发光二极管的工作原理及其基本特性。

6.20 中大功率发光二极管存在光衰现象，试解释其成因。

第7章
其他半导体器件

通过前 6 章的学习，已经掌握了 pn 结、双极型晶体管、场效应晶体管、金属半导体接触和光电子器件的基本结构、基本工作原理和基本电特性。但是，为了更好地学习微电子系统设计和应用，还必须学习和掌握其他一些常见半导体器件。这些器件主要包括存储类器件：随机存取存储器（DRAM）、电荷耦合器件（CCD）和闪烁存储器；具有负阻特性的微波类器件：隧道器件、雪崩渡越器件（IMPATT）和电子转移器件（TED）；功率器件：晶闸管器件、双扩散场效应器件（DMOS）、横向双扩散的场效应器件（LDMOS）和栅控双极型晶体管（IGBT）。本章主要介绍这些器件的基本结构和基本工作原理。

7.1 信息存储器件

7.1.1 MOS 电容器的动态特性

4.2.1 节讨论了 MOS 电容器的稳态特性，并着重讲述了 MOS 结构及其偏置条件与半导体表面的积累、耗尽或反型状态的关系。本小节讨论 MOS 电容器的动态特性[42]。图 7-1 (a) 所示为 MOS 电容器的剖面结构，半导体表面的 U 形虚线表示在脉冲正栅压下形成的势阱，势阱中的阴影区域表示势阱中的电子电荷。图 7-1 (b) 所示为 MOS 电容器在脉冲正栅压下的能带图。设正栅压大于 MOS 结构的阈值电压，正栅压加上的瞬间，半导体表面处于深耗尽状态，势阱中热产生电子–空穴对，空穴在耗尽层电场的作用下被扫进体内中性区，而电子留在势阱中，使势阱中电子浓度上升，在半导体表面靠近二氧化硅的界面附近建立起反型层电荷。此外，半导体中少数载流子的热扩散，也会使势阱中的电子浓度上升，但势阱中电子浓度的建立，主要是热产生的结果。

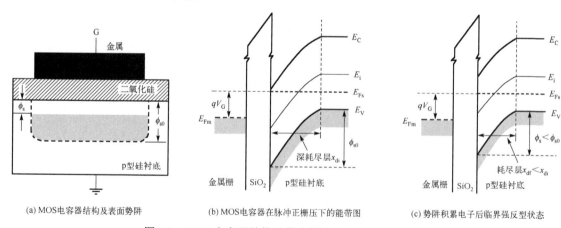

(a) MOS电容器结构及表面势阱　　　(b) MOS电容器在脉冲正栅压下的能带图　　　(c) 势阱积累电子后临界强反型状态

图 7-1　MOS 电容器结构及其在脉冲正栅压下的能带图

当半导体表面处于深耗尽状态时，耗尽区电势差大于两倍费米势，耗尽区宽度大于 4.2 节中的最大耗尽层宽度（式 (4.81)），在图 7-1 (b) 中表面势阱深度以 ϕ_{s0} 表示，耗尽层宽度以 x_{di}

表示。随着热产生过程的进行，反型层电子电荷密度上升，衬底耗尽层厚度收缩，当反型层电荷密度达到临界强反型条件时，衬底耗尽层厚度等于稳态最大耗尽层厚度，图 7-1 (c) 中表面势阱深度以 ϕ_s 表示，耗尽层宽度以 x_{df} 表示。从图 7-1 (b) 和图 7-1 (c) 可以看出，$\phi_s < \phi_{s0}$，$x_{df} < x_{di}$。半导体表面势阱深度变化的相对关系也表示在图 7-1 (a) 中。假设耗尽层电子电荷密度的建立过程以热产生为主。将反型层电荷从零增长到临界强反型密度的过程定义为 MOS 电容器的热弛豫过程，热弛豫过程经历的时间称为热弛豫时间。

根据 SRH 复合理论，假设耗尽区电子和空穴寿命相等，记为 τ，则耗尽区电子–空穴对的最大产生率 g 可表示为

$$g = \frac{n_i}{2\tau} \tag{7.1}$$

从深耗尽过渡到临界强反型过程中，近似认为耗尽层厚度相对变化量不大，即 $x_{di} \approx x_{df}$。为使问题分析简化，设耗尽层的热产生率为常数且等于最大产生率，则临界强反型条件可表示为

$$Tgx_{df} = x_{nf} N_A \tag{7.2}$$

式中，T 为热弛豫时间；N_A 为衬底杂质浓度；x_{nf} 为反型层厚度。由此可得

$$T = 2\tau \frac{N_A}{n_i} \frac{x_{nf}}{x_{df}} \tag{7.3}$$

式中，载流子寿命由载流子的散射机制决定，室温下杂质散射起主要作用，杂质浓度越高，载流子寿命越小。反型层厚度为纳米量级，耗尽层厚度在百纳米至微米量级。通常载流子寿命在纳秒至微秒范围。由此可知，热弛豫时间等于或大于毫秒量级。

7.1.2　随机存取存储器

一个随机存取存储器的单元电路原理图如图 7-2 所示，其器件结构如图 7-3 所示。图 7-2 中，C_S 为信息存储器，C_B 为位线等效总电容，MOSFET 为信息存取开关。当 MOSFET 的栅极 (字线) 为脉冲正偏高电平 (大于阈值电压) 时，位线和信息存储电容器 C_S 连通，可通过位线向电容器 C_S 充电，写入信息，也可将 C_S 上的信息读出到位线上。当 MOSFET 的栅极 (字线) 为低电平时，C_S 与外电路断开。

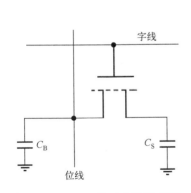

图 7-2　DRAM 单元电路原理图

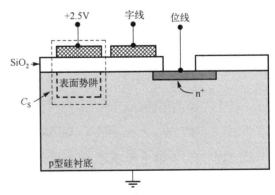

图 7-3　DRAM 单元器件结构图

由图 7-3 可知，存储电容器就是一个 MOS 电容器，位线相当于 MOSFET 的源极 (或漏极)。当电容器 C_S 的栅极加上正偏压时，半导体表面形成势阱，势阱中电荷的有或无，代表了存储

信息的"1"或"0"状态。图 7-4 所示为 DRAM 的写入操作示意图。图 7-4(a) 为写"1"操作，置 MOSFET 的栅极(字线)为脉冲正偏高电平(大于阈值电压)，置位线 $V_D=0$，MOSFET 栅极下半导体表面的反型沟道将位线和 C_S 连通，电子从源极(位线)向左流入势阱，势阱变为"1"状态。图 7-4(b) 为写"0"操作，置位线 V_D 高电平，势阱中电荷通过打开的 MOSFET 流向漏极，势阱区变为无电荷的"0"状态。

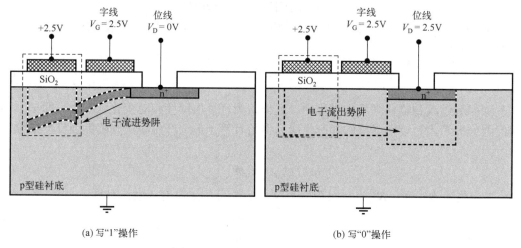

(a) 写"1"操作 (b) 写"0"操作

图 7-4　DRAM 的写入操作示意图

图 7-5 所示为 DRAM 的读出操作示意图。当势阱为"1"状态时，势阱电荷向位线输运。当势阱为"0"状态时，势阱无存储电荷，无电荷向位线输运。以势阱是否向位线输运电荷为依据，读出存储电容器 C_S 的逻辑状态。

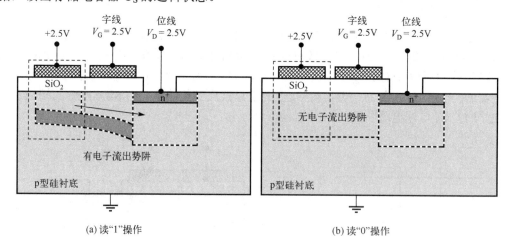

(a) 读"1"操作 (b) 读"0"操作

图 7-5　DRAM 的读出操作示意图

必须注意的是，存储电容器 C_S 中电荷可以通过写操作改变，也可以通过热产生而改变。例如，通过写操作写入"0"，关断 MOSFET 之后，虽然 C_S 与外电路断开，但是由于热产生，势阱中电荷也会不断增加，最终从"0"状态变为"1"状态。这显然是不允许的。为此，DRAM 在工作过程中，必须对存储数据不断刷新，其刷新周期必须小于热弛豫时间。

另一个必须注意的问题是，DRAM 读出过程中存储电荷在位线电容 C_B 和存储电容 C_S 的分配，使读出电压降低。电容 C_B 总是比电容 C_S 大得多(约 10～15 倍)。以读"1"操作为例，

设 C_B 上操作前预充电至电源电压 V_{DD}（本例为 2.5V）的二分之一（本例为 1.25V），电容 C_S 上操作前电压为 V_S（本例为电源电压 2.5V），位线电压的改变由电容 C_B 和电容 C_S 间电荷的重新分配决定。设位线读出电压为 V_B，则有

$$V_B(C_B + C_S) = V_{DD}\left(\frac{1}{2}C_B + C_S\right) \tag{7.4}$$

设 $C_B = 15C_S$，则位线电压及其改变量为

$$V_B = \frac{17}{32}V_{DD} \qquad \Delta V_B \approx +78\text{mV}$$

同理可计算出读"0"操作后，位线电压及其改变量为

$$V_B = \frac{15}{32}V_{DD} \qquad \Delta V_B \approx -78\text{mV}$$

由此可见，位线电压变化幅度很小，必须进一步放大，才能作为标准数字信号来使用。DRAM 中放大功能是通过读出放大电路来实现的。一个典型的 DRAM 读出放大电路如图 7-6 所示。

读出过程如下。读出操作前，所有位线预充电至二分之一电源电压（$V_{DD}/2$），LN 和 LP 也预充电至 $V_{DD}/2$。选通字线 WL0，BL0 电压随 C_{S0} 中信息而变。若 C_{S0} 中信息为"1"，则 B0 点电位上升，而 B1 点电位不变（WL1 未选通）。这时，置 NSA 为高电平，T5 导通，LN 点电位近似为零。以正反馈方式连接的 T1、T2 组成的锁存放大器工作，B0 点电位变为 $V_{DD}/2$，而 B1 点电位降低，近似为零。随后，置 PSA 为低电平，T6 导通，以正反馈方式

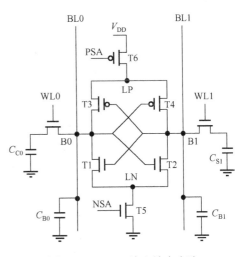

图 7-6　DRAM 读出放大电路

连接的 T3、T4 组成的锁存放大器工作，B0 点电位上升至接近 V_{DD}，而 B1 点电位仍然近似为零。类似分析可知，读"0"过程结束，B0 点电位近似为零，而 B1 点电位近似为 V_{DD}。可以看出，读出过程结束的同时，也完成了存储电容中数据的更新。

7.1.3　闪烁存储器

随机存取存储器中信息不仅要周期性地刷新，而且电源断开后，存储的信息也随之丢失。这类器件也称为挥发性存储器。与挥发性存储器相对应的是非挥发性存储器。其中，闪烁存储器（Flash Memory），简称闪存，是很重要的一类半导体非挥发性存储器。

闪存结构如图 7-7 所示。与普通 MOSFET 相比，闪存多了一个被介质包围的浮栅。如果向浮栅置入电荷，浮栅中的电荷可以永久保存。因此，可以用浮栅上电荷的有或无来代表信息的"1"或"0"状态。

闪存的写入操作如图 7-8 所示，图 7-8（a）所示为写入操作的偏置状态，写入偏置状态下的能带图如

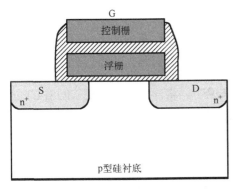

图 7-7　闪存剖面结构示意图

图 7-8(b) 所示。在所示的偏置条件下，衬底沟道夹断区的电子获得足够的高于浮栅导带的能量，以直接隧道穿通或 Fowler-Nordheim 隧道穿通的方式，注入浮栅中，偏压撤出后，包围浮栅的绝缘介质防止了电荷的泄漏，注入电荷得以"永久"保持。

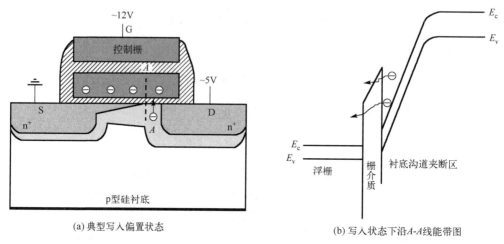

(a) 典型写入偏置状态　　　　　　　　(b) 写入状态下沿 A-A 线能带图

图 7-8　闪存写入操作原理

闪存的擦除操作如图 7-9 所示。图 7-9(a) 所示为擦除操作的偏置状态，图 7-9(b) 所示为擦除偏置状态下的能带图。在擦除偏置状态下，浮栅上的电子能量高于源区导带电子能量，存储在浮栅上的电荷以直接隧道穿通或 Fowler-Nordheim 隧道穿通的方式从源极泄放掉，浮栅重新恢复到净电荷为零的状态。

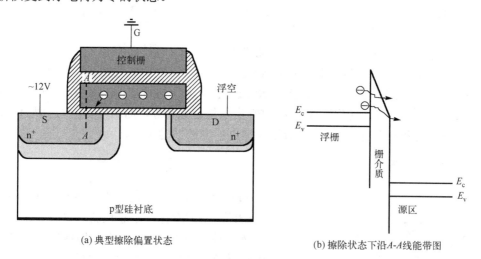

(a) 典型擦除偏置状态　　　　　　　　(b) 擦除状态下沿 A-A 线能带图

图 7-9　闪存擦除操作原理

闪存中数据的读出可用普通 MOSFET 的工作原理来说明。将浮栅看作普通 MOSFET 栅介质的一部分，则浮栅中电荷的有无决定了栅介质中电荷密度的大小。根据 n 沟道 MOSFET 阈值电压表达式

$$V_{\mathrm{T}} = 2\frac{kT}{q}\ln\left(\frac{N_{\mathrm{A}}}{n_{\mathrm{i}}}\right) + \frac{qN_{\mathrm{A}}x_{\mathrm{dmax}}}{C_{\mathrm{ox}}} + \phi_{\mathrm{ms}} - \frac{Q_{\mathrm{ox}}}{C_{\mathrm{ox}}} \tag{4.103}$$

若浮栅处于注入电荷(电子)后的状态，等效 Q_{ox} 减少，阈值电压增大；若浮栅处于泄放电荷后的状态，等效 Q_{ox} 增大，阈值电压减小。图 7-10 比较了浮栅在两种状态下 MOSFET 的转移特性。为了识别浮栅的状态，施加一个介于高阈值电压和低阈值电压之间的控制栅极电压和适当的漏源电压，若浮栅已注入电荷，处于"1"状态，则漏源间截止，漏极电流近似等于零；若浮栅无电荷，处于"0"状态，则漏源导通，有较大的漏极电流。漏极电流的有无或大小，对应于闪存的"0"或"1"状态。

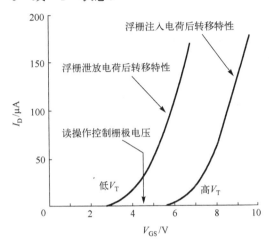

图 7-10　浮栅电荷与晶体管转移特性的关系

7.1.4　CCD 器件

CCD[43] 是电荷耦合器件 (Charge-Coupled Device) 的缩写，又称为电荷转移器件 (Charge-Transfer Device)，CCD 器件与 DRAM 类似，也属于动态电荷存储器件。除了信息存储以外，CCD 还用于信号处理、逻辑运算和视频成像。CCD 的基本单元是一个 MOS 电容器，CCD 的基本应用电路是由若干个 MOS 电容器串联而成的移位寄存器，如图 7-11 所示。数据在输入控制栅极的控制下从左端输入，在脉冲信号的控制下向右端移动，最后在输出控制栅极的控制下从右端输出。

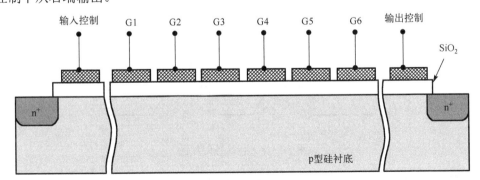

图 7-11　CCD 移位寄存器

一个三相脉冲控制下的移位寄存操作原理如图 7-12 所示，图 7-13 所示为三相脉冲时序图。在 ϕ_1 高电平脉冲作用下，G1 和 G4 下半导体表面深耗尽，通过电注入或光注入向势阱注入电子，移位寄存器的电荷和表面势的分布如图 7-12 中的 t_1 时刻所示。在 t_2 时刻，ϕ_1 高电平脉冲开始下降，ϕ_2 处于脉冲高电平，G2 和 G5 下半导体表面深耗尽，MOS 电容 G1 和 G4 势阱中的电荷分别向 MOS 电容 G2 和 G5 流动。在 t_3 时刻，ϕ_1 脉冲继续下降，ϕ_2 保持脉冲高电平，G1 和 G4 势阱变浅，电荷继续分别向 G2 和 G5 流动。在 t_4 时刻，ϕ_1 脉冲为零，ϕ_2 保持脉冲高电平，G1 和 G4 势阱中的电荷分别全部转移到 G2 和 G5 中。这样，就完成了电荷（数据）右移 1 位的操作。

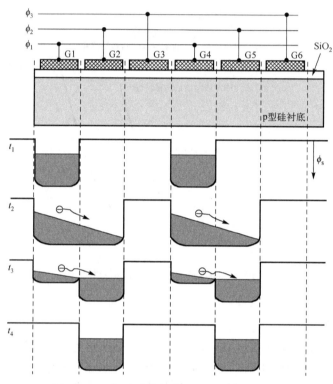

图 7-12　三相脉冲作用下的 CCD 移位寄存器

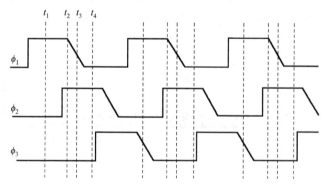

图 7-13　三相脉冲时序图

　　为了简化控制脉冲，将 MOS 电容器设计成非对称形式，如图 7-14 所示。非对称结构的实现可以采用图 7-14(a) 的形式，左半栅下半导体表面增加一次 p 型杂质注入，也可以采用图 7-14(b) 的形式，右半栅下半导体表面增加一次 n 型杂质注入。用非对称结构 MOS 电容器取代图 7-11 或图 7-12 中的 G1～G6，由于零偏或正偏条件下半导体表面势阱左边浅右边深，采用两相脉冲，就可以实现数据由左至右的单方向传输。

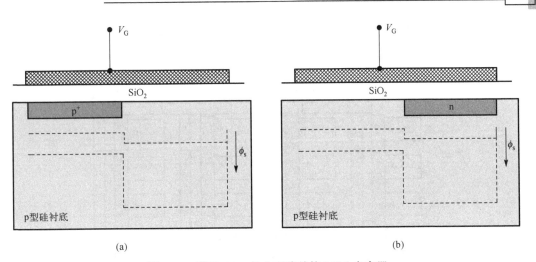

图 7-14　用于 CCD 的非对称结构 MOS 电容器

CCD 的重要应用是电子成像系统。图 7-15 所示为一维 CCD 的成像原理。在 ϕ_1 脉冲作用下，入射光在光敏 MOS 电容器半导体表面势阱中注入电荷，在 ϕ_2 脉冲作用下，光生电荷转移到 CCD 寄存器中，经寄存器输出到数据处理单元，还原图像的空间信息。

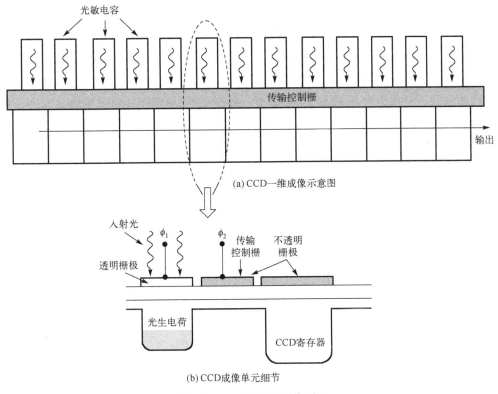

(a) CCD 一维成像示意图

(b) CCD 成像单元细节

图 7-15　一维 CCD 成像原理

图 7-16 所示为 4×4 阵列 CCD 成像原理示意图，箭头表示图像数据传输方向。从图 6-7 可以看出，对于光敏电容器，可见光都可实现高效的光注入。要实现彩色成像，可将入射光分解为三基色，分别采集三基色光电信号，然后再合成还原为彩色信号。只要信号采集的速

度足够快，就可得到逼真的彩色图像。彩色 CCD 成像的技术细节，可参考其他专门文献或书籍。

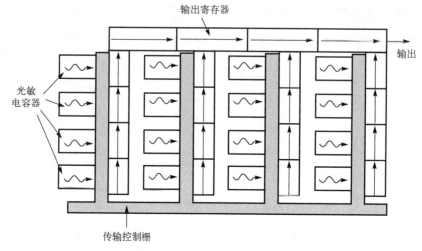

图 7-16　4×4 阵列 CCD 成像器

7.2　负 阻 器 件

负阻器件是指其电流-电压关系曲线出现负斜率的一类器件。按照器件的输出特性，可分为电压型负阻器件和电流型负阻器件两类，如图 7-17 所示。电压型负阻器件因电流-电压关系曲线的形状，又称为 N 型或 Λ 型负阻器件，如图 7-17(a) 所示；电流型负阻器件又称为 S 型负阻器件，如图 7-17(b) 所示。

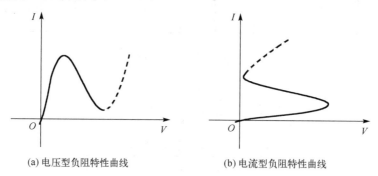

(a) 电压型负阻特性曲线　　　　　(b) 电流型负阻特性曲线

图 7-17　两类负阻器件的电流-电压关系曲线

现以电压型二端负阻器件为例，讨论负阻器件的效率与器件参数的关系[4]652。如图 7-18 所示，设器件的静态工作点 Q 位于负阻区中点，对应的电流和电压分别为 I_0 和 V_0。负阻器件的峰值电流和峰值点电压分别为 I_T 和 V_T，谷点电流和谷点电压分别为 I_V 和 V_V。设器件两端的矩形波电压幅度足够大，如图 7-18(c) 所示，器件的信号电流如图 7-18(b) 所示。定义负阻器件的电流峰谷比为 $\alpha \equiv I_T / I_V$，电压比值 $\beta \equiv V_V / V_T$，则电源供给的直流功率为

$$P_0 = I_0 V_0 = \frac{1}{2}(I_T + I_V)\frac{1}{2}(V_V + V_T) = \frac{1}{4}I_T V_T\left(1 + \frac{1}{\alpha}\right)(1 + \beta) \tag{7.5}$$

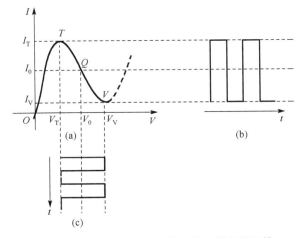

图 7-18　作为功率放大器使用的二端负阻器件

设信号波形的占空比为 50%，信号功率为

$$P_{AC} = \frac{I_T - I_V}{2} \frac{V_V - V_T}{2} = \frac{1}{4} I_T V_T \left(1 - \frac{1}{\alpha}\right)(\beta - 1) \tag{7.6}$$

负阻器件的效率为

$$\eta = \frac{P_{AC}}{P_0} = \frac{\left(1 + \dfrac{1}{\alpha}\right)(\beta + 1)}{\left(1 - \dfrac{1}{\alpha}\right)(\beta - 1)} = \left(1 - \frac{1}{\alpha^2}\right)(\beta^2 - 1) \tag{7.7a}$$

基频转换效率为

$$\eta_{f_0} = \frac{8}{\pi^2} \left(1 - \frac{1}{\alpha^2}\right)(\beta^2 - 1) \tag{7.7b}$$

式 (7.7a) 及式 (7.7b) 表明，要提高负阻器件的效率，就要提高电流的峰谷比 α。提高器件的负阻特性的电压区间 β 也可以提高效率，但受到器件击穿电压的限制。

代表性的二端负阻器件有隧道二极管、碰撞雪崩渡越时间 (IMPact Avalanche Transit Time，IMPATT) 二极管和耿氏 (Gunn) 二极管等。三端负阻器件有负阻场效应晶体管和隧穿效应晶体管等，还有一类负阻器件是通过正反馈方式把几个器件组合而成的复合负阻器件，如 λ 型双极型晶体管和 λ 型 MOSFET 等。负阻器件是重要的微波器件，常用在微波放大器、振荡器、检波器和变频器中。此外，还可用较少的负阻器件实现较为复杂的数字逻辑功能，提高数字逻辑电路的集成度和性能。了解负阻器件的工作原理，是应用或设计模拟电路和数字电路的重要基础。本节将简要介绍几种典型的二端负阻器件和代表性的三端负阻器件。

7.2.1　隧道二极管

1. Esaki 二极管

隧道二极管的负阻效应是由 L. Esaki 于 1958 年发现和解释的，因此在很多文献上称隧道二极管为 Esaki 二极管[44]。隧道二极管是一个两边都简并重掺杂的 pn 结，其平衡态简化能带

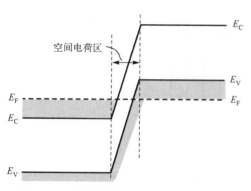

图 7-19 简并重掺杂 pn 结平衡态能带图

图，如图 7-19 所示。为分析简化起见，假定 n 区导带所有电子填满 E_F 和 E_C 之间的能态，p 区价带所有空穴位于 E_F 和 E_V 之间，即 E_F 和 E_V 之间为全空的能态。两边杂质浓度都很高，空间电荷区很薄。例如，假定 $N_A = N_D = 1.5 \times 10^{20} \mathrm{cm}^{-3}$，则根据式 (2.38)，硅 pn 结空间电荷区宽度仅为 4.5nm。

在 pn 结两端加上正向偏置电压，即 p 区接电池正极，n 区接电池负极，当偏压为零时，二极管电流为零，如图 7-20(a) 所示。当偏压从零逐渐增大时，n 区能带相对于 p 区上移，如图 7-20(b) 所示，n 区导带电子将隧道穿通到 p 区等能量的空能态 (空穴) 上。当 n 区费米能级小于或等于 p 区价带顶能量时，随着偏压的逐渐增大，可发生隧道穿通的电子数逐渐增加，二极管电流也逐渐增大。当 n 区费米能级等于 p 区价带顶能量时，n 区电子都有可能隧穿到 p 区的空能态上，这时的二极管隧穿电流达到最大值，如图 7-20(c) 所示。

进一步增大正偏电压，n 区能带相对于 p 区进一步上移，n 区费米能级高于 p 区价带顶能量，高于 p 区价带顶能量的电子因在 p 区没有等能量的空能态，不会发生隧穿，即发生隧穿的总电子数减少，二极管电流下降，如图 7-20(d) 所示。进一步增大正偏压，当 n 区导带底能量高于 p 区价带顶能量时，所有 n 区电子在 p 区都没有等能量的空能态，隧穿效应不再发生，二极管隧穿电流为零，如图 7-20(e) 所示。

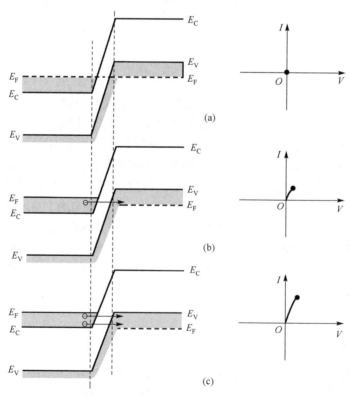

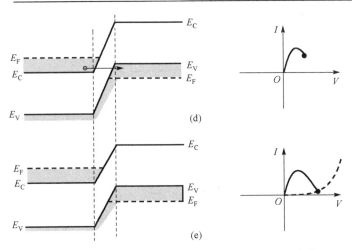

图 7-20 隧道二极管的能带图和电流随偏置电压的变化

在 pn 结正偏压从零逐渐增大的过程中，pn 结势垒高度降低，势垒两边的多数载流子将向对方区域扩散，成为正向电流的一部分。不过，当正向偏压较低时，扩散电流可以忽略不计，二极管电流以隧穿电流为主。当正向偏压较高时，二极管电流以扩散电流为主，其电流-电压关系遵从普通 pn 结的电流电压关系，如图 7-20(e) 中的虚线所示。对于反向偏置的隧道二极管，p 区价带电子隧穿到 n 区导带。n 区导带有足够多的空能态供隧穿电子占据，隧穿电流将随反向电压的增大而迅速增大。

Esaki 隧道二极管的不足之处是峰谷电流比低，击穿电压低，峰值点电压与谷点电压之差小，使其工程应用受到限制。然而，隧道二极管的导电机理是基于电子的隧道穿通，转换速度快，而低电压摆幅的特点，又可以降低器件的动态功耗，因此，隧道二极管可作为高速低功耗集成电路的基础器件。

2. 共振隧道二极管（RTD）

隧道二极管的负阻特性也可以用异质结量子阱、超晶格等结构来实现。分子束外延技术制备的 $Al_xGa_{1-x}As/GaAs/Al_xGa_{1-x}As$ 双异质结双势垒结构如图 7-21(a) 所示，l 和 d 分别为材料的厚度。简化的导带能带结构如图 7-21(b) 所示，量子阱厚度在数纳米量级，电子能级将二次量子化。L. Esaki 等对二次量子化的基态能级和第一激发态能级进行了计算和实验测定，其结果如图 7-22 所示[45]。由图可知，基态能级形成的能带较窄，第一激发态能级形成的能带较宽，且量子阱越窄，能带越宽，带隙也越宽。图 7-21(b) 中的 E_1 和 E_2 就是量子阱二次量子化后能带的简化表示。

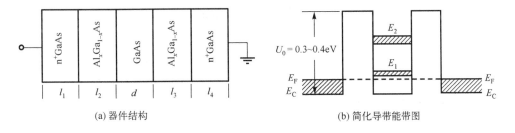

(a) 器件结构   (b) 简化导带能带图

图 7-21 双势垒单量子阱隧道二极管

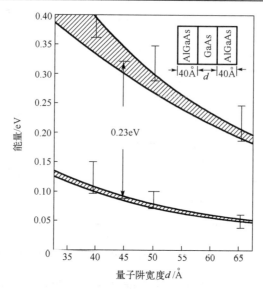

图 7-22　量子阱能级的二次量子化

现在讨论双势垒单量子阱隧道二极管的工作原理。零偏压及不同负偏压条件下的能带图和电流-电压关系,如图 7-23 所示,曲线图中,小黑点表示左端能带图对应的工作点。图 7-23(a) 对应零偏压状态,量子阱中没有可供正极隧穿电子填充的能态,二极管电流为零。提高偏置电压,当正极费米能级与量子阱中的 E_1 的最低能量相等时,正极的电子隧道穿通到量子阱中,并经由第二势垒隧穿到负极,形成二极管电流。隧道穿通的起始电压又称为隧道二极管的阈值电压,如图 7-23(b) 所示。进一步提高偏置电压,可隧穿至量子阱中的电子数增加,二极管电流增大。当 E_1 能带全部被隧穿电子填充时,二极管电流达到最大值,如图 7-23(c) 所示。进一步提高偏置电压,正极电子能量升高,类似于图 7-20(d) 所示的情形,可隧穿到 E_1 能带的电子数减少,二极管电流下降。当正极的 E_C 能量高于 E_1 能带的最大值而小于 E_2 能带的最小值时,二极管电流为最小值,如图 7-23(d) 所示。进一步增大偏置电压(假设小于二极管的雪崩击穿电压),E_2 能带参与隧穿过程。当 E_2 能带的全部量子态参与隧穿过程时,二极管出现第二个极值电流,如图 7-23(e) 所示。从双势垒单量子阱隧道二极管的对称结构可知,在二极管两端加上正偏压,二极管电流将反向,但电流-电压关系曲线与加负偏压情况相同。

双势垒单量子阱隧道二极管的工作原理除了可以用简化能带图来讨论外,也可以从量子力学波函数共振隧穿的角度来解释[46]。如图 7-21 所示,当入射到势垒区的电子能量 E 小于势垒高度 U_0 时,l_1 区域的电子经过 l_2 势垒透射到量子阱中的概率为

$$T = \cfrac{1}{1 + \cfrac{1}{4}\left(\sqrt{\cfrac{m_2^*}{m_1^*}\cfrac{E}{U_0 - E}} + \sqrt{\cfrac{m_1^*}{m_2^*}\cfrac{U_0 - E}{E}}\right)^2 \sinh^2\left[\sqrt{\cfrac{2m_2^*}{\hbar^2}(U_0 - E)}\, l_2\right]} \tag{7.8}$$

式中,m_1^* 和 m_2^* 分别为 l_1 区和 l_2 区半导体中电子的有效质量;$\hbar$ 为普朗克常数。式(7.8)表明,透射率随着势垒的加高和加宽迅速下降。《量子力学教程》(周世勋)的计算实例表明,透射率很小,通常比 1 小得多。但是,如果入射电子能量满足

$$E - U_0 = \cfrac{\hbar^2}{2m_2^*}\left(\cfrac{\pi N}{l_2}\right)^2 \tag{7.9}$$

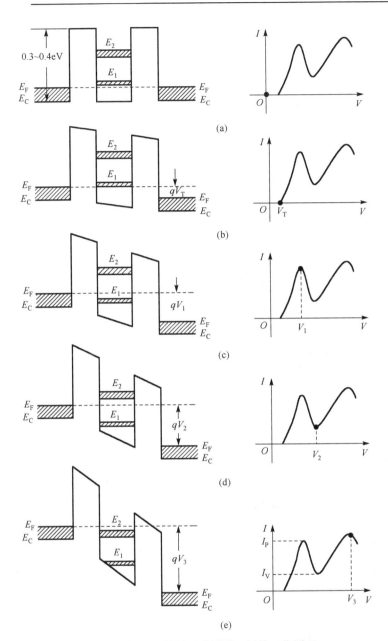

图 7-23　双势垒单量子阱隧道二极管工作原理

则有

$$T = 1 \tag{7.10}$$

即势垒对于入射电子完全透明。式(7.9)中，N 为整数。参照《量子力学教程》(周世勋)中一维无限深势阱的讨论，式(7.9)中，右端项就是一维无限深势阱的量子化能态值，称这些能态为势垒 l_2 的虚能态。类似的讨论适用于 l_3 势垒。将势阱 d 以一维无限深势阱来处理，其量子化能态具有与式(7.9)右端相同的形式。于是，当入射电子等于 l_2、l_3 的虚能态，且等于势阱的能态时，双异质结单量子阱二极管对入射电子透明。这时的二极管状态称为共振隧穿状态，这样的二极管被称为共振隧穿二极管(Resonant Tunneling Diode，RTD)。

RTD 隧穿的重要特点是，电子的隧穿只发生在二极管的导带，这类二极管又称为带内隧穿二极管(Intraband Tunneling Diode)。图 7-20 所示的隧道二极管，载流子的隧穿发生在二极管的导带和价带之间，这类二极管通常称为带间共振隧穿二极管(Interband Resonant Tunneling Diode)，简写为 RITD。

基于异质结势垒和量子阱结构的 RITD 器件如图 7-24 所示[47]。图 7-24(a) 所示为异质结和量子阱材料和结构。图 7-24(b) 所示为平衡态简化能带图，图中粗短线表示量子阱中基态能级形成的能带。图 7-24(c) 所示为宽禁带半导体接触区 I、V 以及 n 型窄禁带半导体量子阱区 II、p 型窄禁带半导体量子阱区 IV 的态密度函数分布。

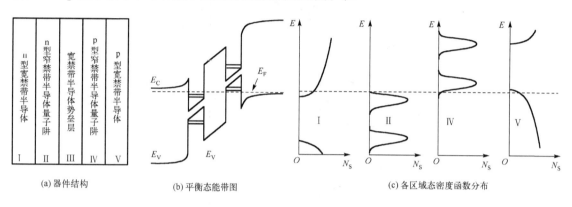

(a) 器件结构　　　　(b) 平衡态能带图　　　　(c) 各区域态密度函数分布

图 7-24　基于异质结势垒和量子阱结构的 RITD 器件

图 7-25 所示为 RITD 工作原理示意图，二极管中的电流随正偏压的变化曲线如图 7-25(e) 所示。当 p 型接触区对于 n 型接触区电压增大时，IV 区能带整体下移，随着 II 区电子量子阱波函数与 IV 区空穴量子阱波函数交叠的增大，隧穿电流增大。当 II 区电子量子阱波函数与 IV 区空穴量子阱波函数完全交叠(图 7-25(a))时，发生了 II 区导带与 IV 区价带的带间共振隧穿，二极管出现极值电流，如图 7-25(e) 点 a 所示。正偏电压进一步增大，波函数交叠减小，电流下降，波函数交叠为零或最小值(图 7-25(b))时，二极管电流达到最小值，如图 7-25(e) 点 b 所示。进一步增大偏置电压，出现了 II 区电子量子阱波函数与 IV 区电子量子阱波函数交叠，交叠随偏压增大，电流增大。当两波函数完全交叠(图 7-25(c))时，出现第二极值电流，如图 7-25(e) 点 c 所示。进一步增大偏压，波函数交叠减小，电流下降，波函数交叠为零或最小值(图 7-25(d))时，二极管电流达到第二个最小值，如图 7-25(e) 点 d 所示。综上所述，RITD 实际上包含了带间共振隧穿和带内共振隧穿两种隧穿机制。

RTD 和 RITD 的制备要求高质量的突变异质结、高质量的量子阱层和合适的势垒高度。通常认为有实用价值的负阻二极管的高峰谷电流比应大于 3。高峰谷电流比的 RTD 和 RITD 目前只能用化合物半导体来实现，因此，RTD 和 RITD 器件易于与光电子器件集成在一起。但是，要把 RTD 和 RITD 器件用于硅基集成电路的主流工艺中，必须探索硅基 RTD 和 RITD 器件的制备。可供选择的结构有：硅/硅锗异质结以及硅/硅化物半导体异质结。

图 7-26 所示为硅/硅锗异质结 RITD 器件的结构示意图和平衡态简化能带图[48,49]，根据前面的分析方法，可以了解其工作原理。

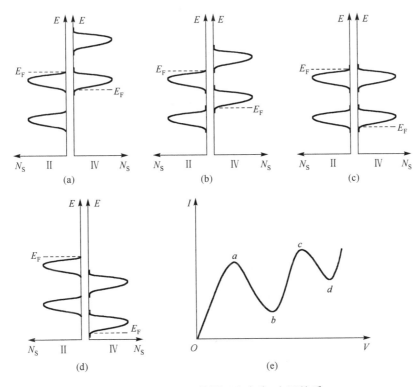

图 7-25 RITD 工作原理和电流-电压关系

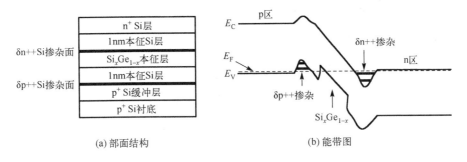

图 7-26 硅/硅锗异质结 RITD 器件

7.2.2 IMPATT 器件

雪崩渡越时间二极管[4]565 的典型结构是里德（Reed）二极管，其器件结构如图 7-27（a）所示，杂质分布示意图如图 7-27（b）所示，加上反向直流电压，由于 n^+ 区和 p^+ 区杂质浓度很高，直流电压基本上全部降落在 p 区和本征层上，其电场分布如图 7-27（c）所示。二极管工作时，雪崩倍增效应发生在 p 区，因此 p 区称为雪崩区，而本征层电场低于雪崩倍增临界电场，雪崩区产生的载流子（空穴）在电场的作用下以饱和速度漂移通过本征层，因此本征层又称为漂移区。

通常 n^+p 结的 p 区很薄，可假设加上反向直流电压后 p 区电场分布为矩形，且 p 区电场大小接近雪崩击穿临界电场 E_c。现在二极管两端叠加交流电压 $V = V_0 \sin(\omega t)$，当 $\omega t = 0$ 时，仍维持直流状态，p区雪崩倍增现象可忽略不计，如图 7-28(a) 所示，小黑点表示器件的瞬时工作点。

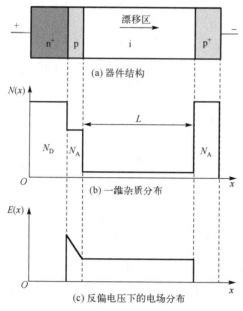

(a) 器件结构

(b) 一维杂质分布

(c) 反偏电压下的电场分布

图 7-27　里德二极管结构、杂质分布和反向偏压下的电场分布

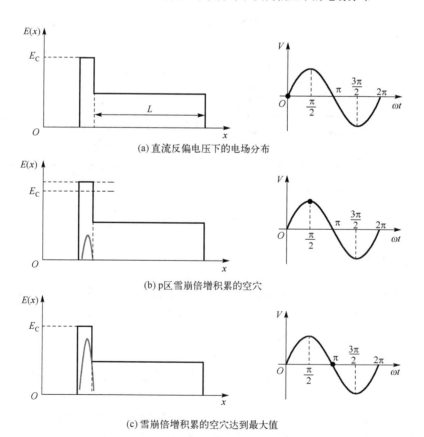

(a) 直流反偏电压下的电场分布

(b) p区雪崩倍增积累的空穴

(c) 雪崩倍增积累的空穴达到最大值

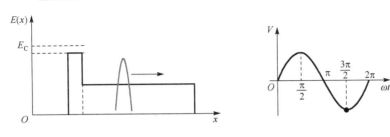

(d) 空穴脉冲沿电场方向漂移

图 7-28 交流电压叠加在直流偏压上，里德二极管中空穴的倍增和漂移

当 $\omega t > 0$ 时，p 区电场大于雪崩击穿临界电场，p 区雪崩倍增产生电子-空穴对，电子向 n^+ 区漂移，空穴向本征区漂移。但是，雪崩碰撞电离依赖于载流子能量的积累和载流子数量的积累，相对于外加电场有时间延迟（称为雪崩倍增延迟），当交流电压达到正峰值（$\omega t = \pi/2$）时，电子-空穴对的产生率大于载流子的流出速率，在雪崩区出现空穴积累，但是雪崩效应不是最强，在 p 区产生的空穴脉冲幅度也不大，如图 7-28 (b) 所示。交流电压从正峰值下降后，只要 p 区电场大于雪崩击穿临界电场，因载流子能量的积累和载流子数量的积累，雪崩效应继续增强，如图 7-28 (c) 所示，当 $\omega t = \pi$ 时，雪崩效应最强，在 p 区产生的空穴脉冲幅度达到最大值。

当 $\omega t > \pi$ 时，p 区电场小于雪崩临界电场，p 区雪崩效应最终停止。雪崩产生的空穴脉冲在电场的作用下向二极管负极（p^+ 区）漂移。如果漂移距离 L 设计适当，正好当 $\omega t = 2\pi$ 时，空穴脉冲达到负极，则里德二极管可以产生周期性的脉冲输出。设载流子漂移速度为 v_d，则载流子漂移延迟时间为

$$t = \frac{L}{v_d} \tag{7.11}$$

脉冲频率为

$$f = \frac{1}{2t} = \frac{1}{2}\frac{v_d}{L} \tag{7.12}$$

在 $\pi/2 < \omega t < \pi$ 区域，电压增量为负值，而电流增量为正值或零，器件具有负阻特性。可以看出，负阻效应的发生，是由于雪崩倍增延迟和渡越时间延迟，造成电流相位落后于电压相位的结果。

7.2.3 Gunn 二极管

Gunn 二极管[4]637 又称为 Gunn 效应器件或半导体体效应器件。Gunn 效应是 J. B. Gunn 在 1963 年发现的Ⅲ-Ⅴ族半导体 GaAs 和 InP 的微波电流振荡现象。Gunn 效应是一种半导体材料的体效应，因此，Gunn 二极管是一种没有实空间"界面"的半导体器件。

为了说明 Gunn 效应，先看一下常规半导体中的介质弛豫现象。以 n 型半导体为例，设半导体中载流子浓度为 n_0，若在半导体中出现局域态的多数载流子波动 δn，则半导体电中性被破坏，净电荷 δn 在局部区域产生电场，同时出现电荷梯度。通过求解泊松方程和连续性方程，可得半导体中电子净电荷消散的规律为

$$\delta n = \delta n\big|_{t=0} \exp\left(-\frac{t}{\tau_R}\right) \tag{7.13}$$

式中，τ_R 为介质弛豫时间，其物理意义是半导体恢复到电中性的时间。

$$\tau_R = \rho \varepsilon \varepsilon_0 = \frac{\varepsilon \varepsilon_0}{q \mu_n n} \approx \frac{\varepsilon \varepsilon_0}{q \mu_n n_0} \tag{7.14}$$

式中，ρ 为电荷密度；$\varepsilon \varepsilon_0$ 为半导体的介电常数。以 $\rho = 0.5\Omega \cdot \mathrm{cm}$ 的 n 型半导体硅为例，$\tau_R \approx 10^{-12}\mathrm{s}$。由此可见，介质弛豫时间很短，半导体中的电中性是"瞬间"恢复的，在大多数导电条件下，可近似认为半导体中的电中性条件总是成立的。

由式(7.13)和式(7.14)可以看出，如果半导体中出现负阻，则介质驰豫时间小于零，电荷波动将按指数规律累积而不是消散。由式(7.14)还可以看出，半导体中负的迁移率等效于负阻。Gunn 效应二极管正是基于负的微分迁移率而实现微波振荡的。

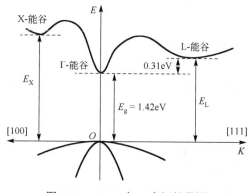

图 7-29　GaAs 在 K 空间能带图

图 7-29 所示为 GaAs 在 K 空间的简化能带图，导带除了直接带隙能谷Γ能谷以外，还有能量高于Γ能谷 0.31eV 的 L 能谷以及能量更高的 X 能谷。从载流子有效质量与 K 空间能带曲线曲率的关系式(1.44)可以看出，当电子位于Γ能谷时，能带曲线曲率大，电子有效质量小，迁移率高，而当载流子位于 L 能谷时，能带曲线曲率小，电子有效质量大，迁移率低。计算和实验都表明，Γ能谷电子迁移率约为 8000cm^2/(V·s)，而 L 能谷电子的迁移率约为 180cm^2/(V·s)。

图 7-30 所示为 GaAs 电子漂移速度与电场强度的关系曲线。当电场强度较小时，绝大部分电子位于Γ能谷，电子漂移速度随电场强度的增大而增大，这时电子迁移率近似为常数，但是当电场强度增大到临界电场 E_T（约 $3.2 \times 10^3 \mathrm{cm/V}$）时，载流子从电场获得足够能量而向 L 能谷转移，电场越强，转移到 L 能谷的电子越多，电子的总有效迁移率随电场的增强而下降，漂移速度开始下降，出现了负的微分迁移率（$\mathrm{d}v_\mathrm{d}/\mathrm{d}E<0$）和负阻效应。

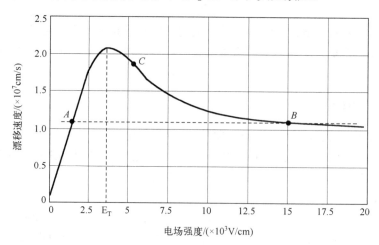

图 7-30　GaAs 半导体中电子漂移速度与电场强度关系曲线

现在讨论 Gunn 二极管的工作原理。Gunn 二极管可以说是结构最简单的半导体器件。在条形 GaAs 半导体样品的两端制作欧姆接触，就得到 Gunn 二极管。将 Gunn 二极管偏置在临界电场之上，如图 7-30 中的点 C，若在二极管的局部区域出现电子浓度的扰动，由于偏置在负阻区，根据式(7.13)，电子浓度在局部区域积累增大，形成局部的空间电荷层，如图 7-31(a) 所示。随着空间电荷层电子浓度的增加，空间电荷层右端电场进一步增强，工作点从图 7-30 中的点 C 向点 B 移动；保持总偏压不变，左端电场降低，工作点向图 7-30 中的点 A 移动。电荷层浓度增长和漂移过程中电场的变化如图 7-31(b) 所示。器件输出的直流电流等于点 A 和点 B 对应的电流。空间电荷层在电场的作用下漂移到阳极时，得到脉冲电流输出这是 Gunn 二极管的一种工作模式。此后，器件再次进入点 C 对应的负阻工作点，重复上述工作过程，得到新的脉冲电流输出。脉冲重复频率近似为

$$f = \frac{v_s}{2\pi L} \qquad (7.15)$$

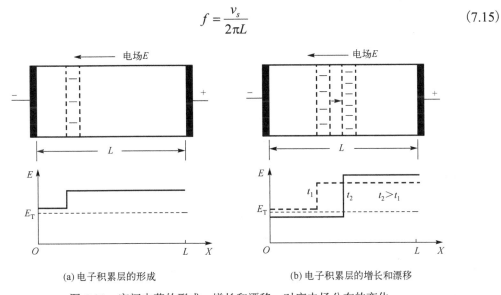

(a) 电子积累层的形成   (b) 电子积累层的增长和漂移

图 7-31 空间电荷的形成、增长和漂移，对应电场分布的变化

设器件尺寸为 $L=10^{-4}$cm，取 $v_s=10^7$cm/s，则脉冲频率约为 15GHz。这一结果表明，Gunn 效应器件可用于产生微波信号源。

Gunn 效应二极管的另一种工作模式是偶极层的形成和输运。图 7-32 表示偶极层形成过程中电场分布的变化情况。将 Gunn 二极管偏置在临界电场之上，例如图 7-30 中的点 C，若在二极管的局部区域出现电子浓度的正扰动，而在另一区域出现负扰动，则在两区域出现偶极层，如图 7-32(a) 所示，即在偶极层的左端出现电子积累，而在右端出现电子耗尽。偶极层电场高于其他区域，称为高场畴。偶极层高场畴向阳极漂移的同时，电荷的积累和耗尽按指数规律增长，该区域的电场进一步增强，工作点向点 B 移动，而偶极层外电场降低，最终低于阈值电场，如图 7-32(b) 所示。偶极层漂移至阳极，以脉冲电流的形式释放能量，其效果与电子积累层产生脉冲电流的效果相似。

现在讨论二极管对结构参数和材料参数的基本要求。设器件长度为 L，则电子积累层或偶极层漂移到阳极所需的最大时间为 L/v_s，载流子的增益率为

$$G = \frac{\delta n}{\delta n|_{t=0}} = \exp\left(\frac{L}{t_R v_s}\right) \qquad (7.16)$$

显然，实现器件脉冲输出的必要条件是 $G > 1$。考虑输运过程的其他损耗，载流子增长率应更高。设实现脉冲输出的必要条件是 $G \geqslant 2.718$，将式(7.14)代入式(7.16)，可得

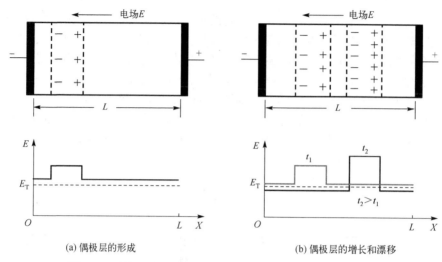

(a) 偶极层的形成   (b) 偶极层的增长和漂移

图 7-32 偶极层的形成、增长和漂移，对应电场分布的变化

$$n_0 L > \frac{\varepsilon \varepsilon_0}{q} \frac{v_s}{\mu_n} \tag{7.17}$$

将 GaAs 典型数据代入，可得 $n_0 L > 10^{12} \text{ cm}^{-2}$。这一结果是 Gunn 二极管实现电流振荡必须满足的掺杂浓度和器件厚度的基本条件。

Gunn 二极管又称为电子转移器件，其负阻特性的实现是由于电子从 Γ 能谷向 L 能谷转移的结果。实际上，依靠载流子在不同物理空间中的转移而实现一定的器件特性的半导体器件都可称为电子转移器件。

图 7-33 为热电子在实空间转移而实现负阻特性的器件结构及其工作原理示意图[50-52]。图 7-33(a)和图 7-33(c)所示分别为以热电子发射的形式实现实空间电子转移的器件结构和简化能带图。图 7-33(a)中，器件的源极和漏极与异质结界面垂直引出（与图 7-21 对比，电极位置旋转 90°）。在平衡态，n-AlGaAs 区域的电子将流向 GaAs 势阱中，当 D、S 间加上电压 V_{DS} 时，虽然电场同时作用在三层材料上，但外电路电流主要为势阱中的电子流。轻掺杂的 GaAs 层，电子迁移率很高，可高达 $10^5 \text{cm}^2/(\text{V·s})$ 以上，而重掺杂的 n-AlGaAs 层，电子的迁移率只有数百 $\text{cm}^2/(\text{V·s})$。设外加电场强度为 E，则单位时间内电子从电场获得的能量为

$$\Delta P = q\mu E^2 \tag{7.18}$$

式中，μ 为势阱电子迁移率。显然，势阱中的电子被"加热"，能量升高，当势阱电子能量高于异质结势垒高度时，势阱电子以热电子发射的形式进入 n-AlGaAs 层，电子迁移率显著下降，总电流为

$$J = qE(\mu_1 n_1 + \mu_2 n_2) \tag{7.19}$$

式中，μ_1、n_1 分别为势阱电子迁移率和电子浓度；μ_2、n_2 分别为势垒层电子迁移率和电子浓度。总电流下降，出现了负阻效应。

图 7-33(b)和图 7-33(d)所示分别为热电子隧穿实空间电子转移负阻器件结构和简化能带图。设图中高电子迁移率势阱层为轻掺杂的 GaAs，则势垒层可以用 Al 摩尔分量高的 AlGaAs 层，而低电子迁移率的势垒层可用 Al 摩尔分量低的 AlGaAs 层来实现。器件的电子隧穿原理与 RTD 的隧穿机理类似。显然，热电子隧穿负阻器件具有更低的阈值电压。此外，若在平行于异质结的方向制备控制栅极，就可以得到具有负阻特性的三端器件 MESFET 或 MOSFET。

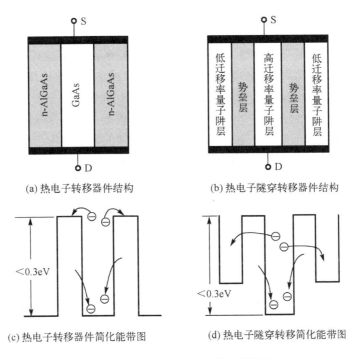

(a) 热电子转移器件结构　　　　(b) 热电子隧穿转移器件结构

(c) 热电子转移器件简化能带图　　(d) 热电子隧穿转移简化能带图

图 7-33　热电子实空间转移负阻器件

7.2.4　三端负阻器件

本小节介绍几种基于反馈机理的负阻器件。

1. 单结晶体管

单结晶体管是一种最早得到广泛应用的负阻器件。单结晶体管的结构如图 7-34(a) 所示，在高阻的 n 型条上制作 p 型区作为发射极，n 型条两端引出电极作为基极，其等效电路如图 7-34(b) 所示，图 7-34(c) 为电路符号。单结晶体管有两个基极，因此又称为双基极晶体管。当在两基极间加上直流偏压 V_{B2} 时，点 D 电压由 R_{B1} 和 R_{B2} 的分压比决定，即

$$V_{D} = \frac{R_{B1}}{R_{B1} + R_{B2}} V_{B2} = \eta V_{B2} \tag{7.20}$$

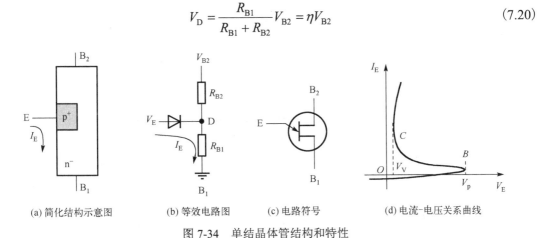

(a) 简化结构示意图　　(b) 等效电路图　　(c) 电路符号　　(d) 电流-电压关系曲线

图 7-34　单结晶体管结构和特性

式中，η 称为分压比，由器件的结构参数和材料参数确定。当发射极电压 V_E 小于分压点电压 V_D 时，发射极与 B_1 间只有很小的反向电流。增大发射极电压，当 V_E 大于 V_D 且其差值等于 pn 结的开启电压时，pn 结正向导通，如图 7-34(d) 点 B 所示，对应的电压为 V_p。正向导通的 pn 结有大量载流了注入 R_{B1} 区域，电导调制作用使 R_{B1} 减小，分压比减小，pn 结偏压进一步增大，电流 I_E 指数增长，R_{B1} 进一步减小，发射极和 B_1 间电压降低，正反馈过程使电流-电压曲线很快从点 B 过渡到点 C，出现了负阻效应。设 pn 结开启电压为 V_T，则峰点电压 $V_p = V_T + \eta V_{B2}$，谷点电压 V_V 略大于 pn 结开启电压。器件的峰值电压点电流为 pn 结的反向电流，通常为微安以下量级。对应谷点电压的电流是器件的最大电流，受最大耗散功率的限制，通常为毫安或数十毫安量级。

2. 复合互补结型场效应晶体管负阻器件[53]

这种器件的负阻特性为电压控制型曲线，因此又称为 λ 型 JFET 负阻器件。这类器件有两端器件和带控制端的三端器件。三端器件的基本工作原理与两端器件相同，这里介绍两端器件。

图 7-35 所示为器件的剖面结构示意图和等效电路图。由图可知，负阻器件由 n 沟道 JFET 和 p 沟道 JFET 串联而成，n 沟道 JFET 的栅极与 p 沟道 JFET 的漏极连接，p 沟道 JFET 的栅极与 n 沟道 JFET 的漏极连接，形成反馈环路。各电极电压具有如下关系式：

$$V_{DSn} = V_{GSp}, \quad V_{DSp} = V_{GSn}, \quad V = V_{DSn} - V_{DSp} \tag{7.21}$$

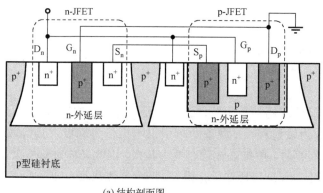
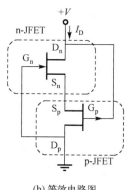

(a) 结构剖面图　　　　　　　　　　　　(b) 等效电路图

图 7-35　复合互补 λ 型 JFET 器件

假设 n 沟道 JFET 和 p 沟道 JFET 的特性完全对称，沟道夹断电压用 V_{p0} 表示。根据第 4 章 JFET 的知识，n 沟道 JFET 单独工作时的输出特性如图 7-36(a) 所示，p 沟道 JFET 单独工作时的转移特性如图 7-36(b) 所示。根据 $I_D = I_{DSn} = I_{SDp}$，为了得到复合工作时的输出特性，可将图 7-36(b) 的转移特性移动到图 7-36(a) 中，将转移特性曲线与输出特性曲线的交点用平滑的曲线连接起来，就得到图 7-36(c) 的 λ 型复合器件的负阻特性曲线。可形象地将输出特性看作字母 λ 的左撇，将转移特性看作字母 λ 的右捺。根据 JFET 的工作机理很容易理解这一结果。当外加电压 V 很小时，n 沟 JFET 和 p 沟 JFET 的栅 pn 结近似零偏，漏源间有较宽的导电沟道，复合器件等效于一个较小的线性电阻，电流 I_D 近似随外加电压 V 的增大而线性增大。当外加电压进一步增大时，n 沟 JFET 漏端导电沟道厚度因反偏 pn 结耗尽区的扩展而变窄，电阻增大，电流增长变缓(这一点与单个 JFET 的工作情况相同)。外加电压增大时的另一个重要变化是 p 沟 JFET 的栅源反偏电压增大，p 沟 JFET 的导电沟道从源端到漏端变窄，促使电流 I_D 减小，其工作点的移动如图 7-36(b) 的箭头方向所示。当外加电压进一步增大到 $2V_{p0}$ 时，导电沟道完全夹断，复合器件只有极微小的漏电流。

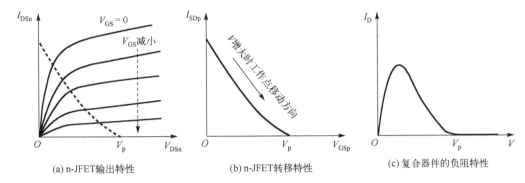

(a) n-JFET输出特性　　　　(b) n-JFET转移特性　　　　(c) 复合器件的负阻特性

图 7-36　复合 JFET 的工作原理

复合 JFET 的电流-电压关系，可由式(4.13)导出，即

$$I_D = G_0 \left\{ V_{DS} - \frac{2}{3} V_{p0}^{-1/2} [(V_{DS} + V_{bi} - V_{GS})^{3/2} - (V_{bi} - V_{GS})^{3/2}] \right\} \tag{4.13}$$

将式(7.21)代入式(4.13)，并假定 $V_{DSn}=V_{SDp}=V/2$，可得

$$I_D = G_0 \left\{ \frac{V}{2} - \frac{2}{3} V_{p0}^{-1/2} \left[(V_{bi} + V)^{3/2} - \left(V_{bi} + \frac{V}{2} \right)^{3/2} \right] \right\} \tag{7.22}$$

式中，G_0 为 JFET 的冶金沟道电导；V_{bi} 为栅 pn 结的接触电势差。式(7.22)成立的条件是 JFET 沟道不夹断，即 $V \leqslant 2V_{p0}$。当 n 沟道 JFET 和 p 沟道 JFET 的特性不对称时，仍可根据式(4.13) 导出复合器件的电流电压关系。

3. 复合λ型 MOSFET 和复合λ型双极晶体管[54,55]

复合λ型 MOSFET 的电路结构如图 7-37(a) 所示，Q1、Q2 和 Q3 均为增强型 MOSFET。Q1 的栅极和漏极短接作为有源负载与 Q2 构成反相放大器，其输出用于控制 Q3 的栅极。Q3 的漏极与反相放大器的输入端 Q2 的栅极相连，形成正反馈回路。

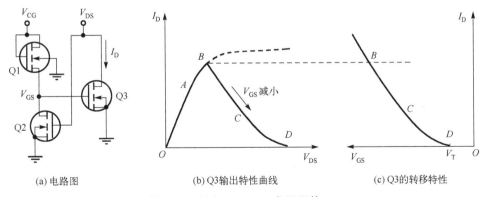

(a) 电路图　　　　(b) Q3输出特性曲线　　　　(c) Q3的转移特性

图 7-37　复合 MOSFET 负阻器件

设初始状态 Q2 截止，Q3 在 V_{CG} 电压的作用下导通，漏极电流 I_D 随 V_{DS} 的增大而增大，如图 7-37(b) 曲线 OA 所示。V_{DS} 进一步增大，漏极电流 I_D 增大，同时 Q2 栅极电压上升，最终使 Q2 开启，如图 7-37(b) 点 B 所示。Q2 开启后，Q3 栅极电压 V_{GS} 下降，Q3 的 D、S 间导电沟道变窄，漏极电流 I_D 减小，如图 7-37(b) 曲线 BC 所示。继续增大 V_{DS}，Q2 的 D、S 间导电沟道变宽，Q3 栅极电压 V_{GS} 继续下降，漏极电流 I_D 进一步减小。当 V_{GS} 小于 Q3 的栅极阈值电压时，Q3 截止，I_D 趋于零，如图 7-37(b) 点 D 所示。Q2 开启后，Q3 的栅源电压 V_{GS} 与漏源电压 V_{DS} 的变化趋势正好相反。定性来看，可将 Q3 的转移特性曲线在电压轴的反方向叠加到输出特性曲线上而得到复合器件的负阻输出特性，图 7-37(b) 曲线 BCD 可视为图 7-37(c) 曲线 BCD 平移至图 7-37(b) 的结果。

根据以上分析，如果 Q2 的阈值电压较低，负阻特性的转折点可能位于 Q3 输出特性曲线的线性区，如果 Q2 的阈值电压较高，则负阻特性曲线的转折点可能位于 Q3 输出特性曲线的饱和区，而曲线的正阻区域曲线的特性(斜率、电流大小等)可由 V_{CG} 来控制。

复合λ型双极晶体管的器件结构的剖面图和等效电路如图 7-38(a)、图 7-38(b) 所示。由图 7-38(b) 可知，复合λ型双极晶体管也可视为两级反相放大器构成的正反馈环路。设 Q1 基极电流为 I_B，Q2 截止，Q1 电流放大系数为 β，则集电极电流 $I_C=\beta I_B$。由图 7-38(b) 可知，当 V_{CE} 增大时，V_{GS} 也增大($V_{GS}=V_{CE}$)。当 $V_{GS} \geqslant V_T$ 时，Q2 导通，注入 Q1 基极的电流减小，I_C 减小，Q1 进入负阻区。电流 I_D 随 V_{CE} 的增大而增大，集电极电流 I_C 进一步下降，当 $I_D=I_B$ 时，Q1 截止，集电极电流大小等于 CE 间的反向穿透电流(图 7-38(c))。

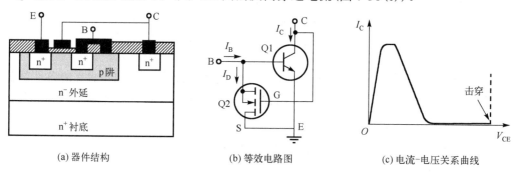

(a) 器件结构　　　　　(b) 等效电路图　　　　　(c) 电流-电压关系曲线

图 7-38　复合λ型双极晶体管负阻器件

7.3　功　率　器　件

本节介绍几种典型的功率器件，包括晶闸管，功率场效应晶体管和栅控双极型晶体管(IGBT)。双极型功率晶体管也是重要的功率器件，但在第 3 章中已经对其大功率应用中的若干问题，如电流集边效应、纵向基区扩展效应和二次击穿等进行了讨论，本章不再重复。

7.3.1　晶闸管

晶闸管[56,57]是一类大功率开关器件的总称。早期的晶闸管以半导体硅材料制作，常称为可控硅整流器件，简称可控硅。可控硅的基本结构是半导体 pnpn 四层结构，如图 7-39 所示，A 为器件的阳极，K 为器件的阴极，其平衡态能带图表示在结构图的下方。

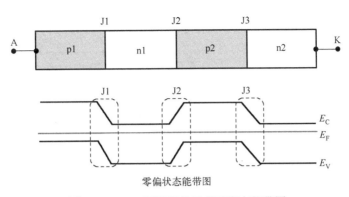

图 7-39　pnpn 四层结构及其平衡态能带图

图 7-40(b) 为正偏条件下的能带图。电流正方向定义为阳极指向阴极。正偏电压下，虽然 J1 和 J3 两个 pn 结处于正偏状态，但 J2 处于反偏状态，A、K 间只有很小的 pn 结(J2 结)反向电流。但随着 J2 结反偏电压的增大，J2 耗尽区出现雪崩倍增效应，雪崩倍增产生的电子被电场扫进 n1 中性区，促使该区域的能带上移。同时，雪崩倍增产生的空穴被电场扫进 p2 中性区，促使该区域的能带下移。当雪崩倍增效应足够强，n1 区电子浓度足够高，p2 区空穴浓度足够高时，J2 结进入零偏或正偏状态，A、K 间三个 pn 结均处于正偏状态，出现较大的阳极电流，对应的能带图如图 7-40(c) 所示。J2 一旦正向导通，pnpn 结构很快从高压小电流状态转换为低压大电流状态。其电流-电压关系如图 7-41 所示，V_p 为最大正向阻断电压。

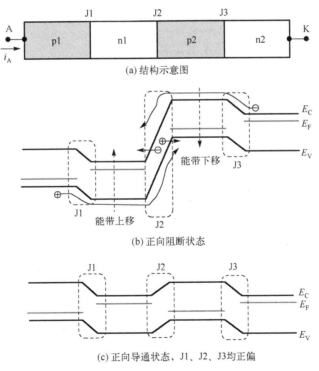

图 7-40　pnpn 结构正偏条件下的能带图

若将 pnpn 四层结构的偏压极性反过来，A 接电池负极，K 接电池正极，则能带图如图 7-42 所示。由于 J1 和 J3 处于反偏状态，A、K 间只有很小的反向电流，这种状态称为器

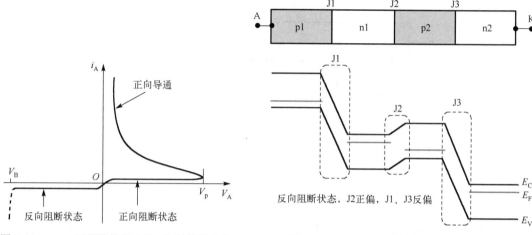

图 7-41　pnpn 四层结构的电流-电压关系曲线　　　　图 7-42　pnpn 四层结构的反向阻断状态

件的反向阻断状态。如果反向电压太高，器件进入反向击穿状态，如图 7-41 中 V_B 附近的虚线所示。通常，反向击穿电压 V_B 比最大正向阻断电压 V_p 高得多。

　　讨论 pnpn 四层结构电流电压关系的常用方法是将其等效为正反馈方式连接的两个双极型晶体管，图 7-43(a) 所示为其器件结构示意图，图 7-43(b) 所示为其等效电路。由图可知，

$$i_A = i_{C1} + i_{C2} = i_{B1} + i_{B2} = (\alpha_1 + \alpha_2)i_A + I_{C01} + I_{C02}$$

式中，I_{C01} 和 I_{C02} 分别是 pnp 和 npn 晶体管的集电结反向饱和电流。由上式解出阳极电流，可得

$$i_A = \frac{I_{C01} + I_{C02}}{1 - (\alpha_1 + \alpha_2)} \tag{7.23}$$

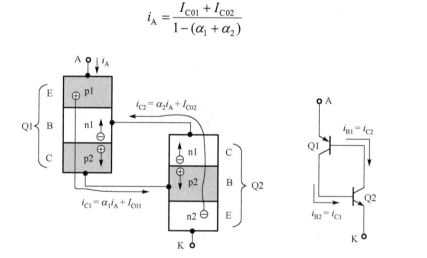

(a) 器件结构示意图　　　　　　　　　　(b) 等效电路

图 7-43　pnpn 四层结构的双晶体管等效

　　当 A、K 间正向偏置电压较低时，pnp 和 npn 晶体管的基极电流就是 J2 结微小的反向电流，J1 和 J3 结的势垒高度近似不变，α_1 和 α_2 近似等于零，阳极电流近似等于 J2 结的反向电流。随着 A、K 间正向偏置电压的升高，J2 结反偏电压增大，耗尽区出现雪崩倍增效应，pnp 和 npn 晶体管的基极电流增大。pnp 晶体管基区电子浓度升高，J1 结势垒高度降低，空穴注

入增强，α_1 增大。同时，npn 晶体管基区空穴浓度升高，J3 结势垒高度降低，电子注入增强，α_2 增大。根据式 (7.23)，阳极电流增大。由图 7-43(b) 所示等效电路可知，α_1 增大导致 i_{C1} 增大，即 i_{B2} 增大，导致 i_{C2} 增大，即 i_{B1} 增大，导致 i_{C1} 增大。这是一个正反馈过程，将使阳极电流 i_A 迅速增大，进入低压大电流的导通状态。这时，pnp 和 npn 晶体管均进入饱和导通状态，$\alpha_1+\alpha_2\approx1$。最大电流的大小由负载大小决定。为了防止器件的过热损坏，最大电流不能大于器件最大耗散功率所允许的电流。

　　pnpn 四层结构从正向阻断状态转换到低压大电流状态称为 pnpn 二极管的触发。根据以上分析，器件触发的本质是向 n1 区注入电子或(同时)向 p2 区注入空穴，启动器件的正反馈过程。pnpn 二极管的触发方式之一是增大 A、K 间的电压，当 V_{AK} 大于 V_p 时，pnpn 二极管因雪崩倍增注入而被触发；触发方式之二是向 n1 区注入电子或向 p2 区注入空穴载流子注入也可通过光注入的形式来实现；触发方式之三是快速变化的正向电压加于 A、K 两端，称为 $\mathrm{d}v/\mathrm{d}t$ 触发，其触发原理是，瞬时升高的端电压使 J2 反偏电压瞬时升高，J2 结耗尽区瞬时扩展，使 n1 区的电子瞬时增加，p2 区的空穴瞬时增加，启动正反馈过程，器件很快开通。$\mathrm{d}v/\mathrm{d}t$ 触发通常是一种有害的触发方式，它可能使触发电压比 V_p 小得多，外界干扰导致的电压瞬态波动，可能使可控硅发生误触发。此外，温度异常升高也可能导致 pnpn 二极管的误触发。

　　为了有效控制 pnpn 二极管的触发过程，在 pnpn 四层结构的基础上增加一个控制栅极，如图 7-44 所示。一般意义下的晶闸管或可控硅就是指有控制栅极的 pnpn 器件。在 pnpn 正向偏置的条件下，控制栅极的作用就是向晶体管 Q2 基区注入空穴，启动正反馈过程，加速可控硅的导通。注入空穴电流越大，可控硅的正向阻断电压越低。一旦可控硅导通，控制栅极失去控制作用，即使 I_G 回路断开，可控硅仍将维持低压大电流的导通状态。

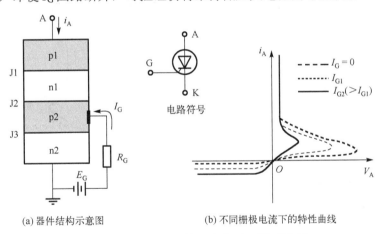

(a) 器件结构示意图　　　　　　　　(b) 不同栅极电流下的特性曲线

图 7-44　可控硅的结构和电流-电压关系曲线

　　可控硅从正向低压大电流状态转换到正向或反向阻断状态称为可控硅的关断。根据式 (7.23)，要维持导通，必须满足 $\alpha_1+\alpha_2\approx1$ 的条件，对应的阳极电流称为可控硅的维持电流。如果减小阳极电流，Q1 和 Q2 的电流增益将下降，如果 $\alpha_1+\alpha_2$ 比 1 小得多，可控硅将转换到正向阻断状态。因此，减小阳极电流是可控硅的关断措施之一。关断方式之二是阳极电压反向，可控硅处于反向阻断状态。例如，在可控硅的 A、K 间加上正弦交流电压，则可控硅正半周导通，负半周截止，与普通整流二极管的作用相似。但是，用普通二极管整流时，二极管的正向导通角近似等于 180°，对于额定输入正弦交流电压，脉动直流输出电压是固定的。

对于可控整流电路，由于控制栅极的控制作用，可以使正向导通角在 0°～180° 变化，从而控制脉动直流输出电压的高低。

原理上讲，可控硅的关断也可以通过控制栅极从 p2 区反向抽取空穴的方式来实现。但是，由于 Q2 基极的自偏压效应，反向抽取作用的非均匀性问题需要特殊的设计来加以克服。这种关断方式通常很少采用。

若将两个特性相同 pnpn 二极管反向并联，则器件具有正反向对称的开关特性，这种器件称为双向交流开关二极管(Diode AC Switch，DIAC)，双向可控硅广泛用于交流大功率开关电路中。双向可控硅的结构和电流-电压关系曲线如图 7-45 所示。

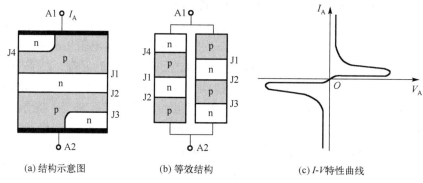

(a) 结构示意图　　　　(b) 等效结构　　　　(c) I-V特性曲线

图 7-45　双向交流开关二极管

常用的双向交流开关带有控制栅极，称为双向可控晶闸管或双向可控硅(Triode AC Switch，TRIAC)，其器件结构、电路符号和伏安特性如图 7-46 所示。对照图 7-45，双向晶闸管增加了一个短路的结型控制栅极 G。

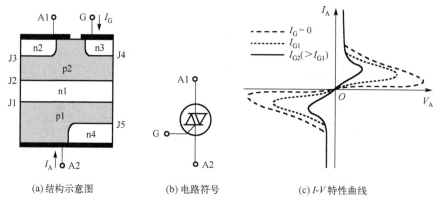

(a) 结构示意图　　　　(b) 电路符号　　　　(c) I-V特性曲线

图 7-46　双向可控晶闸管

双向晶闸管的工作原理如图 7-47 所示。当 A2 对于 A1 电压为正，同时栅极电压高于 A1 电压时，栅极通过短路欧姆接触向 p2 区域注入空穴，左侧 p1-n1-p2-n2 与栅极 G 构成的器件结构及工作原理与图 7-44 的器件相同，如图 7-47(a) 所示。此时，考虑分布电阻上的电压降，J4、J5 结处于零偏或反偏状态，对整个晶闸管的工作无影响。

当 A2 对于 A1 电压为正不变，同时使栅极电压低于 A1 电压时，J4 部分结面正偏(考虑分布电阻的电压降)，n3-p2-n1 晶体管进入正向有源状态。n3-p2-n1 晶体管的集电极电流就是 p1-n1-p2 晶体管的基极电流，在此电流的驱动下，p1-n1-p2 晶体管进入有源状态。类似于

图 7-43 的分析，正反馈作用使 p1-n1-p2-n3 进入低压大电流状态。但是，由于内部电阻和外部电阻的限流作用，最大栅极电流为有限值。当 n3-p2-n1 晶体管和 p1-n1-p2 晶体管的共基极电流增益之和大于 1 时，进入 p2 区的过剩空穴向 n2 区下方流动，驱动晶体管 n1-p2-n2 进入有源状态，正反馈作用最终使 p1-n1-p2-n2 进入低压大电流状态。整个触发过程也可以简单地理解为 n3-p2-n1 晶体管的集电极电流提供 p1-n1-p2 晶体管的基极电流而启动 p1-n1-p2-n2 正反馈过程的结果，如图 7-47（b）所示。

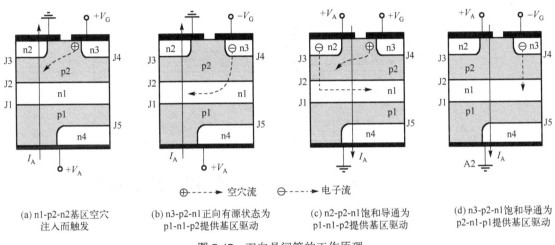

(a) n1-p2-n2 基区空穴　　(b) n3-p2-n1 正向有源状态为　　(c) n2-p2-n1 饱和导通为　　(d) n3-p2-n1 饱和导通为
注入而触发　　　　　p1-n1-p2 提供基区驱动　　　p1-n1-p2 提供基区驱动　　　p2-n1-p1 提供基区驱动

图 7-47　双向晶闸管的工作原理

当 A1 对于 A2 电压为正时，J2、J5 正偏，而 J1 反偏。若 J4 反偏（栅极电压高于 A1 电压），栅极通过短路欧姆接触向 p2 区域注入空穴，同时 J3 正偏，p2-n2 部分结面正向导通，n2-p2-n1 晶体管进入饱和状态，其集电极电流就是 p2-n1-p1 晶体管的基极驱动电流，正反馈过程最终将 p2-n1-p1-n4 驱动到低压大电流状态，如图 7-47（c）所示。若 J4 正偏（栅极电压小于 A1 电压），p2-n3 部分结面正向导通，n3-p2-n1 进入饱和状态，其集电极电流（J2 结收集的电子电流）提供 p2-n1-p1 晶体管的基极驱动，启动正反馈过程，最终将 p2-n1-p1-n4 驱动到低压大电流状态，如图 7-47（d）所示。

综上所述，无论 A1、A2 间电压极性如何，都可以用栅极向 p2 区注入空穴电流的大小，或者用正向导通的栅 pn 结电流的大小来控制双向晶闸管的开通过程。

7.3.2　VDMOS 和 LDMOS

原理上讲，增大 MOSFET 的沟道宽长比，就可以提高晶体管的功率容量，得到功率 MOS 场效应晶体管。但是，功率 MOS 场效应晶体管要求工作在高反压、正向大电流的极限状态，必须采用特殊的结构设计和材料参数优化，才能同时兼顾两方面的要求。

图 7-48 所示为一种广泛应用的纵向功率 MOSFET 结构，简称为 VDMOS。早期的工艺由两次扩散确定器件的沟道长度，因此又称为双扩散场效应晶体管（DDMOS），其优点是即使在较低的工艺水平下，也可较为精确地控制沟道长度。现在多用离子注入制备 p 阱和 n^+ 源区，仍然保留了双扩散工艺的基本特征。如图 7-48 所示，当栅源间正偏电压大于 MOSFET 的阈值电压时，栅极下的 p 阱区形成反型沟道，加上漏源电压 $V_{DS}>0$，则源区电子通过反型沟道、经由 n^- 外延层流向漏极。n^- 外延层是电子输运过程中的主要漂移区。n^- 外延层电阻率的高低对器件正向导通电阻的大小起决定作用，电阻率越小，外延层越薄，正向导通损耗越

低。当 MOSFET 截止时，p 阱–n⁻外延构成的 pn 结反偏，通常 n⁻外延层杂质浓度比 p 阱区低得多，外加反向电压主要降落在 n⁻外延层上，因此，n⁻外延层又称为电压支撑层。n⁻外延层杂质浓度越低、厚度越大，器件的反向耐压越高。在图 7-48 中，源极通过 p⁺区与 p 阱短接，使源区和 p 阱形成的 pn 结处于零偏压或较小的正偏压，降低 n⁺区/p 阱/外延 n⁻区形成的 npn 晶体管的电流增益，防止 DMOS 进入失控的闩锁状态。

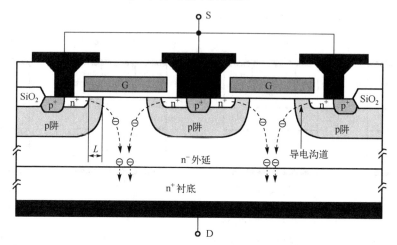

图 7-48 典型纵向功率 MOSFET 结构

VDMOS 通常以分立器件的形式出现。虽然采用类似于双极型集成电路的 pn 结隔离工艺可将 VDMOS 集成在芯片上，但这样的器件性能较差，较少采用。集成电路中的功率 MOSFET，是用另一种称为 LDMOS 的器件来实现的。

图 7-49 所示为 LDMOS 的结构示意图，其导电沟道及沟道长度的确定与 VDMOS 相同，都是用 p 阱和 n⁺源区结深之差确定。不同之处在于，LDMOS 的漏极、源极和栅极都在上表面引出，为将功率器件集成在芯片上提供了保障。功率器件所需的高截止耐压由横向延伸的 n⁻外延区域来实现。要提高截止耐压，就要增加横向延伸的长度，降低 n⁻外延层杂质浓度。但是，这样做的结果是载流子漂移距离延长，正向导通电阻加大，正向导通损耗增大。

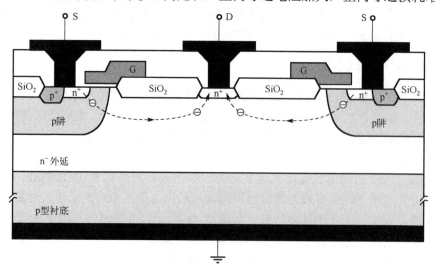

图 7-49 LDMOS 结构

根据以上分析，在设计 VDMOS 或 LDMOS 器件时，遇到了减小导通损耗和提高击穿电压的矛盾。根据第 2 章的知识，对于单边突变结，可以导出 pn 结正向导通电阻与击穿电压的关系式。

硅的电离率可近似为

$$\alpha_i = c_i E^g \tag{2.116}$$

pn 结的击穿条件为

$$\int_0^{x_d} \alpha_i \mathrm{d}x = 1 \tag{2.115}$$

对于 p$^+$n 结单边突变结，发生雪崩击穿的临界电场强度 E_c 为

$$E_c = \left(\frac{8q N_D}{c_i \varepsilon \varepsilon_0} \right)^{1/8} \tag{2.122}$$

根据突变结电压与最大电场强度之间的关系，可得 p$^+$n 突变结的击穿电压为

$$V_B = \frac{1}{2} \left(\frac{\varepsilon \varepsilon_0}{q} \right)^{3/4} \left(\frac{8}{c_i} \right)^{1/4} N_D^{-3/4} \tag{2.123}$$

达到临界击穿时低掺杂一边的耗尽层厚度为

$$W_c = \frac{2V_B}{E_c} = \frac{\varepsilon \varepsilon_0}{q N_D} E_c = \left(\frac{8}{c_i} \right)^{1/8} \left(\frac{\varepsilon \varepsilon_0}{q N_D} \right)^{7/8} \tag{7.24}$$

式中，W_c 为 p$^+$n 结正向导通时载流子的漂移距离，即 VDMOS 和 LDMOS 的漂移区长度。漂移区单位截面积的导通电阻（比电阻）为

$$R_{\text{on-sp}} = \frac{W_c}{q \mu_n N_D} = \left(\frac{8}{c_i} \right)^{1/8} \frac{1}{\mu_n} (\varepsilon \varepsilon_0)^{7/8} \left(\frac{1}{q N_D} \right)^{15/8} \tag{7.25}$$

式（7.25）可进一步化简为

$$R_{\text{on-sp}} = \frac{2 c_i^{1/2}}{\mu_n \varepsilon \varepsilon_0} V_B^{5/2} \tag{7.26}$$

这一结果称为硅极限，清楚地表明了导通电阻与击穿电压的相互制约关系。

为了突破硅极限，X. B. Chen（陈星弼）、T. Fujihira 等提出了超结（Super Junction）器件结构和超结理论[58-60]。图 7-50 为具有超结结构的 VDMOS（SJ-VDMOS）剖面图。与图 7-48 相比较，n$^-$外延层以交替的 p 柱和 n 柱所取代。

为了分析超结器件的特性，将 SJ-VDMOS 超结区域简化为图 7-51 的形式，p 柱和 n 柱的宽度相等，都等于 d，厚度等于 W_c，杂质浓度 $N_A = N_D$。SJ-VDMOS 结构提高击穿电压的原理是，当 VDMOS 截止时，p 柱和 n 柱形成的 pn 结加上反向电压，其耗尽区在低于击穿电压时在 n 柱中连接，即 n 柱全耗尽，起到了电压支撑层的作用，提高了击穿电压。

分析超结结构的导通电阻和击穿电压的关系，需要求解三维或二维泊松方程。根据图 7-51，可列出如下二维泊松方程：

$$\frac{\mathrm{d}E}{\mathrm{d}x} + \frac{\mathrm{d}E}{\mathrm{d}z} = \frac{q N_D}{\varepsilon \varepsilon_0} \quad (0 \leqslant x \leqslant d)$$

$$\frac{\mathrm{d}E}{\mathrm{d}x} + \frac{\mathrm{d}E}{\mathrm{d}z} = -\frac{q N_A}{\varepsilon \varepsilon_0} \quad (-d \leqslant x \leqslant 0) \tag{7.27}$$

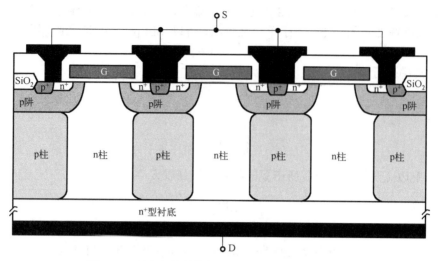

图 7-50　具有超结结构的 VDMOS 剖面结构示意图

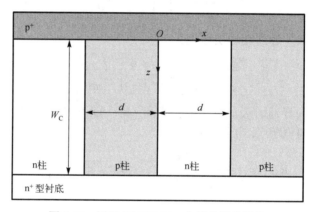

图 7-51　用于 SJ-VDMOS 分析的简化结构

式中，电压支撑层的横向电场满足如下关系：

$$\frac{\mathrm{d}E}{\mathrm{d}x} = \frac{qN_{\mathrm{D}}}{\varepsilon\varepsilon_0} \quad (0 \leqslant x \leqslant d)$$

$$\frac{\mathrm{d}E}{\mathrm{d}x} = -\frac{qN_{\mathrm{A}}}{\varepsilon\varepsilon_0} \quad (-d \leqslant x \leqslant 0) \tag{7.28}$$

将式(7.28)代入式(7.27)，可得

$$\frac{\mathrm{d}E}{\mathrm{d}z} = 0 \tag{7.29}$$

式(7.29)表明，z 方向电场为常数，近似等于 $V_{\mathrm{DS}}/W_{\mathrm{c}}$。电压支撑层的总电场等于 x 方向电场和 z 方向电场的矢量和，即

$$\boldsymbol{E}(x,z) = \frac{V_{\mathrm{DS}}}{W_{\mathrm{c}}}\boldsymbol{z} + \frac{qN_{\mathrm{D}}}{\varepsilon\varepsilon_0}\left(x - \frac{d}{2}\right)\boldsymbol{x} \tag{7.30}$$

p 柱中的电场具有类似的表达式，即

$$\boldsymbol{E}(x,z) = \frac{V_{DS}}{W_c}\boldsymbol{z} - \frac{qN_A}{\varepsilon\varepsilon_0}\left(x+\frac{d}{2}\right)\boldsymbol{x} \tag{7.31}$$

求解一维泊松方程，x 方向的峰值电场位于 p 柱 n 柱界面处，其大小的绝对值为

$$E_{xm} = \frac{qN_D}{\varepsilon\varepsilon_0}\frac{d}{2} \tag{7.32}$$

为了得到较小的导通电阻，必须保证较高的杂质浓度 N_D。要降低 p 柱 n 柱界面处的峰值电场，只有减小 p 柱 n 柱的宽度 d。若宽度 d 较小，当 V_{DS} 较高时，横向电场比纵向电场小得多，则漏区击穿过程主要是纵向电场起作用，而横向电场可忽略。将纵向电场代入击穿条件式 (2.115) 中，可得到

$$W_c = c_i^{1/6}V_B^{7/6} \tag{7.33}$$

式中，V_B 为击穿电压。由式 (7.32) 和式 (7.33) 可以导出电压支撑层的比电阻，即

$$R_{on\text{-}sp} = \frac{W_c}{q\mu_n N_D} = \frac{c_i^{1/6}dV_B^{7/6}}{2\mu_n\varepsilon\varepsilon_0 E_{xm}} \tag{7.34}$$

比较式 (7.34) 和式 (7.26)，击穿电压 V_B 的指数因子由 5/2 下降到 7/6，表明采用超结结构的 VDMOS 较好地缓解了导通电阻和击穿电压的矛盾。虽然式 (7.34) 是准二维的近似结果，但是更为严格的分析结果也证明，超结结构确实突破了硅极限，实测的器件特性也验证了这一点。例如，对于 600V 标准 VDMOS 工艺，n^- 区杂质浓度为 $2.5 \times 10^{14}\text{cm}^{-3}$，其击穿电压约为 680V，比导通电阻约为 160 $m\Omega\cdot cm^2$。若采用超结技术，p 柱和 n 柱的宽度为 $3.5\mu m$，杂质浓度提高到 $5 \times 10^{15}\text{cm}^{-3}$，其击穿电压约为 770V，比导通电阻约减小到 $30m\Omega\cdot cm^2$。

超结技术也同样适用于 LDMOS。图 7-52 所示为采用超结技术的 LDMOS 结构示意图，常规 LDMOS 横向延伸的 n^- 外延区域以交替的 p 柱和 n 柱取代。在截止状态下，p 柱和 n 柱耗尽，提高了击穿电压，同时，n 柱可以采用更高的杂质浓度，降低了漏源之间的正向导通电阻。

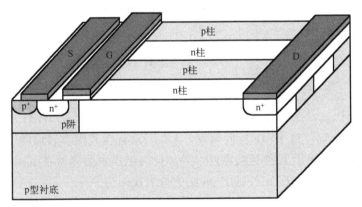

图 7-52　超结结构 LDMOS

7.3.3　绝缘栅控双极型晶体管

绝缘栅控双极型晶体管[57]582（Insulated Gate Bipolar Transistor，IGBT）是在晶闸管和 DMOS 基础上演变而来的一种新型功率器件。图 7-53 (a) 所示为纵向 IGBT 的剖面结构示意图，

与图 7-48 相比较，把 n⁺衬底换成了 p⁺层，p⁺层与 n⁻外延层形成 pn 结。图 7-53（b）所示为横向 IGBT 的剖面结构示意图，与图 7-49 相比较，n⁺漏极区域换成了 p⁺区，p⁺区与 n⁻外延层也形成 pn 结。图中阴极 K 称为发射极，阳极 A 称为集电极，而 n⁻区称为 n⁻基区。n⁺源区、p 阱与 n⁻外延层构成 npn 双极型晶体管，在有的文献中也把 p 阱区称为 p 型基区。IGBT 的等效电路如图 7-54（a）所示。

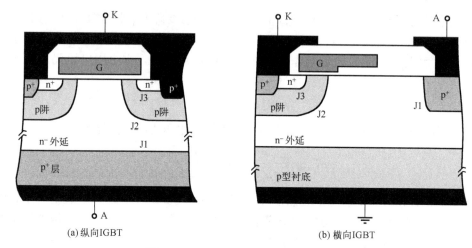

(a) 纵向IGBT　　(b) 横向IGBT

图 7-53　两种 IGBT 器件结构剖面图

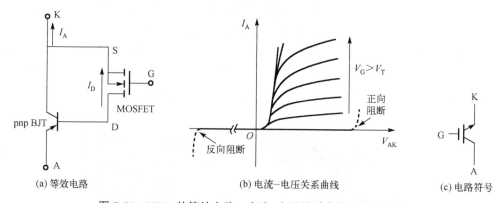

(a) 等效电路　　(b) 电流-电压关系曲线　　(c) 电路符号

图 7-54　IGBT 的等效电路、电流-电压关系曲线及电路符号

将栅极和阴极短接，在阳极和阴极间加上反向电压 $V_{AK}<0$，则 IGBT 工作在反向阻断状态。这时，J2 正向偏置，J3 和 J1 反向偏置，AK 间只有极其微小的反向电流。J3 结两边的 n⁺区和 p 阱区的厚度远小于 n⁻外延层厚度，外加反向电压主要降落在 n⁻外延层上。IGBT 的最大反向阻断电压就是 p⁺阳极/n⁻外延层 pn 结的最大反向击穿电压。

将栅极和阴极短接，在阳极和阴极间加上正向电压 $V_{AK}>0$，则 IGBT 工作在正向阻断状态。这时，J3 和 J1 正向偏置，J2 反向偏置。当外加在 p 阱/n⁻外延层 pn 结的反向电压增大时，耗尽区向 n⁻外延层扩展的同时也向 p 阱区扩展，出现类似于 MOSFET 的 DIBL 效应，n⁺区电子通过 p 阱区输运到 n⁻外延层，与阳极 p⁺区注入的空穴复合，形成很小的电流。若 p 阱区较薄或 p 阱区杂质浓度较低，当 p 阱区完全耗尽时，npn 晶体管处于穿通击穿状态，n⁺区将有大量电子直接注入 n⁻外延层，与阳极 p⁺区注入的空穴复合，形成很大的阳极电流，IGBT 由正向阻断状态转换到正向导通状态，正向阻断电压就是 npn 晶体管的穿通电压。若 p 阱区较厚或 p 阱区杂质浓度较高，则最大正向阻断电压就是 J2 结的反向击穿电压。

在阳极和阴极间加上正向电压 $V_{AK}>0$，同时栅极电压大于 MOSFET 的阈值电压，则栅极下出现反型沟道，阴极通过反型沟道向 n^- 外延层注入电子，与阳极 p^+ 区注入的空穴复合，形成阳极电流 I_A。栅压越大，注入的电子越多，阳极电流越大。对于 p^+ 阳极/n^- 外延层/p 阱形成的 pnp 晶体管，MOSFET 的漏极电流就是双极型晶体管的基极电流，阳极电流就是经 pnp 晶体管放大后的基极电流，因此不同栅压下的输出特性类似于 MOSFET 的输出特性。不过，当 J1 结正向电压小于其开启电压(硅 pn 结约为 0.7V)，pn 结电流只是很小的正向复合电流，阳极电流很小，因此输出特性相对于双极型晶体管的共发射极输出特性右移约一个 pn 结开启电压的距离。IGBT 电流电压关系曲线如图 7-54(b) 所示，电路符号如图 7-54(c) 所示。

IGBT 的重要特性是 n^- 外延层的电导调制效应。在正向导通状态下，由 MOSFET 注入 n^- 区的电子浓度和由 p^+ 阳极注入 n^- 区的空穴浓度远大于 n^- 区的电子浓度，因此，n^- 区处于低阻导通状态，这一点对于降低 IGBT 的正向导通损耗非常重要。由图 7-54(a) 的等效电路可得

$$I_A = (1 + \beta_{pnp})I_D \tag{7.35}$$

式中，β_{pnp} 为 pnp 双极型晶体管电流放大系数。因 n^- 区较宽，pnp 晶体管的基区输运系数较小，β_{pnp} 也较小。不过，即使 pnp 晶体管电流放大系数等于 1，与相同尺寸的 DMOS 晶体管相比较，其电流容量和跨导也有 1 倍的改善，这是 IGBT 相对于 DMOS 的重要改进。

撤开栅极，IGBT 就是一个 pnpn 结构的晶闸管，既然如此，IGBT 也可能工作于受正反馈回路所控制的低压大电流状态。正反馈回路由 J3、J2 形成的 npn 晶体管和 J2、J1 形成的 pnp 晶体管构成(图 7-43)。一旦出现这种状态，栅极就失去了对 IGBT 的控制作用。这种低压大电流状态是不希望出现的状态，称为闩锁状态或闩锁效应。在图 7-53 中，将 p 阱和阴极短路，减小了 npn 晶体管的电流增益，有助于克服闩锁效应。此外，提高 p 阱区的杂质浓度，可以降低 npn 晶体管的电流增益，降低 n^- 区的载流子寿命，可降低 pnp 晶体管的电流增益，都是克服闩锁效应的有效措施。

IGBT 常用作高压大功率电力电子开关或整流器件，为了承受高电压，n^- 区往往厚达数百微米。在正向导通过程中，有大量非平衡空穴存储在 n^- 区，使得 IGBT 的关断过程十分缓慢 (10ms 数量级)。克服措施之一是降低 n^- 区载流子寿命，但这带来了正向导通电压降增大的副作用。在 n^- 区采用超结结构也可以提高开关速度。为了进一步提高 IGBT 的性能，可采用介电强度更大，载流子迁移率更高的半导体材料如 SiC、GaN 等。总之，IGBT 因其具有高输入阻抗、低导通损耗和栅控关断等特性，在电力电子领域得到了广泛的应用。

习　题

7.1　根据图 7-26，试解释硅/硅锗异质结 RITD 器件的工作原理，绘出其定性的特性曲线。

7.2　根据图 7-35，请推导出非对称结构复合 JFET 负阻器件的电流-电压关系表达式。

7.3　根据图 7-37，设负阻转折点位于 Q3 输出曲线的线性区，请推导出复合 MOSFET 负阻器件的电流-电压关系表达式。

7.4 根据图 7-38，请推导出复合双极型晶体管负阻器件的电流-电压关系表达式。

7.5 根据图 7-43，请分析 pnpn 二极管从正向阻断到正向导通过程中 n1 中性区和 p2 中性区宽度的变化及其对导通过程的影响。

7.6 若 pnpn 正向阻断峰值电压时 J2 结处于雪崩击穿状态，请用双极型晶体管等效电路分析其击穿条件。

7.7 请设计和比较普通二极管整流电路和可控硅整流电路，画出电路原理图，并分析其工作原理。

7.8 提高可控硅抗 dv/dt 误触发的能力的措施有哪些？

7.9 采用双极型集成电路的 pn 结隔离工艺，可以将 VDMOS 集成在芯片上，请画出其器件结构的剖面及平面结构示意图，分析其基本特性。

7.10 请用二维泊松方程求解超结结构的 VDMOS 的 p 柱和 n 柱的杂质浓度、宽度(取 p 柱和 n 柱的杂质浓度、宽度分别相等)与击穿电压的关系，导出比导通电阻与击穿电压的关系式。

7.11 请详细分析 VDMOS 和 IGBT 的闩锁效应，列出克服闩锁效应的措施。

常数	符号和数值
阿伏伽德罗数 (Avogadro's number weight)	$N_A = 6.02 \times 10^{23}$ 个/mol
玻尔兹曼常数 (Boltzmann's constant)	$k = 1.38 \times 10^{-23}$ J/K $= 8.62 \times 10^{-5}$ eV/K
电子电荷 (Electronic charge)	$q = 1.60 \times 10^{-19}$ C
自由电子静止质量 (Free electron rest mass)	$m_0 = 9.11 \times 10^{-31}$ kg
自由空间磁导率 (Permeability of free space)	$\mu_0 = 4\pi \times 10^{-7}$ H/m
自由空间电容率 (Permittivity of free space)	$\varepsilon_0 = 8.85 \times 10^{-14}$ F/cm $= 8.85 \times 10^{-12}$ F/m
普朗克常数 (Planck's constant)	$h = 6.625 \times 10^{-34}$ J·s $= 4.135 \times 10^{-15}$ eV·s $\hbar = \dfrac{h}{2\pi} = 1.054 \times 10^{-34}$ J·s
质子静止质量 (Proton rest mass)	$M = 1.67 \times 10^{-27}$ kg
真空中的光速 (Speed of light in vacuum)	$c = 2.998 \times 10^{10}$ cm/s
热电压 (Thermal voltage)($T = 300$ K)	$V_t = \dfrac{kT}{q} = 0.0259$ V $kT = 0.0259$ eV

元素或化合物	名称	晶体结构	300K 下的晶格常数	备注
C	金刚石	金刚石	3.56683	元素
Ge	锗	金刚石	5.64614	
Si	硅	金刚石	5.43095	
Sn	锡	灰锡	6.48290	
SiC	碳化硅	纤锌矿	a=3.086，c=15.117	IV-IV
AlAs	砷化铝	闪锌矿	5.6605	III-V
AlP	磷化铝	闪锌矿	5.4510	III-V
AlSb	锑化铝	闪锌矿	6.1355	III-V
BN	氮化硼	闪锌矿	3.6150	III-V
BP	磷化硼	闪锌矿	4.5380	III-V
GaAs	砷化镓	闪锌矿	5.6533	III-V
GaN	氮化镓	纤锌矿	a=3.189，c=5.185	III-V
GaP	磷化镓	闪锌矿	5.4512	III-V
GaSb	锑化镓	闪锌矿	6.0959	III-V
InP	磷化铟	闪锌矿	5.8686	III-V
InSb	锑化铟	闪锌矿	6.4794	III-V
InAs	砷化铟	闪锌矿	6.0584	III-V
CdS	硫化镉	闪锌矿	5.8320	II-VI
CdS	硫化镉	纤锌矿	a=4.16，c=6.576	II-VI
CdSe	硒化镉	闪锌矿	6.050	II-VI
CdTe	碲化镉	闪锌矿	6.482	II-VI
ZnO	氧化锌	岩盐	5.580	II-VI
ZnS	硫化锌	闪锌矿	5.420	II-VI
ZnS	硫化锌	纤锌矿	a=3.82，c=6.26	II-VI
PbS	硫化铅	岩盐	5.9362	IV-IV
PbTe	碲化铅	岩盐	6.2620	IV-VI

重要半导体的基本性质

半导体	禁带宽度/eV		迁移率/[300K, cm²/(V·s)]		能带	有效质量/(m*/m₀)		介电常数
	300 K	0 K	电子	空穴		电子	空穴	
C	5.47	5.48	1800	1200	I	0.20	0.25	5.7
Ge	0.66	0.74	3900	1900	I	1.64^c 0.082^d	0.04^e 0.28^f	16.0
Si	1.12	1.17	1350	500	I	0.98^c 0.19^d	0.16^e 0.49^f	11.6
Sn	—	0.082	1400	1200	D	—	—	—
SiC	2.99		400	50	I	0.60	1.00	10.0
AlSb	1.58	3.03	200	420	I	0.12	0.98	14.4
BN	~7.5	1.68	—	—	I	—	—	7.1
BP	2.0	—	—	—	—	—	—	—
GaN	3.36	—	—	380		0.19	0.60	12.2
GaSb	0.72	3.50	5000	850	D	0.042	0.40	15.7
GaAs	1.42	0.81	8500	400	D	0.067	0.082	13.1
GaP	2.26	1.52	110	75	I	0.82	0.60	11.1
InSb	0.17	2.34	80000	1250	D	0.0145	0.40	17.7
InAs	0.36	0.23	33000	460	D	0.023	0.40	14.6
InP	1.35	0.43	4600	150	D	0.077	0.64	12.4
CdS	2.42	1.42	340	50	D	0.21	0.80	5.4
CdSe	1.70	2.56	800	—	D	0.13	0.45	10.0
CdTe	1.56	1.85	1050	100	D	—	—	10.2
ZnO	3.35	3.42	200	180	D	0.27	—	9.0
ZnS	3.68	3.84	165	5	D	0.40	—	5.2
PbS	0.41	0.286	600	700	I	0.25	0.25	17.0
PbTe	031	0.19	6000	4000	I	0.17	0.20	30.0

注: I-间; D-直接; c-纵向有效质量; d-横向有效质量; e-轻空穴; f-重空穴。

材料性质		Ge	Si	GaAs
原子密度/cm^{-3}		4.42×10^{22}	5.0×10^{22}	4.42×10^{22}
原子重量		72.60	28.09	144.63
击穿电场/(V/cm)		约 10^5	约 3×10^5	约 4×10^5
晶体结构		金刚石	金刚石	闪锌矿
密度/(g/cm^3)		5.3267	2.328	5.32
介电常数		16.0	11.7	13.1
导带有效态密度 N_C/cm^3		1.04×10^{19}	2.8×10^{19}	4.7×10^{17}
价带有效态密度 N_V/cm^{-3}		6.0×10^{18}	1.04×10^{19}	7.0×10^{18}
有效质量($m*/m_0$)	电子	$m_l^*=1.64$ $m_t^*=0.082$	$m_l^*=0.98$ $m_t^*=0.19$	0.067
	空穴	$m_{lh}^*=0.044$ $m_{hh}^*=0.28$	$m_{lh}^*=0.16$ $m_{hh}^*=0.49$	$m_{lh}^*=0.082$ $m_{hh}^*=0.45$
电子亲和势χ/V		4.0	4.05	4.07
禁带宽度(300K)/eV		0.66	1.12	1.424
本征载流子浓度/cm^{-3}		2.4×10^{13}	1.5×10^{10}	1.8×10^6
本征德拜长度/μm		0.68	24	2250
本征电阻率/(Ω·cm)		47	2.3×10^5	10^8
晶格常数/Å		5.64613	5.43095	5.6533
线膨胀系数/[$\Delta L/(L\Delta L)$]/℃$^{-1}$]		5.8×10^{-6}	2.6×10^{-6}	6.86×10^{-6}
熔点/℃		937	1415	1238
少数载流子寿命/s		10^{-3}	2.5×10^{-3}	约 10^{-8}
漂移迁移率 /[cm^2/(V·s)]	电子	3900	1350	8500
	空穴	1900	480	400
热导率(300K)/[W/(cm·℃)]		0.6	1.5	0.46
热扩散系数/(cm^2/s)		0.36	0.9	0.44
蒸汽压/Pa		1(1330℃) 10^{-6}(760℃)	1(1650℃) 10^{-6}(900℃)	100(1050℃) 1(900℃)

附录 E
二氧化硅和氮化硅的性质

材料性质	SiO$_2$	Si$_3$N$_4$
结构	无定形态	无定形态
熔点/℃	约 1600	—
密度/(g/cm^3)	2.2	3.1
折射指数	1.46	2.05
介电常数	3.9	7.5
介电强度/(V/cm)	10^7	10^7
吸收带边/μm	9.3	11.5~12.0
禁带宽度/eV	9	约 5.0
热膨胀系数/℃	5×10^{-7}	—
热导率/[W/(cm·K)]	0.014	—
直流电阻率/(Ω·cm) 25℃ 500℃	10^{14}~10^{16} —	约 10^{14} 约 10^{13}
缓冲腐蚀率/(Å/min)	1000	5~10

缓冲腐蚀液：34.6% NH$_4$F (重量比) + 6.8% HF (重量比) + 58.6% H$_2$O

1.12

注：禁带中心以上能级以导带底为参考，禁带中心以下能级以价带顶能量为参考；能量单位为 eV；字母 A 表示受主能级，字母 D 表示施主能级；无字母能级禁带中心以上为施主型，禁带中心以下为受主型。

下方元素行（由左至右）：Li、Sb、P、As、Bi、Te、Ti、C、Mg、Se、Cr、Ta、Cs、Ba、S、Mn、Ag、Cd、Pt、Si

上方元素行（由左至右）：Fe、O、Pb、W、Sn、K、Cu、Ge、Sr、Hg、Mo、Ni、V、Co、Au、Zn

浅能级（靠近带边）：
Li .033，Sb .039，P .045，As .054，Bi .069
B .045，Al .067，Ga .072，In .16，Tl .3

禁带中心

主要深能级数值（单位 eV）：
Fe .14，.4 D；O .16，.38 A，.51 A，.51，.41；Pb .17，.37；W .22，.3，.37，.34D，.31D；Sn .25，.27；K .26，.35 D；Cu .53，.4，.24；Ge .27，.5 D；Sr .28，.5 D；Hg .31A，.36A，.33D，.25D，.3D；Mo .33，.34D；Ni .35 A，.23；V .49，.4；Co .53A，.49，.35；Au .54A，.29D；Zn .55A，.26；Ti .21；C .25，.35D；Mg .11A，.25A，.42，.17；Se .25，.4；Cr .41；Ta .14，.43；Cs .3，.5；Ba .32，.5；S .26，.48；Mn .43，D，.53，.45；Ag .36A，.33D；Cd .2A，.45A，.55，.3；Pt .25A，.36，.3D；Te .14，.34

附录 G
砷化镓中的杂质能级

	Si	Ge										S	Sn				Te	Se	O	
（导带底）	.0058	.006										.006	.006				.30	.0059		
																			.4	
																			.63 A	
1.42 ……禁带中心……																			.67 D	
																.52		.53 D		
															.44	.37				
														.21	.24					
													.17		.19					
											.16				.14					
								.09	.095	.11	.12									
							.07								.23					
	.026	.028	.028	.031	.035	.035	.05	.023/.04												
	C	Be	Mg	Zn	Si	Cd	Li	Ge	Au	Mn	Ag	Pb	Co		Ni	Cu	Fe			Cr

注：禁带中心以上能级以导带底为参考，禁带中心以下能级以价带顶能量为参考；能量单位为 eV；字母 D 表示施主能级，字母 A 表示受主能级；无字母能级禁带中心以下为受主型，禁带中心以上为施主型。

参 考 文 献

[1] STREETMAN B G, BANERJEE S. Solid state electronic devices[M]. 5th ed. Upper Saddle River:Prentice Hall, 1999.

[2] KITTEL C. Introduction to solid state physics[M]. 5th ed. Hoboken:John Wiley and Sons, 1976.

[3] NEAMAN D A. 半导体物理与器件——基本原理(影印版)[M]. 3 版. 北京：清华大学出版社, 2003.

[4] SZE S M. Physics of semiconductor devices[M]. 2nd ed. Hoboken:John Wiley and Sons, 1981.

[5] THURMOND C D. The standard thermodynamic functions for the formation of electrons and holes in Ge, Si, GaAs, and GaP[J]. Journal of The Electrochemical Society, 1975,122(8): 1133-1141.

[6] PÄSSLER R. Dispersion-related description of temperature dependencies of band gaps in semiconductors[J]. Physical Review B Condensed Matter, 2002,66(8):5201.

[7] 刘恩科, 朱秉升, 罗晋生, 等. 半导体物理学[M]. 4 版. 北京：国防工业出版社, 1994.

[8] 孙金坛, 付兴华. 存贮时间内集区空穴的有效寿命[J]. 合肥工业大学学报, 1982, 1:82-88.

[9] LAUX S E, HESS K. Revisiting the analytic theory of p-n junction impedance:Improvements guided by computer simulation leading to a new equivalent circuit[J]. IEEE Transactions on Electron Devices, 1999,46(2):396-412.

[10] 浙江大学半导体器件教研室. 晶体管原理[M]. 北京：国防工业出版社, 1980.

[11] 张屏英, 周佑谟. 晶体管原理[M]. 上海：上海科学技术出版社, 1985.

[12] 陈星弼, 唐茂成. 晶体管原理与设计[M]. 成都：成都电讯工程学院出版社, 1987.

[13] SCHUEGRAF K F, HU C M. Hole injection SiO_2 breakdown model for very low voltage lifetime extrapolation[J]. IEEE Transactions on Electron Devices, 1994,41(5):761-767.

[14] ALAM M A, WEIR B E, SILVERMAN P J. A study of soft and hard breakdown—Part I:Analysis of statistical percolation conductance[J]. IEEE Transactions on Electron Devices, 2002,49(2):232-238.

[15] ALAM M A, WEIR B E, SILVERMAN P J. A study of soft and hard breakdown—Part II:principles of area, thickness, and voltage scaling[J]. IEEE Transactions on Electron Devices, 2002,49(2):239-246.

[16] SUEHLE J S. Ultrathin gate oxide reliability:physical models, statistics, and characterization[J]. IEEE Transactions on Electron Devices, 2002,49(6):958-971.

[17] TUNG C H, PEY K L, LIN W H, et al. Polarity-dependent dielectric breakdown-induced epitaxy (DBIE) in Si MOSFETs[J]. IEEE Electron Device Letters, 2002,23(9):526-528.

[18] TANG L J, PEY K L, TUNG C H, et al. Gate dielectric-breakdown-induced microstructural damage in MOSFETs[J]. IEEE Transactions on Device and Materials Reliability, 2004,4(1):38-45.

[19] TUNG C H, PEY K L, TANG L J, et al. Fundamental narrow MOSFET gate dielectric breakdown behaviors and their impacts on device performance[J]. IEEE Transactions on Electron Devices, 2005,52(4): 473-483.

[20] ZHANG L, MITANI Y, SATAKE H. Visualization of progressive breakdown evolution in gate dielectric by conductive atomic force microscopy[J]. IEEE Transactions on Device and Materials Reliability, 2006,6(2):277-282.

[21] DIMARIA D J, ARNOLD D, CARTIER E. Impact ionization and positive charge formation in silicon dioxide films on silicon[J]. Applied Physics Letters, 1992,60(17):2118-2120.

[22] DIMARIA D J, CARTIER E, ARNOLD D. Impact ionization, trap creation, degradation, and breakdown in silicon dioxide films on silicon[J]. Journal of Applied Physics, 1993,73(7): 3367-3384.

[23] LOMBARDO S, CRUPI F, MAGNA A L, et al. Electrical and thermal transient during dielectric breakdown of thin oxides in metal-SiO$_2$-silicon capacitors[J]. Journal of Applied Physics, 1998,84(1):472-479.

[24] LOMBARDO S, MAGNA A L, SPINELLA C. Degradation and hard breakdown transient of thin gate oxides in metal-SiO$_2$-Si capacitors:dependence on oxide thickness[J]. Journal of Applied Physics, 1999,86(11): 6382-6391.

[25] POLISHCHUK I, HU C M. Polycrystalline silicon/metal stacked gate for threshold voltage control in metal-oxide-semiconductor field-effect transistors[J]. Applied Physics Letters, 2000,76(14):1938-1940.

[26] TSUI B Y, HUANG C F. Wide range work function modulation of binary alloys for MOSFET application[J]. IEEE Electron Device Letters, 2003,24(3):153-155.

[27] FET A, HÄUBLEIN V, BAUER A J, et al. Effective work function tuning in high-k dielectric metal-oxide semiconductor stacks by fluorine and lanthanide doping[J]. Applied Physics Letters, 2010,96(5):053506(1-3).

[28] KIM Y H, CABRAL C, GUSEV E P, et al. Systematic study of work function engineering and scavenging effect using NiSi alloy FUSI metal gates with advanced gate stacks[C]. IEEE International Electron Devices Meeting.Washington, 2005.

[29] MORKOC H, SVERDLOV B, GAO G B. Strained layer heterostructures, and their applications to MODFET's, HBT's, and lasers[J]. Proceedings of the IEEE,1993,81(4): 493-556.

[30] PEOPLE R. Indirect bandgap of coherently strained Ge$_x$Si$_{1-x}$ bulk alloys on (001) silicon substrates[J]. Physical Review B, 1985,32(2):1405-1408.

[31] CRESSLER J D. On the Potential of SiGe HBTs for Extreme Environment Electronics[J]. Proceedings of the IEEE, 2005,93(9):1559-1582.

[32] THOMPSON S E, ARMSTRONG M, AUTH C, et al. A 90-nm logic technology featuring strained-silicon[J]. IEEE Transactions on Electron Devices, 2004,51(11):1790-1797.

[33] ACOSTA T, SOOD S. Engineering strained silicon-looking back and into the future[J]. IEEE Potential, 2006,25(4):31-34.

[34] ANDERSON B L, ANDERSON R L. 半导体器件基础(影印版)[M]. 北京:清华大学出版社, 2006.

[35] FÖLL H, Semiconductors I[EB/OL]. (2021-07-29)[2022-12-12]. http://www.tf.uni-kiel.de/ matwis/amat/semi_en/, pdf.

[36] CASEY H C. Room-temperature threshold-current dependence of GaAs-Al$_x$Ga$_{1-x}$As double -heterostructure lasers on x and active-layer thickness[J]. Journal of Applied Physics, 1978,49(7):3684-3692.

[37] TSANG W T. Extremely low threshold (AlGa)As grade-index waveguide separate confinement heterostructure lasers grown by molecular beam epitaxy[J]. Applied Physics Letters, 1982,40(3):217-219.

[38] YABLONOVITCH E, KANE E O. Reduction of lasing threshold current density by the lowering of valence band effective mass[J]. Journal of Lightwave Technology,1986,4(5): 504-506.

[39] ALFEROV Z. Double heterostructure lasers:early days and future perspectives[J]. IEEE Journal on Selected Topics in Quantum Electronics, 2000,6(6):832-840.

[40] KOYAMA F. Recent advances of VCSEL photonics[J]. Journal of Lightwave Technology, 2006,24(12): 4502-4513.

[41] SARZAŁA R P, NAKWASKI W. Separate-confinement-oxidation vertical-cavity surface- emitting laser structure[J]. Journal of Applied Physics, 2006:99(12):23110-1-23110-9-0.

[42] FREDERIC HEIMAN. On the determination of minority carrier lifetime from the transient response of an MOS capacitor[J]. IEEE Transactions on Electron Devices, 1967,14(11): 781-784.

[43] BOYLE W S, SMITH G E. Charge-coupled devices-A new approach to MIS device structures[J]. IEEE Spectrum,1971,8(7):18-27.

[44] ESAKI L. New phenomenon in narrow germanium p-n junctions[J]. Physical Review, 1958,109(2):603-604.

[45] ESAKI L, CHANG L L. New transport phenomenon in a semiconductor "superlattice"[J]. Physical Review Letters, 1974,38(8):495-498.

[46] ZOHTA Y. Negative resistance of semiconductor heterojunction diodes owing to transmission resonance[J]. Journal of Applied Physics, 1985,57(6):2334-2336.

[47] SWEENY M, XU J M. Resonant interband tunnel diodes[J]. Applied Physics Letters, 1989,54(6):546-548.

[48] JIN N, CHUNG S Y, RICE A T, et al. 151 kA/cm^2 peak current densities in Si/SiGe resonant interband tunneling diodes for high-power mixed-signal applications[J]. Applied Physics Letters, 2003,83(16): 3308-3310.

[49] ROMMEL S L, DILLON T E, DASHIELL M W, et al. Room temperature operation of epitaxially grown Si/Si0.5Ge0.5 /Si resonant interband tunneling diodes[J]. Applied Physics Letters, 1998,73(15):2191-2193.

[50] COLEMAN P D, FREEMAN J. Demonstration of a new oscillator based on real-space transfer in heterojunctions[J]. Applied Physics Letters, 1982,40(6):493-495.

[51] BIGELOW J M, LEBURTON J P. Tunneling real-space transfer induced by wave function hybridization in modulation doped heterostructures[J]. Applied Physics Letters, 1990,57(8): 795-797.

[52] YU X, MAO L H, GUO W L, et al. Monostable-bistable transition logic element formed by tunneling real-space transfer transistors with negative differential resistance[J]. IEEE Transactions on Electron Devices, 2010,31(11):1224-1226.

[53] TAKAGI H, KANO G. Complementary JFET negative-resistance devices[J]. IEEE Journal of Solid-State Circuits, 1975,10(6):509-516.

[54] WU C Y, LAI K N. Integrated Λ-type differential negative resistance MOSFET device[J]. IEEE Journal of Solid-State Circuits, 1979,14(6):1094-1101.

[55] WU C Y, WU C Y. An analysis and the fabrication technology of the lambda bipolar transistor[J]. IEEE Transactions on Electron Devices, 1980,27(2):414-419.

[56] GENTRY F E, SCACE R I, FLOWERS J K. Bidirectional triode P-N-P-N switches[J]. Proceedings of the IEEE, 1965,53(4):355-369.

[57] SZE S M, NG K K. Physics of semiconductor devices[M]. 3th ed, Hoboken:John Wiley & Sons, Inc., 2007.

[58] CHEN X B, WANG X, JOHNNY K O. A novel high-voltage sustaining structure with buried oppositely doped regions[J]. IEEE Transactions on Electron Devices, 2000,47(6):1280-1285.

[59] CHEN X B. Semiconductor power devices with alternating conductivity type high-voltage breakdown regions:US5216275[P]. 1993-06-01[2023-03-01]. https://www.freepatentsonline.com/5216275.html.

[60] TATSUHIKO F. Theory of semiconductor superjunction device[J]. Japanese Journal of Applied Physics, 1997,36:6254-6562.